普通高等教育人工智能专业系列教材

U0174202

数字图像处理与机器视觉

——基于 MATLAB 实现

马本学　编著

机械工业出版社

本书主要介绍了数字图像处理和机器视觉的基本知识、基本方法和典型案例，将理论知识、科学研究和工程实践有机结合起来，主要内容包括绪论、MATLAB 数字图像处理基础、数字图像处理基础知识、图像的基本运算、图像变换、灰度变换与滤波、图像分割、彩色图像处理、图像的表示与描述、图像识别基础、MATLAB GUI 设计基础、神经网络与数字图像处理、支持向量机的机器视觉应用、机器视觉 MATLAB 图像处理案例。本书系统性强、内容深入浅出、理论和编程实践相结合。本书配有电子教案、教学大纲、习题答案等资源，书中所有例题和案例都附有 MATLAB 源程序和原始实验数据，需要的读者可登录www.cmpedu.com免费注册、审核通过后下载使用，或联系编辑索取（微信13146070618，电话 010-88379739）。

本书可作为普通高等院校大学本科和研究生教材，也适合从事数字图像处理、图像识别、机器视觉和人工智能研究与开发的工程技术和科研人员参考。

图书在版编目（CIP）数据

数字图像处理与机器视觉：基于MATLAB实现/马本学编著. —北京：机械工业出版社，2023.3（2025.1 重印）

普通高等教育人工智能专业系列教材

ISBN 978-7-111-72488-9

Ⅰ．①数… Ⅱ．①马… Ⅲ．①数字图像处理-Matlab 软件-高等学校-教材 ②计算机视觉-Matlab 软件-高等学校-教材 Ⅳ．①TN911.73 ②TP302.7

中国国家版本馆 CIP 数据核字（2023）第 024347 号

机械工业出版社（北京市百万庄大街 22 号 邮政编码 100037）
策划编辑：尚　晨　　　　　　责任编辑：尚　晨
责任校对：薄萌钰　张　薇　　责任印制：郜　敏
北京富资园科技发展有限公司印刷

2025 年 1 月第 1 版第 7 次印刷

184mm×260mm·19.75 印张·485 千字

标准书号：ISBN 978-7-111-72488-9

定价：79.00 元

电话服务 　　　　　　　　　网络服务

客服电话：010-88361066　　机　工　官　网：www.cmpbook.com
　　　　　010-88379833　　机　工　官　博：weibo.com/cmp1952
　　　　　010-68326294　　金　书　网：www.golden-book.com
封底无防伪标均为盗版　　　机工教育服务网：www.cmpedu.com

前　言

　　图像作为一种简单直观的获取信息的途径，广泛应用于人们的生活与工作。近年来，数字图像处理技术在数据处理技术和机器视觉技术的推动下，得以进步和完善。随着图像成像设备、计算机的软硬件以及智能图像处理设备的成本不断降低，数字图像处理技术必将进一步发展和普及。党的二十大报告明确指出："推动战略性新兴产业融合集群发展，构建新一代信息技术、人工智能、生物技术、新能源、新材料、高端装备、绿色环保等一批新的增长引擎。加快发展数字经济，促进数字经济和实体经济深度融合，打造具有国际竞争力的数字产业集群。"数字图像处理与机器视觉作为人工智能的主要研究方向之一，为人工智能在各领域的发展搭建了桥梁，目前已成为医学、计算机科学、生物学、工程学、航天、农业等诸多领域内学者们研究视觉感知的有效工具，且其应用已经遍及生物医学、遥感航空、通信工程、工业工程、农业信息化、安全军事、社会生活等各个领域，对推动科技发展和改善人们的生活水平都起到了重要的作用。

　　本书分 14 章。第 1 章主要介绍了数字图像处理与机器视觉的应用现状和发展趋势。因本书主要使用 MATLAB 软件对书中技术进行编程实现，所以第 2 章主要对 MATLAB 软件及其在图像处理方面的编程基础进行介绍。第 3～10 章对最基本和典型的图像处理技术进行讲解。第 3 章详细讲解了数字图像处理的基础知识。第 4 章介绍了图像的基本运算。第 5 章详细分析了数字图像处理中用到的傅里叶变换及性质。第 6 章介绍了非常实用的图像的灰度变换与滤波。第 7 章介绍了当下应用非常广泛的各种图像分割技术。第 8 章在彩色图像的基础上讲解了彩色图像的表示、分割、滤波等内容。第 9 章包含了图像的各种表示及描述方式。第 10 章结合图像识别基础，详细讲解了模式识别方法，并以车牌识别实例讲解了其应用。第 11 章详细讲解了 MATLAB GUI 设计基础，帮助读者自主完成 GUI 的设计和开发。第 12 章结合人工智能领域，引入 BP 神经网络、卷积神经网络，介绍了十分强大的分类技术和案例。第 13 章引入支持向量机，在介绍支持向量机理论基础的同时，讲解其在图像分类中的应用。第 14 章结合生产生活中的热点问题，对 7 个典型的图像处理案例进行了详细的讲解，其中包括：焊缝提取、图像批量读入与处理、圆木计数、基于 MATLAB GUI 的数字图像处理设计、碎纸片图像拼接、基于卷积神经网络的手写数字识别和基于 SVM 的红枣果梗/花萼及缺陷识别。

　　本书由马本学编著。本书内容虽经过作者的认真编写，但书中仍会存在不足之处，恳请读者多提宝贵意见。

作　者

目　录

第1章 绪 论

数字图像处理技术是一个跨学科的领域。随着计算机科学技术的不断发展，图像处理和分析逐渐形成了自己的科学体系，新的处理方法层出不穷。尽管其发展历史不长，但却引起了各方面人士的广泛关注。数字图像处理作为当前互联网时代先进的技术之一，吸引了国内外大量科研人员的关注。目前，数字图像已经成为心理学、生理学、计算机科学等诸多领域内的学者们研究视觉感知的有效工具并取得了丰硕的成果。当今我国在国防、通信、航空航天、医疗卫生领域的科技发展水平逐年提升，因此，国人"中国智造引领世界"的自豪感油然而生。科研人发挥着榜样的力量，他们的爱国情怀、为国奉献的精神也激发了学生浓厚的爱国主义情怀。

本章主要阐述了图像处理的主要研究内容、应用和发展，从数字图像的基本概念逐步引申到数字图像处理的基本内容及其特点，然后简单地介绍了数字图像处理系统的组成，各部分的作用及常用的工具软件，最后总结了数字图像处理在各领域的应用，并展望了数字图像处理的未来发展。

1.1 数字图像处理定义及发展史

1.1.1 什么是数字图像处理

在正确理解数字图像处理之前，我们先了解一下什么是图像和数字图像。

俗语说"眼睛是心灵的窗户"，图像是人类视觉的基础，人类对于世界的认知大部分是依靠图像来获取的。"图"是物体透射或反射光的分布，是客观存在的。"像"是人的视觉系统将图接收在大脑中形成的印象或反映，图像是图和像的有机结合。21 世纪是数字化时代，数字图像又称数码图像或数位图像，是用有限的数值像素表示的二维图像，由数组或矩阵表示，其光照位置和强度都是离散的。数字图像是由模拟图像数字化得到的、以像素为基本元素的、可以用数字计算机或数字电路存储和处理的图像。数字的图像化即代表图像的连续（模拟）信号转变为离散（数字）信号的变换过程。数字图像处理，即用计算机对图像进行处理。在自然情况下，图像并不能直接被计算机处理，因为计算机只能处理数字而不是图片，所以在对一张图片进行处理时必须先进行图像数字化，再通过计算机进行处理。

图像处理是指对图像执行一些操作以达到预期效果的过程，可以类比为数据分析工作。在进行数据分析时，人们需要做一些数据预处理和特征工程。图像处理也是一样的。人们通过图像处理来处理图片从而可以从中提取出一些更加有用的特征，可以通过图像处理减少图像噪声，调整图像亮度、颜色或者对比度等。

数字图像处理又称为计算机图像处理，它是指将图像信号转换成数字信号并利用计算机对其进行处理的过程，以提高图像的实用性，达到人们所要求的预期结果。

1.1.2　与数字图像处理相关的术语

1. 数字图像处理

数字图像处理（Digital Image Processing）是指使用电子计算机对量化的数字图像进行处理，具体地说就是通过对图像进行各种加工来改善图像的质量，是对图像的修改和增强。数字图像处理的输入是从传感器或其他来源获取的原始的数字图像，输出是经过处理后的输出图像。处理的目的可能是使输出图像具有更好的效果，以便于人的观察；也可能是为图像分析和识别做准备，此时的图像处理作为一种预处理步骤，输出图像将进一步供其他图像分析、识别算法使用。

2. 机器视觉

机器视觉（Machine Vision）又称计算机视觉（Computer Vision），指通过机器代替人眼来做判断。它将数字图像处理和数字图像分析、图像识别结合起来，试图开发出一种能与人脑的部分机能比拟，能够理解自然景物和环境的系统，在机器人领域中为机器人提供类人视觉的功能。计算机视觉是数字成像领域的尖端方向，具有最综合的内容和最广泛的涵盖面。

它是一项综合技术，包括图像处理、机械工程技术、控制、电光源照明、光学成像、传感器、模拟与数字视频技术、计算机软硬件技术（图像增强和分析算法、图像卡、I/O 卡等）。

3. 数字图像识别

数字图像识别（Digital Image Recognition）主要是研究图像中各目标的性质和相互关系，识别出目标对象的类别，从而理解图像的含义。它囊括了使用数字图像处理技术的很多应用项目，例如光学字符识别（OCR）、产品质量检验、人脸识别、自动驾驶、医学图像和地理图像的自动判读理解等。

图像识别是图像分析的延伸，它根据图像分析中得到的相关描述对目标进行归类，输出人们感兴趣的目标类别标号信息。

4. 计算机图形学

计算机图形学（Computer Graphics）是一种使用数学算法将二维或三维图形转化为计算机显示器的栅格形式的科学。简单地说，计算机图形学的主要研究内容就是研究如何在计算机中表示图形以及利用计算机进行图形的计算、处理和显示的相关原理与算法。

5. 人工智能

人工智能（Artificial Intelligence，AI）是研究、开发用于模拟、延伸和扩展人的智能的理论、方法、技术及应用系统的一门新的技术科学。人工智能是计算机科学的一个分支，它企图了解智能的实质，并生产出一种新的能以人类智能相似的方式做出反应的智能机器，该领域的研究包括机器人、语言识别、图像识别、自然语言处理和专家系统等。人工智能从诞生以来，理论和技术日益成熟，应用领域也不断扩大，可以设想，未来人工智能带来的科技产品，将会是人类智慧的"容器"。人工智能可以模拟人的思维意识以及处理信息的过程，人工智能研究的主要目标是使机器能够胜任一些通常需要人类智能才能完成的复杂工作。

1.1.3　数字图像处理的广义与狭义概念

数字图像处理主要分为两个层次：低级图像处理和高级图像处理。

1）低级图像处理：主要对图像进行各种加工以改善图像的视觉效果或突出有用信息，并为自动识别打基础，或通过编码以减少对其所需存储空间、传输时间或传输带宽的要求。低级图像处理的输入是图像，输出也是图像，即对图像之间进行的变换。

2）高级图像处理：主要对图像中感兴趣的目标进行检测（或分割）和测量，以获得它们的客观信息，从而建立对图像中目标的描述，是一个从图像到数值或符号的过程。高级图像处理进一步研究图像中各目标的性质和它们之间的相互联系，并得出对图像内容含义的理解（对象识别）及对原来客观场景的解释（计算机视觉），从而指导和规划行动。

广义的数字图像处理是指从图像获取到图像信息输出的全过程，即图像处理系统，包括与计算机应用相关的设备、图像处理相关的方法，以及有效软件的实现、图像处理软件的应用、图像信息在计算机中的表示、图像数据库及检索、图像信息应用等。

狭义的数字图像处理仅指其中对图像信息进行处理，对输入图像进行某种变换得到输出图像，是一种图像到图像的过程。它是底层操作，它主要在图像像素级上进行处理，处理的数据量非常大；图像分析则进入了中层，经分割和特征提取，把原来以像素构成的图像转变成比较简洁的、非图像形式的描述；图像理解是高层操作，它是对描述中抽象出来的符号进行推理，其处理过程和方法与人类的思维推理有许多类似之处。

1.2　数字图像处理系统组成

数字图像处理系统所处理的信息量是十分庞大的，对处理速度和精度都有一定的要求。目前的数字图像处理系统有各种各样的结构，其商品化产品的种类也较多，但不论何种用途，数字图像处理系统都由图像数字化设备、图像处理计算机和图像输出设备组成，如图 1-1 所示。

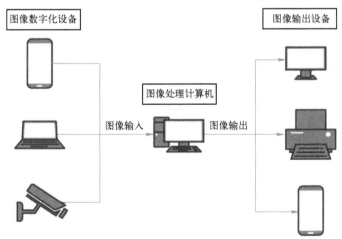

图 1-1　数字图像处理系统

图像数字化设备将图像输入的模拟物理量（如光、超声波、X 射线等信息）转变为数字化的电信号，以供计算机处理，可以是智能手机、扫描仪、数码相机、摄像机与图像采集卡等。

图像处理计算机系统是以软件方式完成对图像的各种处理和识别，是数字图像处理系统的核心部分。由于图像处理的信息量大，还必须有外存储器，如硬盘、移动硬盘、光盘、闪存盘等。

图像输出设备则是将图像处理的中间结果或最后结果显示或打印记录，包括显示器、打印机、智能手机等。

1.3　数字图像处理的主要研究内容和发展趋势

1.3.1　数字图像处理的主要研究内容

数字图像处理研究的内容主要有以下几个方面：图像变换、图像增强、图像复原、图像分割、图像压缩编码、彩色图像处理、图像的三维重建、图像的表示和描述、图像编码、图像分类、图像重建等。本书对部分常用研究内容进行讲解。

1．图像变换

图像变换指从时域变换到频域，图像变换的目的是，减少图像计算量，从而简化图像处理过程和提高图像处理变换的基本技术。

常用的图像变换的方法有：傅里叶变换、沃尔什变换、离散余弦变换、小波变换等。

2．图像增强和复原

图像增强和复原的目的是为了提高图像的质量，如去噪声、提高图像的清晰度。图像增强不考虑图像降质的原因，仅突出感兴趣的部分。例如，强化图像的高频分量，可以使图像轮廓清晰，细节明显；强化图像的低频分量，可以减少图像的噪声。

图像复原需要对图像降质的原因有一定的了解，一般需要根据降质过程建立"降质模型"，再通过某种滤波方法，达到复原图像的效果。

3．图像分割

图像分割是将图像中有意义的特征部分（如边缘、区域）提取出来，这是进一步进行图像识别、分析和理解的基础。由于目前还没有一种普遍适用于各种图像的有效分割方法，所以对图像分割的研究仍然是一个热点。

4．图像压缩编码

图像压缩编码技术可以减少图像数据量，便于图像的传输，减少存储量。

压缩既可以在不失真的条件下获得，也可以在允许失真的条件下获得。编码是图像压缩中最重要的方法，它在图像处理技术中发展最早，也比较成熟。

1.3.2　数字图像处理应用及发展趋势

图像是人类获取和交换信息的主要来源。因此，图像处理的应用领域和发展趋势必然涉及人类生活和工作的方方面面。随着人类活动范围的不断扩大，图像处理的应用领域也将随之不断扩大，如图 1-2 所示。

1．数字图像处理应用

（1）临床医学方面的应用

在信息化、数字化的时代，数字信息应用在生物医学方面的成果改善着人们的生活。大家最为熟知的便是超声医学影像。如今，医学影像成为医生对于人体内部组织或器官是否病变，更为直观、清晰、准确的判断。这门技术不光运用于人类，也可用于动物体内器官病变的诊断和治疗。超声医学影像具有方便、快速、准确、安全和费用低廉的优点，在临床诊断、术前术后检测、治疗等方面起着很大的作用，如图1-3所示。

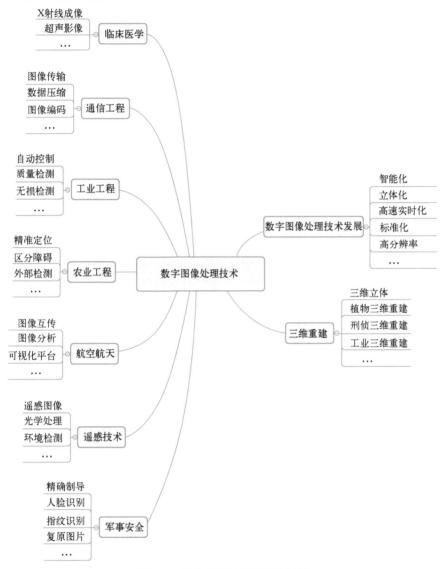

图 1-2　数字图像处理涉及的领域

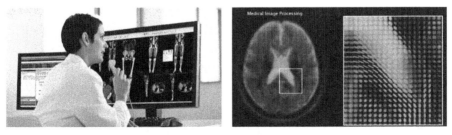

图 1-3　医学影像的采集与处理

高清的医学影像一直以来是临床医学者所追求的。X 射线光源亮度不均匀，存在噪声干扰、灰度的误差等，最终都会影响图像的清晰度，甚至模糊不清。因此，人们利用图像处理技术来消除模糊，提高清晰度。具体应用到的方法有很多，根据实际所需，运用图像去噪的方法去除噪声；运用图像增强技术提高整体图像效果；运用空间域平滑或空间域锐化对图像细节调整；还可以运用灰度变换，对灰度进行线性的或非线性的变换，增大图像的对比，让图像变得更加清晰，特征更加明显。众所周知，人眼对于彩色的敏感度远高于对灰度的敏感度，所以，将所得到的灰度图像经过伪彩色增强，生成彩色图像，可以增强人眼对于影像中细节的分辨能力，从而提高诊断的准确性。

（2）通信工程的应用

通信工程是电子信息工程中一个非常重要的方向，目前通信领域的发展迅速，且具有很大的潜力，特别是数字通信、量子通信、光纤通信等技术的蓬勃发展，使信息搜索、信息传递、信息收取等在速度和质量上达到了便捷、高效。通信主要研究信息的传递与接收，而图像传输，尤其是远距离图像通信实现的难度是最大的。首要问题便是图像信息的数据量大，传输信道狭窄，比如普通的电话线，传输速率为 9600bit/s，传输一幅 512×512 像素 8bit 图像就需要花费 300s。若想快速高效地传输图像信息，就需要采用数据压缩和图像编码来压缩图像的比特量。该技术最早的应用是在 20 世纪 20 年代，通过海底电缆将一幅图片由纽约传输到伦敦，与早期使用电话线传输相比，传输时间从之前的一周缩短到小于 3h。

（3）工业工程方面的应用

在工业工程方面，自动控制领域与图像识别处理相结合，利用计算机提供的可靠并且精确的数据，可以自动对生产线上生产的零件质量进行检测，并可对其进行分类，还可以检测印制电路板的瑕疵，或对特殊产品进行无损检测，如木材无损检测，该检测中还引入伪彩色增强原理。其他方面的应用还有快递包裹、信件的自动分拣、物体内部元件缺陷的排查等。

（4）农业工程方面的应用

"智慧农业"是现代农业发展的高级阶段，是集互联网、物联网和云计算等技术为一体，依托部署在农业生产现场的各种传感器节点和无线通信网络，实现农业生产环境的智能感知、智能预警、智能分析、智能决策、专家在线指导，为农业生产提供精准化种植、可视化管理、智能化决策。

数字图像处理的发展与变更改变了人类在农业上的工作模式。如图 1-4 所示。在农业上，数字图像处理可用于农作物的质量检测、农作物产品的分级、果实采摘机器人等，相较传统模式节约了大量劳动力，只需智能农业就能完成大面积耕种的摘取与检测，在节约时间的同时也大大提高了工作效率。例如，受光照、土壤、种子质量等多方面因素的影响，农产品果实成熟时间不尽相同，如若在果实采集过程中精准定位，准确地捕捉成熟果实定位，为采集过程提供参数，能极大地促进采集环节的顺利进行，故在农产品收获过程中对作物的图像进行检测，自动识别筛选成熟果实的图像处理技术显得尤为重要，数字图像处理技术难题在其中主要体现以下两方面：①准确定位成熟农作物；②区分障碍物。

除此之外，颜色是最容易给农作物品质分级的外表特征，通过数字图像技术采集以及分析颜色性状成为判断作物是否优质的一道检测机制，通过视觉效果系统自动识别作物表面色彩，所识别的色彩精细化程度越高，对后期大数据匹配分析的准确度提升越强。

技术的突破使得数字图像不再拘泥于静态图像，对图像的处理技术运用在动态图像中使得对农产品生长监测有着深远的影响（见图 1-4）。作物长势是每个农业种植者时刻关注的重要因素,作物的关键生长节点决定着最终收成的好坏,这就需要农产品种植者利用技术手段来进行这一生产活动,其中数字图像处理技术能够很好地做到这一点:监控仪器保持全天记录作物长势情况,作物形状和大小将被及时录入图像系统,时刻提醒种植人员作物种植环境的变化,亦利于后期人员总结种植经验。

图 1-4　图像动态采集与处理

（5）航空航天领域方面的应用

2021 年 10 月 16 日 0 时 23 分,航天员翟志刚、王亚平、叶光富乘坐神舟十三号载人飞船启程奔赴中国空间站,开启为期 6 个月的太空之旅,这也是中国空间站任务阶段的第二次载人飞行。

航天员太空生活,处处都需要地空视频传输。我国研制的多种天地图像编解码终端,适应载人空间站多舱、多场景天地图像传输要求,实现低速图像、高清图像及全景图片等各类图像信息的传输,为天地之间搭建了可视化平台,如图 1-5 所示。数字图像处理技术在航空航天方面有非常广泛的运用,航空航天过程中,每天有无数侦查飞机或空间站在太空对地球进行摄影,技术人员运用数字图像处理技术分析和解读照片,比传统的方法节省了大量人力,也加快了传输照片的速度,还能从照片中发现大量有价值的情报。在数字图像处理技术运用之下,在卫星空间站经过地面上空时,通过电子信号传送由处理中心解读,图像质量高,成像、存储、转发、传输速度快。我国通过数字图像处理技术,在资源调查、灾害监测、城市规划等方面取得了良好的效果,在气象预报和其他方面的研究中,数字图像处理技术也发挥了巨大的作用。

图 1-5　神舟十三号载人飞船传回地面图像

（6）遥感技术方面的应用

近年来,卫星遥感平台、遥感信息处理技术、遥感应用技术长足发展,其中在遥感信息处理技术特别是遥感数字图像的处理技术方面,遥感图像的可视化、智能化、网络化已成为遥感技术的核心研究问题。不同类型、不同传感器、不同波段、不同分辨率的遥感数据被源源不断地接收下来,为遥感应用开辟了广阔前景,如何处理这些数据成为资源调查、环境监测、区域开发、规划及决策的重要基础信息，更有效地发挥其经济及社会效益，成了遥感图像信息处理工作的重要任务。

遥感图像信息处理的主要技术之一是计算机数字图像处理，结合光学处理、目视判读，可以完成各种信息提取工作。由于遥感技术及计算机技术的不断发展，数字图像处理在遥感应用中已经起着主导作用。如南太平洋岛国汤加王国境内海底火山发生猛烈喷发。灾难发生后，自然资源部国土卫星遥感应用中心紧急协调安排我国海洋卫星拍摄影像（见图 1-6），提供给联合国有关机构和国际组织。

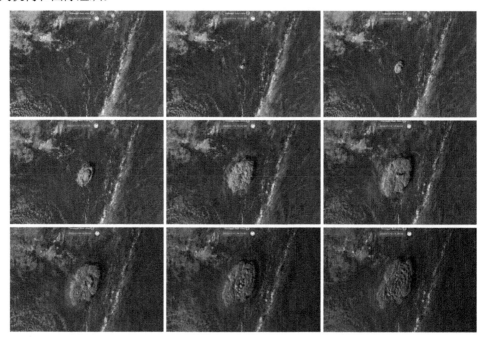

图 1-6　我国海洋卫星拍摄的汤加火山图像

（7）军事安全方面

在军事方面，数字图像处理技术主要可以用于导弹的精确制导、发射过程中的图像处理等方面，在没有人为操作的情况下，可以根据数字图像处理技术进行自发的精确制导。在公共安全方面，可以进行指纹识别、人脸识别、复原图片、监控和分析事故等。目前数字图像处理技术已成熟运用在高速公路自动识别、自动收费系统当中。在未来，军事以及公安领域中，数字图像处理技术的应用频率将越来越高。

2. 数字图像处理发展趋势

（1）高速实时化、智能化、标准化、高分辨率、立体化

加快数字图像处理技术发展，需要提高计算机等硬件的速度，实现模/数（A/D）转换和数/模（D/A）转换的实时化；在智能化方面，与计算机识别、自动控制等领域相结合，能让计算机按照人类的想法和思维工作；在标准化方面，目前图像处理技术还没有统一标准，需要进一步完善和发展；在提高分辨率方面，从图像的采样分辨率，到图像显示器的分辨率都有待提高，高清的分辨率有利于人们分析；在立体化方面，二维图像向三维图像，甚至多维图像发展，通常与虚拟显示相结合。

（2）三维重建

未来数字图像处理会向三维重建方向发展。一般情况下，三维重建是对之前存在或已被破坏的三维物体或场景进行恢复建立和重新构造，重建得到的数字模型，便于计算机识别和处理，更方便人们直观感受。通俗来说，三维重建可以是由二维的图像构造出与其相对应的三维立体物体或者场景。因此三维重建技术与虚拟现实技术有着密不可分的联系。

农业科学现在已经发展到数字化、可视化、精准化的阶段，植物三维信息可以逼真地重现植物的形态结构。构建植物三维信息，即植物三维重建，是计算机技术与农业结合通过利用激光雷达、单目或多目相机等设备收集植物形态信息，生成符合植物生理形态结构的三维模型。植物三维模型可以对植物生长过程、表型信息、环境交互进行仿真分析，所以植物三维重建已经成为当前计算机领域和农业信息领域的研究热点和难点。植物三维重建在研究植物形态结构、精准化管理都具有良好的表现，对促进农作物的精准管理、智慧农业种植具有重要意义。

在刑事案例分析中，可以利用虚拟现实技术记录刑事现场，利用高清的数码相机、数字图像处理软件和专业的虚拟现实（VR）成像技术，通过二维平面图像，连接多个视点，制造出一幅最大视角可达到 360° 并且动态的三维场景。这样的三维虚拟图像，高度地还原了现场的方位、现场的重点部位、现场的概览以及各种细节方面，它不会随着时间以及外界影响而改变现场的模样。这样的技术，不但为刑事案件分析提供了很大的便利，而且将该技术运用到生活中，人们足不出户就可以看到商品的各种细节。

1.4 常用数字图像工具软件简介

"工欲善其事，必先利其器。"本书的讲解内容主要使用 MATLAB 软件进行编程实现。

1.4.1 MATLAB

MATLAB 是 MathWorks 公司开发的一款工程数学计算软件。MATLAB 对数学操作进行直接的描述，是一个交互式系统，其基本数据元素是矩阵。这就允许人们用公式化方法求解许多技术计算问题，特别是涉及矩阵表示的问题。有时，MATLAB 可调用如 C 这类非交互式语言所写的程序。MATLAB 图像处理工具箱（Image Processing Toolbox，IPT）封装了一系列针对不同图像处理需求的标准算法，它们都是通过直接或间接调用 MATLAB 中的矩阵运算和数值运算函数来完成图像处理任务的。如今，MATLAB 已成为强大的数值计算软件，适用于现代处理器和存储器架构。

MATLAB 是 Matrix Laboratory（矩阵实验室）的缩写，其设计初衷是成为处理矩阵和线性代数的软件，在此之前，这主要通过 Fortran 语言来完成。今天，MATLAB 已成为强大的数值计算软件，适用于现代处理器和存储器架构。

MATLAB 在数字图像处理领域具有强大的作用，它提供了一个宽泛的处理多维阵列的函数集合，而图像（二维数字阵列）不过是多维阵列的一种特殊情况。图像处理工具箱是一个把MATLAB 数值计算环境扩展到图像处理的函数集合。

1.4.2 Python

Python 是一种跨平台的计算机程序设计语言，是一个高层次的结合了解释性、编译性、互动性和面向对象的脚本语言。Python 在设计上坚持了清晰划一的风格，这使得 Python 成为一门易读、易维护，并且被大量用户所欢迎的、用途广泛的语言。最初被设计用于编写自动化脚本（shell），随着版本的不断更新和语言新功能的添加，更多被用于独立的、大型项目的开发。由于 Python 语言的简洁性、易读性以及可扩展性，在国外用 Python 做科学计算的研究机构日益增多，例如计算机视觉库OpenCV、三维可视化库 VTK、医学图像处理库 ITK。而 Python 专用的科学计算扩展库就更多了，例如 NumPy、SciPy 和 Matplotlib，它们分别为 Python 提供了快速数组处理、数值运算以及绘图功能。因此 Python 语言及其众多的扩展库所构成的开发环境十分适合工程技术、科研人员处理实验数据、制作图表，甚至开发科学计算应用程序。

1.4.3　OpenCV

OpenCV 是 Open Source Computer Vision 的缩写，它是计算机视觉中经典的专用库，其支持多语言、跨平台，功能强大。OpenCV 由英特尔公司于 1999 年推出。它最初是用 C/ C++编写的，所以人们可能会看到更多用 C 语言而不是 Python 编写的教程。但现在它在 Python 中也被广泛用于计算机视觉。

OpenCV 是一个基于 BSD 许可（开源）发行的跨平台计算机视觉和机器学习软件库，可以运行在 Linux、Windows、Android 和 macOS 操作系统上。它轻量级而且高效，由一系列 C 函数和少量 C++类构成，同时提供了 Python、Ruby、MATLAB 等语言的接口，实现了图像处理和计算机视觉方面的很多通用算法。

1.4.4　Java

Java 是一门面向对象编程语言，不仅吸收了C++语言的各种优点，还摒弃了 C++语言难以理解的多继承、指针等概念，因此 Java 语言具有功能强大和简单易用两个特征。

Java 看起来设计得很像C++，但是为了使语言更容易上手实操，设计者们把 C++语言中许多可用的特征去掉了，这些特征是一般程序员很少使用的。例如，Java 不支持 go to 语句，代之以提供break和continue语句以及异常处理。Java 还剔除了 C++的操作符过载（Overload）和多继承特征，并且不使用主文件，免去了预处理程序。因为 Java 没有结构，数组和串都是对象，所以不需要指针。Java 能够自动处理对象的引用和间接引用，实现自动的无用单元收集，使用户不必为存储管理问题而烦恼，能节省出更多的时间和精力花在研发上。Java 语言作为静态面向对象编程语言的代表，极好地实现了面向对象理论，允许程序员以优雅的思维方式进行复杂的编程。Java 具有简单性、面向对象、分布式、健壮性、安全性、平台独立与可移植性、多线程、动态性等特点。Java 可以编写桌面应用程序、Web 应用程序、分布式系统和嵌入式系统应用程序等。

1.4.5　C++

C++是 C 语言的继承，它既可以进行C 语言的过程化程序设计，又可以进行以抽象数据类型为特点的基于对象的程序设计，还可以进行以继承和多态为特点的面向对象的程序设计。C++擅长面向对象程序设计的同时，还可以进行基于过程的程序设计，因而就 C++适应的问题规模而论，大小由之。C++不仅拥有计算机高效运行的实用性特征，同时还致力于提高大规模程序的编程质量与程序设计语言的问题描述能力。

C++语言的程序因为要体现高性能，所以都是编译型的。但为了方便测试，调试环境做成解释型的。即开发过程中，以解释型的逐条语句执行方式来进行调试，以编译型的脱离开发环境而启动运行的方式来生成程序最终的执行代码。生成程序是指将源码（C++语句）转换成一个可以运行的应用程序的过程。如果程序的编写是正确的，那么通常只需按一个功能键，即可实现这个过程。

1.4.6 HALCON

HALCON 是德国 MVtec 公司开发的一套完善的标准的机器视觉算法包，拥有应用广泛的机器视觉集成开发环境。它节约了产品成本，缩短了软件开发周期。HALCON 灵活的架构便于机器视觉、医学图像和图像分析应用的快速开发，在欧洲以及日本的工业界已经是公认具有最佳效能的机器视觉软件。

HALCON 源自学术界，它有别于市面一般的商用软件包。事实上，它是由一千多个各自独立的函数，以及底层的数据管理核心构成。其中包含了各类滤波、色彩以及几何、数学转换、形态学计算分析、校正、分类辨识、形状搜寻等基本的几何以及影像计算功能，由于这些功能大多并非针对特定工作设计的，因此只要用得到图像处理的地方，就可以用 HALCON 强大的计算分析能力来完成工作，应用范围几乎没有限制，涵盖医学、遥感探测、监控、到工业上的各类自动化检测。

本章小结

数字图像处理是用计算机对图像信息进行处理的一门技术，是利用计算机对图像进行各种处理的技术和方法。早期的图像处理的目的是改善图像的质量，它以人为对象，以改善人的视觉效果为目的。随着计算机科学技术的不断发展，图像处理技术不断完善，逐渐成为一个新兴的学科，各种新的处理方法层出不穷。图像是人类获取和交换信息的主要来源，因此，图像处理的应用领域必然涉及人类生活和工作的方方面面。随着人类活动范围的不断扩大，图像处理的应用领域也将随之不断扩大。因此，数字图像处理逐渐成为心理学、生理学、计算机科学等诸多领域内学者们研究视觉感知的有效工具。图像处理在军事、航天、农业等领域的应用中也有不断增长的需求。本章主要阐述了数字图像处理的主要内容、系统组成以及应用领域等相关知识，科普了目前常用的数字图像处理软件，给读者们的实操提供了便利。

习题

1.1 什么是数字图像处理？数字图像处理的特点是什么？

1.2 数字图像处理常应用于哪些领域？

1.3 数字图像处理系统主要由哪几部分组成？每部分的功能是什么？

1.4 数字图像处理主要研究内容有哪些？请简要阐述。

1.5 数字图像处理常用的工具软件有哪些？你常用的是哪个？说说你的原因。

第2章 MATLAB数字图像处理基础

MATLAB 是美国MathWorks公司出品的商业数学软件，用于数据分析、无线通信、深度学习、图像处理与计算机视觉、信号处理、量化金融与风险管理、机器人、控制系统等诸多领域。MATLAB 是 matrix 和 laboratory 两个词的组合，意为矩阵工厂（矩阵实验室），该软件主要面对科学计算、可视化以及交互式程序设计的高科技计算环境。它将数值分析、矩阵计算、科学数据可视化以及非线性动态系统的建模和仿真等诸多强大功能集成在一个易于使用的视窗环境中，为科学研究、工程设计以及必须进行有效数值计算的众多科学领域提供了一种全面的解决方案，并在很大程度上摆脱了传统非交互式程序设计语言（如 C、Fortran）的编辑模式。

2.1 MATLAB 简介

MATLAB 和Mathematica、Maple并称为三大数学软件。它在数学类科技应用软件中在数值计算方面首屈一指，主要功能包括行矩阵运算、绘制函数和数据、实现算法、创建用户界面、连接其他编程语言的程序等。MATLAB 的基本数据单位是矩阵，它的指令表达式与数学、工程中常用的形式十分相似，故用 MATLAB 来解算问题要比用 C、Fortran等语言完成相同的事情简捷得多，并且 MATLAB 也吸收了像 Maple 等软件的优点，使 MATLAB 成为一个强大的数学软件。在新的版本中也加入了对C、Fortran、C++、Java的支持。

与其他程序设计语言相比，MATLAB 语言有如下的优势：

1）简洁集成度高。MATLAB 程序设计语言集成度高，语句简洁，往往用 C/C++等程序设计语言编写的数百条语句，用 MATLAB 语言一条语句就能解决问题，其程序可靠性高、易于维护，可以大大提高解决问题的效率和水平。

2）高效方便的运算功能。MATLAB 语言以矩阵为基本单元，可以直接用于矩阵运算。另外最优化问题、数值微积分问题、微分方程数值解问题、数据处理问题等都能直接用 MATLAB 语言求解。

3）专业的工具箱和扩展能力。MATLAB 工具箱经过专业开发、严格测试并拥有完善的帮助文档。MATLAB 应用程序可以看到不同算法对数据的处理，让读者看到不同的算法如何处理数据。MATLAB 只需更改少量代码就能扩展需要的分析在群集、图形处理单元（GPU）和云上运行，无须重写代码或学习大数据编程和内存溢出技术。

2.2 MATLAB 软件的安装

本书使用的 MATLAB 版本为 MATLAB R2019b。在 MATLAB 的使用中，安装推荐计算机处理器为 i5 七代以上，内存至少 8GB；操作系统推荐安装 64 位版本，保证运行内存不受操作系统内存上限的制约，并且计算机处理器和内存尽量保持在当下主流配置的中上水平，可以大幅度减少运算的时间，提高计算效率。

具体安装步骤如下：

1）计算机解压安装包后，在文件夹内双击 setup.exe 启动安装程序，如图 2-1 所示。

图 2-1　启动安装程序

2）在弹出界面选择"使用文件安装密钥"，如图 2-2 所示。

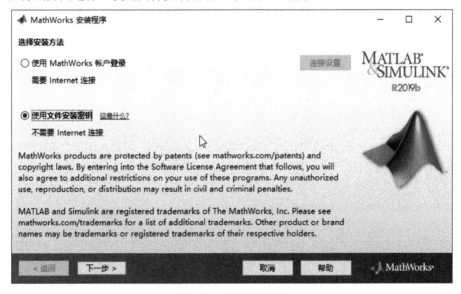

图 2-2　安装程序界面

3）单击"下一步"按钮，选择"是"接受许可协议的条款，如图 2-3 所示。

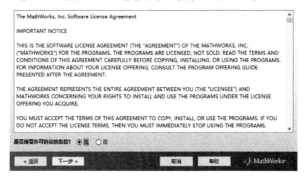

图 2-3　许可协议界面

4）单击"下一步"按钮，选择"我已有我的许可证的文件安装密钥"，并填入密钥，如图 2-4 所示。

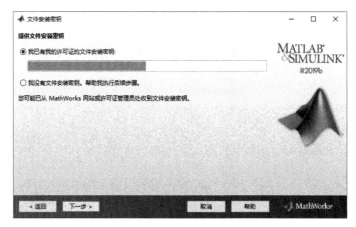

图 2-4　文件安装密钥界面

5）单击"下一步"按钮，选择安装路径，如图 2-5 所示。因为 MATLAB R2019b 安装占用的内存比较大，所以不建议默认安装，避免因磁盘容量不足降低运行速度。注意：安装路径文件夹名称均不能含有中文字符。

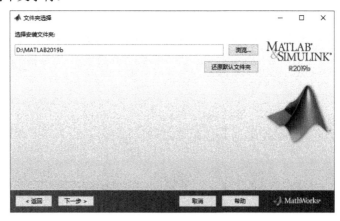

图 2-5　安装文件夹选择界面

6）单击"下一步"按钮，选择要安装的产品，如图 2-6 所示。

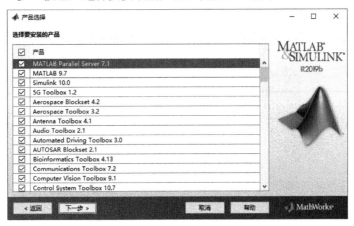

图 2-6　安装产品选择界面

7）单击"下一步"按钮，出现如图 2-7 所示确认界面。

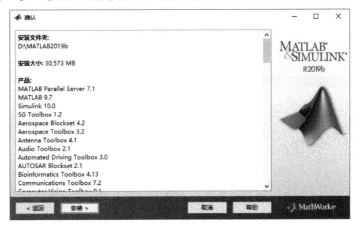

图 2-7　安装信息确认界面

8）单击"安装"按钮后出现如图 2-8 所示界面，等待安装完成即可，安装过程大约 1h。

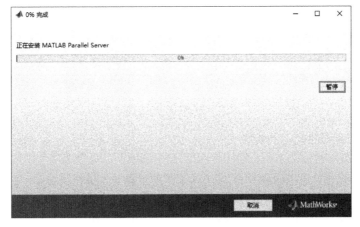

图 2-8　程序安装界面

9）双击桌面 MATLAB 图标打开 MATLAB 软件，弹出如图 2-9 所示界面。

图 2-9　软件打开状态界面

10）稍等片刻后进入 MATLAB 的默认设置桌面平台。软件主页界面如图 2-10 所示。

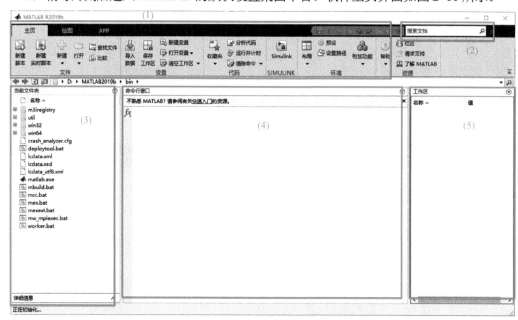

图 2-10　软件主页界面

软件主页界面主要包含以下部分：

1）菜单栏：菜单栏包括主页、绘图、APP 三个选项卡，每个选项卡中包含对应的功能。在此栏包含很多操作设置，可以新建 M 文件（M 文件便于填写大量代码编译，可以保存代码。如果只是一个函数调用，建议用命令行窗口）。

2）搜索栏：图 2-10 搜索栏左侧有个"？"按钮，单击按钮即可进入文档的主页，又或者在旁边的搜索栏输入自己想要查找的函数，也可以直接在命令行窗口输入 help 命令。

3）文件路径栏：文件路径是当前文件夹的地址，在该区域可以实现文件路径的切换。当前文件夹是显示当前文件路径下所有文件的窗口，可以在此双击打开所需要的.m 等不同格式的文件。因为读取图片是从当前的文件路径读取的，所以图片必须放在这里。当然，可以修改当前路径，转到存放图片的路径上，或者可以在 imread()命令里填上图片的路径。

4）命令行窗口：命令行窗口是进行一系列命令输入的地方，当有命令输入并按下〈Enter〉键时，软件会自动执行该条命令，并执行出该命令的结果。这是主要用到的窗口，MATLAB 之所以强大也是在此，逐行编译。例如写 50 行代码，第 50 行出错，它也会编译到 49 行。这对于使用者检查代码错误十分便捷。至于里面的填写内容、格式等将会在后续的内容中介绍。

5）工作区：工作区是存放所执行程序中涉及的所有变量值的空间，可以在该区域双击某变量查看其具体的变量表示情况。这个区域存放着图片的数组信息。使用者看到的是图片，而计算机记录的是矩阵。当读取图片时，图片的像素就在此保存。

2.3　MATLAB 程序设计语言基础

2.3.1　MATLAB 语言变量与常量

在 MATLAB 语言中，变量和函数不能随意命名与使用，必须遵循 MATLAB 的具体规定要求。MATLAB 语言中变量的命名规则包括：①MATLAB 语言变量名应该由一个字母引导，后面可以跟字母、数字、下划线等，且其中不允许使用标点符号；②MATLAB 中的变量名是区分大小写的；③变量名必须是不含空格的单个词，且存在最大长度限制（不同版本最大数量可能不一样）。

在 MATLAB 语言中还为特定常数保留了一些名称，见表 2-1，虽然这些常量都可以重新赋值，但建议在编程时尽量避免对这些量重新赋值。

表 2-1　特殊变量表

特殊变量	说明
eps	机器的浮点预算误差限，计算机的最小数，若某个量的绝对值小于 eps，可以认为这个量为 0
i, j	单位虚数值，$i^2=j^2=-1$，可以用 i=sqrt (−1) 恢复该变量
ans	默认的结果输出变量
pi	圆周率
Inf, inf	无穷大量，如 1/0
NaN, nan	不定量，可用 0/0 表示，用 NaN 与 Inf 的乘积仍为 NaN
realmax	最大可用正实数（校准）
realmin	最小可用正实数（校准）
nargin	函数输入参数个数
nargout	函数输出参数个数
lasterr	最近的错误信息
lastwarning	最近的警告信息
computer	计算机类型
version	MATLAB 版本

2.3.2　MATLAB 数据结构

MATLAB 数据类型见表 2-2。

表 2-2　数据类型表

数据类型	说明
double	双精度浮点数，MATLAB 中最常见也是默认的数据类型，值域的近似范围为 -1.7×10^{308} 至 1.7×10^{308}，占 8B（64 位）
uint8	无符号的八位整型数据类型，值域为 0～255，占 1B
uint16	无符号的十六位整型数据类型，值域为 0～65535，占 2B
uint32	无符号的三十二位整型数据类型，值域为 0～4294967295，占 4B
int8	有符号的八位整型数据类型，值域为 -128～127，占 1B
int16	有符号的十六位整型数据类型，值域为 -32768～32767，占 2B
int32	有符号的三十二位整型数据类型，值域为 -2147483648～2147483647，占 4B
single	单精度浮点数，值域为 $-10^{38}\sim10^{38}$，占 4B
char	字符型变量，占 2B
logical	布尔型变量，占 1B

除了用于数学运算的数值数据结构以外，MATLAB 还支持下面的数据结构：

1）字符串型数据。MATLAB 支持字符串变量，可以用它来存储相关的信息。和 C 语言等程序设计语言不同，MATLAB 字符串是用单引号括起来的。

2）多维数组。三维数组是一般矩阵的直接拓展。在实际编程中还可以使用维数更高的数组。

3）单元数组。单元数组是矩阵的直接扩展，其存储格式类似于普通的矩阵，而矩阵的每个元素不是数值，可以认为能存储任意类型的信息，这样每个元素称为"单元"。

2.3.3　MATLAB 基本语句结构

MATLAB 主要包含两种语句结构：直接赋值语句和函数调用语句。

（1）直接赋值语句

直接赋值语句的基本结构为：赋值变量=赋值表达式，这一过程把等号右边的表达式直接赋给左边的赋值变量，并返回到 MATLAB 的工作空间。若赋值表达式后面没有分号，则将在 MATLAB 命令窗口中显示表达式的运算结果。如果省略赋值变量和等号，则表达式运算的结果将赋给保留变量 ans。

（2）函数调用语句

函数调用语句基本结构为：[返回变量列表]=函数名（输入变量列表），其中函数名的要求和变量名的要求是一致的，一般函数名应该对应在 MATLAB 路径下的一个文件。返回变量列表和输入变量列表均可以由若干个变量名组成，它们之间用逗号隔开，返回变量允许用空格分隔。

2.3.4　M 文件的编写

M 文件和 C/C++ 中的 c/cpp 文件类似，就是存储 MATLAB 代码并可以执行的文件。MATLAB 的源代码文件可以直接执行而不需要编译。很多情况下，M 文件用于封装一个功能函数从而提供某些特定的功能。

一般来说，M 文件以文本格式存储，执行顺序从第一行开始向下运行，到终止语句结束。对位于当前工作目录中的 M 文件，可以直接在命令行输入其文件名来运行它。作为函数时，M 文件也可以接受参数。

M 文件可以分为脚本 M 文件和函数 M 文件。

脚本 M 文件：将众多命令行放置在同一 M 文件中，并保存为以 .m 为扩展名的 M 文件。在调用脚本 M 文件时，只需要在命令行窗口中输入 M 文件的名称即可，但务必将 M 文件保存到当前工作目录下。

函数 M 文件：针对程序员传递的动态参数计算获得相应结果的程序更具有通用性。函数 M 文件就是通过程序编写者传递进来的参数计算获得对应参数的 M 文件。值得注意的是，函数 M 文件名必须与函数名一致。

2.3.5　MATLAB 函数编写

MATLAB 函数通常在 M 文件中定义，一个文件可以定义多个函数。一个 MATLAB 函数的具体编写方式如下：

1）第一行必须是以特殊字符 function 开始的函数定义行：

function[因变量名]=函数名（自变量名）

如果有多个自变量，则自变量与自变量之间用英文逗号隔开；如果有多个因变量，则需将因变量用中括号括起来，并用英文逗号分隔各因变量，如果只有一个因变量，可以省略方括号。

某些函数可能没有输出参数，那么就需要在省略方括号及其中内容的同时，省略等号。无返回值的函数就定义为：function 函数名（自变量）。

函数的命名规则与 C/C++ 类似，必须以字母开头，可以包含字母、数字和下划线，但不能包含空格。函数可以在其他 M 函数中被调用，也可以在命令行直接调用，调用方法为只写函数定义中除了 function 之外的部分即可。

2）"H1"行是 M 文件中的第一个注释行，必须紧跟着函数定义行，中间不能有空行，这一行的百分号前也不能有空白字符或缩进。这一行的内容将在使用 help 命令时显示在第一行，而 lookfor 命令用于查找 H1 行中的制定关键词，并在结果的右侧显示 H1 行。

3）帮助文本：帮助文本的位置和约定同 H1 类似，只能紧跟 H1 行，中间不能有任何空行或者缩进，帮助文本的本质就是注释行，因而需要以%开头。

4）函数体和备注：这些部分的编写方式和普通的 MATLAB 程序类似，如果有返回值，应在函数体中为输出变量赋值。

示例：

（以下使用 imshow()函数作为函数格式示例）

```
function h=imshow(varargin)
if nargin> 0
    [varargin{:}] = convertStringsToChars(varargin{:});
end

[RI, varargin] = preParseInputsForSpatialReferencing(varargin{:});
% translate older syntaxes
varargin_translated = preParseInputs(varargin{:});
% handle 'Reduce' syntax
preparsed_varargin = processReduceSyntax(varargin_translated{:});
```

```
s = settings;
[common_args，specific_args] = ...
    images.internal.imageDisplayParseInputs({'Parent'，'Border'，'Reduce'}，preparsed_varargin{:});
cdata = common_args.CData;
cdatamapping = common_args.CDataMapping;
clim = common_args.DisplayRange;
map = common_args.Map;
xdata = common_args.XData;
ydata = common_args.YData;
initial_mag = common_args.InitialMagnification;
interpolation = common_args.Interpolation;
[xdata，ydata，isSpatiallyReferenced] = convertImrefToXDataYData(cdata，xdata，ydata，RI);
initial_mag_specified = ~isempty(initial_mag);
if ~initial_mag_specified
    style = s.matlab.imshow.InitialMagnificationStyle.ActiveValue;
    if strcmp(style，'numeric')
        initial_mag = s.matlab.imshow.InitialMagnification.ActiveValue;
    else
        initial_mag = style;
    end
else
    initial_mag = images.internal.checkInitialMagnification(initial_mag，{'fit'}，...
        mfilename，'INITIAL_MAG'，  ...
        []);
end
parent_specified = isfield(specific_args，'Parent');
if parent_specified
    validateParent(specific_args.Parent)
end
```

2.3.6　MATLAB 帮助文档

　　所有 MATLAB 函数都有帮助文档，这些文档包含一些示例，并介绍函数的输入、输出和调用语法。从命令行访问这些信息有很多种方法。

　　1．help 命令

　　命令格式为：helpname

　　helpname 显示 name 指定的功能和帮助文本，例如函数、方法、类、工具箱或变量。

　　注意：一些帮助文本用大写字符显示函数名称，以使它们与其他文本区分开来。键入这些函数名称时，请使用小写字符。对于大小写混合显示的函数名称（例如 javaObject），请按所示键入名称。help 命令使用示例如图 2-11 所示。

　　命令中 name 为功能名称，例如函数、方法、类、工具箱或变量的名称，指定为字符向量或字符串标量。name 也可以是运算符符号（例如 +）。

　　如果 name 是变量，help 显示该变量的类的帮助文本。

　　如果 name 出现在 MATLAB 搜索路径上的多个文件夹中，help 将显示在搜索路径中找到的 name 的第一个实例的帮助文本。

　　如果 name 已重载，help 将显示指向具有相同名称的方法列表的链接。

图 2-11　help 命令使用示例

2. doc 命令

命令格式为：docname

docname 可在帮助浏览器窗口中打开显示 name 指定的功能（例如函数、类或块）的帮助文档。doc 命令可提供比 help 命令更多的信息，打开的帮助文档中还包括图片或视频等多媒体例子。doc 命令使用示例如图 2-12 所示。

图 2-12　doc 命令使用示例

如果 name 对应于 MathWorks 参考页，则 doc 会在帮助浏览器中显示该页面。doc 命令不显示第三方或自定义的 HTML 文档。

如果 name 不存在任何对应的参考页，则 doc 将在名为 name.m 或 name.mlx 的文件中搜索帮助文本。如果有可用的帮助文本，doc 将在帮助浏览器中显示该文本。

如果 name 不存在任何对应的参考页并且没有关联的帮助文本，则 doc 将搜索 name 的文档，并在帮助浏览器中显示搜索结果。

3. lookfor 命令

命令格式为：lookfor keyword

lookfor keyword 在所有 MATLAB 程序文件的帮助文本的第一个注释行（H1 行）中搜索指

定的关键字（keyword）。对于存在匹配项的所有文件，lookfor 显示 H1 行。如果需要搜索某个函数并且不知道其名称，则 lookfor 会非常有用。lookfor 命令使用示例如图 2-13 所示。

图 2-13　lookfor 命令使用示例

lookfor keyword 可以在所有MATLAB 程序文件的帮助文本的 H1 行中搜索关键词（keyword），也可以使用"lookfor keyword-all"在所有 MATLAB 程序文件的所有帮助文本中搜索关键词（keyword）。

4．type 命令

命令格式为：type filename

type filename 在 MATLAB 命令行窗口中显示指定文件的内容。type 命令使用示例如图 2-14 所示。

图 2-14　type 命令使用示例

可以通过 type 命令查询函数名，从而打开函数 M 文件的内容，查看函数的注释和构成语句。

2.4　MATLAB 程序设计

MATLAB 和众多编程语言一样，可以完成众多复杂程序的设计，语法结构相对简单，编写较为方便，本节将对 MATLAB 提供的循环语句结构、条件语句结构、开关语句结构进行介绍。

2.4.1　循环语句结构

MATLAB 中提供了两种循环语句结构，分别由 for 语句或 while 语句引导，以 end 语句结束，在这两个语句之间的部分称为循环体。考虑到程序运行的效率，如果循环次数是确定的，通常采用 for 语句，在循环次数不确定的情况下可采用 while 语句。

1．for 循环语句

for 语句的一般结构为：

```
for i=n,
循环结构体,
end
```

在 for 循环结构中，n 为一个向量，循环变量 i 每次从 n 向量中去除一个分量，执行一次循环结构体的内容，直至执行完 n 向量中所有的分量，将自动结束循环结构体的执行。在 MATLAB 中每条 for 语句后必须用 end 语句结束循环。

2．while 循环语句

while 循环的基本结构为：

```
while（条件式）,
循环结构体,
end
```

在 while 循环结构中，"条件式"是一个逻辑表达式，若其值为真（非零），则将自动执行循环体的结构，执行完后再判定"条件式"的真伪，为真则仍然执行结构体，否则将退出循环结构。

循环语句在 MATLAB 语言中是可以嵌套使用的，也可以在 for 语句下使用 while 结构。在循环语句中如果使用 break 语句，则可以结束上一层的循环结构。在 MATLAB 程序中，循环结构的执行速度较慢，所以在实际编程时，如果能对整个矩阵进行运算时，尽量不要采用循环结构。

2.4.2　条件语句结构

条件结构是一般程序设计语言都支持的结构。MATLAB 下基本的条件结构是 if...end 型语句，该语句也可以和 else 语句和 elseif 语句联用，扩展条件语句。

1．if...end 语句的使用

当只有一个选择结果时，通常采用 if...end 语句，其一般结构为：

```
if（条件）
命令行
end
```

2．if…else…end 语句的使用

针对选择语句的成立与否执行不同的命令时，采用 if…else…end 语句，其一般结构为：

```
if（条件）
命令行 1
else
命令行 2
end
```

3．多条选择语句的使用

如果存在三个或更多的选择结果，则可采用如下形式的选择语句：

```
if（条件 1）              %如果条件 1 满足，则执行下面的命令行 1
命令行 1                  %这里也可以嵌套下级的 if 结构
elseif（条件 2）          %如果条件 2 满足，则执行下面的命令行 2
命令行 2
…                       %这样的结构设置多种条件
else                     %上面的条件均不满足时，执行下面的段落
命令行 n+1
end
```

2.4.3　开关语句结构

开关语句 switch 是一种多分支结构的选择语句，它执行的程序语句，取决于变量或表达式的值，其基本结构为：

```
switch 开关表达式
case 表达式 1
命令行 1
case  表达式 2
命令行 2
case  表达式 3
命令行 3
case  表达式 4
命令行 4
…
otherwise
程序语句
end
```

该结构中开关表达式依次与 case 表达式相比较。当开关表达式的值等于某个 case 语句后面的条件时，程序将转移到该组命令行中执行，执行完成后程序转出整个开关语句结构继续向下执行。如果都不满足，则转到 otherwise 的程序语句段并执行。

注意，该结构中的开关表达式只能是标量或字符串；case 后面的表达式可以是标量、字符串或单元数组。单元数组表示只要满足这几个条件之一，都去执行同一命令行段。

MATLAB 用 otherwise 语句表示不符合任何条件时默认执行的程序语句，而 C 语言是用 default 语句完成此功能。MATLAB 执行完某 case 语句段后即自动转出开关语句结构而无须加 break 指令。而 C 语言需要在下一个 case 语句前加 break 语句才能跳出，否则要继续执行后面所有 case 的语句。

有些情况，switch 语句也可以用条件分支语句来代替。

2.4.4　程序调试与优化

在 MATLAB 的程序调试过程中，不仅要求程序能够满足设计者的设计需求，而且还要求程序调试能够优化程序的性能，这样使得程序调试有时比程序设计更为复杂。MATLAB 提供了强大的程序调试功能，合理地运用 MATLAB 提供的程序调试工具尤其重要。

程序优化的方向有两个：第一是提高程序的运行速度，第二就是降低程序对计算机硬件资源的占用。这两个方向常常彼此矛盾，因此一般程序优化的思路是在当前的硬件水平下，尽可能多地缩短程序的运行时间。

1）在程序调试中，需要对程序的好坏有所评价，最常用的方法就是查看程序运行所用的时间，直接在需要计时的部分前后放置计时函数的开始和结束即可。计时函数的开始为 tic，计时函数的结束为 toc。具体使用语法如下：

```
tic
            %需计时的程序代码
toc
t=toc       %将记得的时间进行保存
disp(['used time=', num2str(t)])
```

注意：如果计时的程序过于简单，计时误差会相对比较大。

2）在程序调试过程中，也可以使用 try 和 catch 语句对部分代码进行调试，示例如下：

```
clear all;
clc;
close all;
x=ones(10，2);
y=ones(2，10);
z=[];
try
    z=x*y;
catch
    disp('errors');
    size(x)
    size(y)
end
z
```

使用 try 语句可以有效防止因为出错导致的程序运行中断，而其后紧跟的 catch 语句则可以在 try 报错的时候反馈错误的信息，例如可以像上边的代码一样设置为显示变量的维度。

注意：catch 只会在 try 中的代码错位时被执行，如果 try 中的代码正确，则在 try 中的代码执行完毕之后，程序直接跳转至 end，而不会运行 catch 中的代码段。

3）MATLAB 提供了大量的调试函数供用户使用，这些函数可以通过 help 命令获得，在 MATLAB 命令行窗口输入如下指令：

```
>> help debug
```

用户便可获得这些函数，这些函数都有一个特点，就是以"db"开头，具体功能和作用如下：

dbstop	- Set breakpoint	%设置断点
dbclear	- Remove breakpoint	%清除断点
dbcont	- Resume execution	%重新执行
dbdown	- Change local workspace context	%反向 dbup 工作区切换
dbmex	- Enable MEX-file debugging	%使 MEX 文件调试有效
dbstack	- List who called whom	%列出函数调用关系
dbstatus	- List all breakpoints	%列出所有断点
dbstep	- Execute one or more lines	%单步或多步执行
dbtype	- List M-file with line numbers	%列出 M 文件
dbup	- Change local workspace context	%从当前工作区切换到调用方的工作区
dbquit	- Quit debug mode	%退出调试模式

在 MATLAB 中，这些调试函数都有相应的图形化调试工具，使得程序的调试更加方便、快捷。这些图形化调试工具在 MATLAB 编译器的"debug"和"Breakpoints"菜单中，以方便调试使用。

4）除此之外，当程序的规模比较大的时候，就可以使用 MATLAB 自带的调试工具进行调试，从而提高编程的效率。调试界面如图 2-15 所示，本书使用的是 MATLAB R2019b 的版本，调试的工具栏是打开 M 文件时，显示的编辑器的右边的部分。

图 2-15　调试界面

调试操作如下：

1）设置或清除断点：可以单击"断点"按钮，然后进行相应的操作，也可以直接单击需要设置断点的位置的左侧行号旁边的"-"，然后会出现一个红色的圆点，再次单击就可以删除该断点。

2）设置或修改条件断点：条件断点是一种特殊的断点，只要满足了指定的条件，程序执行到此处就会暂停，如果条件不满足，程序就会继续运行，就比如 if-else-end 语句，如果满足 if 的条件，就会进入 if 的代码区，如果此区域有断点，就会在断点处停下，如果不满足就跳过，因此 if 代码区的断点就不会影响程序的运行。

3）启用或禁用当前行的断点：如果当前行不存在断点，则设置当前行为断点；如果当前行为断点，则改变当前的断点的状态为禁用状态，这个时候的断点会有个"×"在红色圆圈上，在调试的时候，被禁用的断点将会被忽略。

此外，在调试的时候，变量的值是找错误（Bug）的重要线索，查看变量值的方法如下：

1）在编辑器中，将鼠标光标移到待查看的变量上，就会显示该变量的值。

2）在工作区查看变量的值。

3）在命令行窗口输入变量的名称，然后其值就会打印到窗口中。

在实际编程的时候，根据不同的情况，有针对性地使用这些功能，可以很快地提高调试效率以及编程效率。

2.5　MATLAB 图像处理编程基础

2.5.1　程序调试与优化

MATLAB 最为强大的功能是依靠函数实现的，这些函数可能是 MATLAB 内置的，也可能是由 M 文件提供的。常见的有 sin、cos、tan、log、log2 这样的数值函数和 trace 这样的矩阵函数，还有逻辑函数等。逻辑函数和矩阵函数在图像处理中应用较多，表 2-3 为其中较常用的图像处理函数。关于这些函数更详细的用法描述，可以通过 help 或 open 命令获得。

调用 MATLAB 函数的方法为：函数名后使用一对圆括号提供给函数的参数，如 sin(t)。如果函数有返回值，但调用者没有指定接收返回值的变量，系统会使用默认的 ans 变量存储返回值。

表 2-3　常用图像处理函数表

函数	用途
all	是否所有元素非零
any	是否至少有一元素非零
isempty	是否为空矩阵
isequal	是否两矩阵相同
isinf	判断有无 inf 元素
isnan	判断有无 nan 元素
isreal	判断是否为实矩阵
find	返回一个由非零元素下标组成的矩阵
det	计算方阵对应的行列式值
diag	抽取对角线元素
eig	求特征值和特征向量
fliplr	左右翻转
flipud	上下翻转
inv	求逆矩阵
lu	三角分解
norm	求范数
orth	正交化
poly	求特征多项式
qr	正交三角分解
rank	求矩阵的秩
svd	奇异值分解
trace	求矩阵的迹
Tril	抽取上三角阵
Tnu	抽取下三角阵

使用函数还应当注意以下几点：

1）函数只能出现在等式的右边。

2）每个函数依据原型不同，对自变量的个数和类型有一定的要求，如 sin 和 sind 函数。

3）函数允许按照规则嵌套，比如 sin(acos(0.5))。

2.5.2　MATLAB 图像类型及存储方式

MATLAB 图像处理中，会接触到各种图像类型，如索引图像、灰度图像、二值图像、RGB 图像等。本节将介绍这些主要的图像类型在 MATLAB 中是如何存储和表示的。

1）二值图像：是一个数据矩阵，每个像素只取两个离散值中的一个；一个二值图像是以 0 和 1 的逻辑矩阵存储的。在二值图像中，像素的颜色只有两种可能取值：黑或白。MATLAB 将二值图像存储为一个二维矩阵，每个元素的取值只有 0 和 1 两种情况，0 表示黑色，而 1 表示白色。

2）灰度图像：为单一的数据矩阵，矩阵中的每个元素分别代表图像中的像素，且是在一定范围内的颜色灰度值。矩阵中的元素可以是双精度的浮点类型、8 位或 16 位无符号的整数类型。如果矩阵元素的类型是双精度的，则元素的取值范围为 0～1；如果是 8 位无符号整数，则取值范围为 0～255。数据 0 表示黑色，而 1（或 255）表示最大亮度（通常为白色）。

3）索引图像：包括一个数据矩阵 X 和一个色图矩阵 MAP。X 可以是无符号 8 位整型、无符号 16 位整型或双精度浮点型数据；MAP 是一个包含三列、若干行的数据阵列，每一个元素的值均为[0, 1]之间的双精度浮点型数据。MAP 矩阵的每一行分别代表红、绿和蓝色。在 MATLAB 中，索引图像时从像素值到颜色映射值，1 指向矩阵 MAP 中的第一行，依次类推。

4）RGB 图像：为数据矩阵，使用 3 个一组的数据表达每个像素的颜色，即其中的红色、绿色和蓝色分量。在 MATLAB 中，RGB 图像被存储在一个 m×n×3 的三维数组中。对于图像中的每个像素，存储的 3 个颜色分量合成像素的最终颜色。RGB 图像存储为 24 位的图像，红、绿、蓝分别占 8 位，可以有 1000 多万种颜色。

2.5.3　MATLAB 图像转换

关于 MATLAB 图像类型的转换，工具箱中提供了许多图像类型转换函数，图像转换如图 2-16 所示，下面逐一说明。其中，用 RGB 代替真彩图像，I 代替灰度图像，BW 代替二值图像，（X，MAP）代替索引图像，A 为数据矩阵。

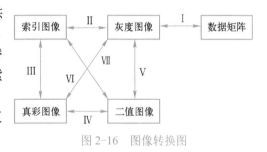

图 2-16　图像转换图

1）真彩图像→索引图像或者灰度图像→二值图像。

原理：通过颜色抖动增强图像的颜色分辨率。

```
X=dither(RGB，map)        %map 为指定色图，不能超过 65536 种颜色
BW=dither(I)
```

2）灰度图像或二值图像→索引图像。

原理：生成对应的颜色映射表。

```
[X，MAP]=gray2ind(I，n)        %n 为指定的灰度级数，默认值为 64
[X，MAP]=gray2ind(BW，n)
```

3）灰度图像→索引图像。

原理：设定阈值。

    X=grayslice(I，n)
    X=grayslice(I，v)   %v 为指定的阈值向量（每一个元素都在 0 和 1 之间）

4）灰度、真彩、索引图像→二值图像。

原理：设定亮度阈值。

    BW=im2bw(I，level)   %level 是归一化的阈值，取值为[0，1]，可由 graythresh(I)计算得到
    BW=im2bw(X，MAP，level)
    BW=im2bw(RGB，level)

5）索引图像→灰度图像。

原理：从图像中删除色彩和位置信息，只保留亮度。

    I=ind2gray(X，MAP)

6）索引图像→真彩图像。

原理：将索引图像的颜色映射表中的颜色值赋给三维数组。

    RGB=ind2rgb(X，MAP)

输入图像 X 可以是 uint8、uint16 或 double 类型，输出图像是 double 类型的 m×n×3 的矩阵。

7）数据矩阵→灰度图像。

原理：按照指定的区间[amin，amax]将数据矩阵 A 转化为灰度图像。

    I=mat2gray(A，[amin，amax])   % [amin，amax]是指定的取值区间，amin 是灰度最暗的值

输入和输出图像都为 double 类型。

8）真彩图像→灰度图像或彩色图像→灰度色图。

原理：消除图像色调和饱和度信息时同时保留亮度。

    I=rgb2gray(RGB)
    newmap=rgb2gray(map)

当输入的是真彩色图，则输入和输出的都是 double 类型或 uint8 类型。

9）真彩图像→索引图像。

原理：在将真彩图像转化为索引图像时，是从 3 个字节映射到 1 个字节的关系。

    [X，MAP]=rgb2ind(RGB，n)   %n 必须不大于 65536，MAP 至多 n 种颜色
    X=rgb2ind(RGB) %表示把真彩图像的色图映射成索引图像最近似匹配的色图；
                   %(map，1)的大小不大于 65536

另外，把真彩图像转换为索引图像包括三种方法：均衡量化、最小值量化、色图映射。

2.5.4 读取和写入图像文件

MATLAB 可以处理以下的图像文件类型：MP、HDF、JPEG、PCX、TIFF、XWD、ICO、GIF、CUR，可以使用 imread 和 imwrite 函数对图像文件进行读写操作，使用 imfinfo 函数来获得数字图像的相关信息。

1. imread 函数

    imread

功能：从图形文件读取图像。

语法如下：

```
A = imread(filename)
A = imread(filename，fmt)
A = imread(___，idx)
A = imread(___，Name，Value)
[A，map] = imread(___)
[A，map，transparency] = imread(___)
```

说明如下：

A = imread(filename) 从 filename 指定的文件读取图像，并从文件内容推断出其格式。如果 filename 为多图像文件，则 imread 读取该文件中的第一个图像。

A = imread(filename，fmt) 另外还指定具有 fmt 指示的标准文件扩展名的文件的格式。如果 imread 找不到具有 filename 指定的名称的文件，则会查找名为 filename.fmt 的文件。

A = imread(___，idx) 从多图像文件读取指定的图像。此语法仅适用于 GIF、CUR、ICO、TIFF 和 HDF 文件。用户必须指定 filename 输入，也可以指定 fmt。

A = imread(___，Name，Value) 使用一个或多个名称—值对组参数以及先前语法中的任何输入参数来指定格式特定的选项。

[A，map] = imread(___) 将 filename 中的索引图像读入 A，并将其关联的颜色图读入 map。图像文件中的颜色图值会自动重新调整到范围 [0，1] 中。

[A，map，transparency] = imread(___)在上一条指令的基础上，另外还返回图像透明度。此语法仅适用于 PNG、CUR 和 ICO 文件。对于 PNG 文件，如果存在 alpha 通道，transparency 会返回该 alpha 通道。对于 CUR 和 ICO 文件，它为 AND（不透明度）掩码。

2．imwrite 函数

```
imwrite
```

功能：将图像写入图形文件。

语法如下：

```
imwrite(A，filename)
imwrite(A，map，filename)
imwrite(___，fmt)
imwrite(___，Name，Value)
```

说明如下：

imwrite(A，filename) 将图像数据 A 写入 filename 指定的文件，并从扩展名推断出文件格式。imwrite 在当前文件夹中创建新文件。输出图像的位深度取决于 A 的数据类型和文件格式。对于大多数格式来说：如果 A 属于数据类型 uint8，则 imwrite 输出 8 位的值；如果 A 属于数据类型 uint16 且输出文件格式支持 16 位数据（JPEG、PNG 和 TIFF），则 imwrite 将输出 16 位的值，如果输出文件格式不支持 16 位数据，则 imwrite 返回错误；如果 A 是灰度图像或者属于数据类型 double 或 single 的真彩图像，则 imwrite 假设动态范围是 [0，1]，并在将其作为 8 位值写入文件之前自动按 255 缩放数据；如果 A 中的数据是 single，则在将其写入 GIF 或 TIFF 文件之前将 A 转换为 double；如果 A 属于 logical 数据类型，则 imwrite 会假定数据为二值图像并将数据写入位深度为 1 的文件（如果格式允许）。BMP、PNG 或 TIFF 格式以输入数组形式接收二值图像。如果 A 包含索引图像数据，则应另外指定 map 输入参数。

imwrite(A，map，filename) 将 A 中的索引图像及其关联的颜色图写入由 map filename 指定的文件。如果 A 属于数据类型 double 或 single 的索引图片，则 imwrite 通过从每个元素中减去 1 来将索引转换为从 0 开始的索引，然后以 uint8 形式写入数据；如果 A 中的数据是 single，则在将其写入 GIF 或 TIFF 文件之前将 A 转换为 double。

imwrite(___，fmt) 以 fmt 指定的格式写入图像，无论 filename 中的文件扩展名如何。用户可以在任何先前语法的输入参数之后指定 fmt。

imwrite(___，Name，Value) 使用一个或多个名称—值对组参数，以指定 GIF、HDF、JPEG、PBM、PGM、PNG、PPM 和 TIFF 文件输出的其他参数。用户可以在任何先前语法的输入参数之后指定 Name 和 Value。

3. imfinfo 函数

  imfinfo

功能：有关图形文件的信息。

语法如下：

  info = imfinfo(filename)
  info = imfinfo(filename，fmt)

说明如下：

info = imfinfo(filename) 返回一个结构体，该结构体的字段包含有关图形文件 filename 中的图像的信息。此文件的格式从其内容推知。如果 filename 为包含多个图像的 TIFF、HDF、ICO、GIF 或 CUR 文件，则 info 为一个结构体数组，其中每个元素对应文件中的一个图像。例如，info(3) 将包含文件中第 3 个图像的相关信息。

info = imfinfo(filename，fmt) 在 MATLAB 找不到名为 filename 的文件时，另外查找名为 filename.fmt 的文件。

2.5.5　图像显示

1. 像显示函数

一般使用 imshow 函数来显示图像，该函数可以创建一个图像对象，并可以自动设置图像的诸多属性，从而简化编程操作。这里介绍 imshow 函数的几种常见调用方式。

（1）imshow

功能：显示图像。

语法如下：

  imshow(I)
  imshow(I，[low high])
  imshow(I，[])
  imshow(RGB)
  imshow(BW)
  imshow(X，map)

```
imshow(filename)
imshow(___，Name，Value)
himage = imshow(___)
```

说明如下：

imshow(I) 在图窗中显示灰度图像 I。imshow 使用图像数据类型的默认显示范围，并优化图窗、坐标区和图像对象属性以便显示图像。

imshow(I，[low high]) 显示灰度图像 I，以二元素向量 [low high] 形式指定显示范围。有关详细信息，读者可参阅帮助文档中的参数。

imshow(I，[]) 显示灰度图像 I，根据 I 中的像素值范围对显示进行转换。imshow 使用 [min(I(:)) max(I(:))] 作为显示范围。imshow 将 I 中的最小值显示为黑色，将最大值显示为白色。有关详细信息，读者可参阅 DisplayRange 参数。

imshow(RGB) 在图窗中显示真彩图像 RGB。

imshow(BW) 在图窗中显示二值图像 BW。对于二值图像，imshow 将值为 0（零）的像素显示为黑色，将值为 1 的像素显示为白色。

imshow(X，map) 显示带有颜色图 map 的索引图像 X。颜色图矩阵可以具有任意行数，但它必须恰好包含 3 列。每行被解释为一种颜色，其中第 1 个元素指定红色的强度，第 2 个元素指定绿色的强度，第 3 个元素指定蓝色的强度。颜色强度可以在 [0，1] 区间中指定。

imshow(filename) 显示存储在由 filename 指定的图形文件中的图像。

imshow(___，Name，Value) 使用名称—值对组控制运算的各个方面来显示图像。

himage = imshow(___) 返回 imshow 创建的图像对象。

（2）figure

功能：创建图窗窗口。

语法如下：

```
figure
figure(Name，Value)
f = figure(___)
figure(f)
figure(n)
```

说明如下：

figure 使用默认属性值创建一个新的图窗窗口。生成的图窗为当前图窗。

figure（Name，Value）使用一个或多个名称—值对组参数修改图窗的属性。例如，figure('Color', 'white') 将背景色设置为白色。

f = figure(___) 返回 Figure 对象。可使用 f 在创建图窗后查询或修改其属性。

figure(f) 将 f 指定的图窗作为当前图窗，并将其显示在其他所有图窗的上面。

figure(n) 查找 Number 属性等于 n 的图窗，并将其作为当前图窗。如果不存在具有该属性值的图窗，MATLAB 将创建一个新图窗并将其 Number 属性设置为 n。

（3）mesh

功能：绘制网格。

语法如下：

```
mesh(X，Y，Z)
mesh(Z)
mesh(...，C)
mesh(...，'PropertyName'，PropertyValue，...)
mesh(axes_handles，...)
s = mesh(...)
```

说明如下：

mesh(X，Y，Z) 使用 Z 确定的颜色绘制线框网格，因此其颜色与曲面高度成比例。如果 X 和 Y 为向量，length(X) = n 且 length(Y) = m，其中 [m, n] = size(Z)。在本示例中，(X(j)，Y(i)，Z(i，j)) 是线框网格线的交点；X 和 Y 分别对应于 Z 的列和行。如果 X 和 Y 为矩阵，则 (X(i，j)，Y(i，j)，Z(i，j)) 是线框网格线的交点。X、Y 或 Z 中的值可以是数值、日期时间值、持续时间值或分类值。

mesh(Z) 使用 X = 1:n 和 Y = 1:m 绘制线框网格，其中 [m, n] = size(Z)。高度 Z 是在矩形网格上定义的单值函数。颜色与曲面高度成正比。Z 的值可以是数值、日期时间、持续时间或分类值。

mesh(...，C) 使用矩阵 C 确定的颜色绘制线框网格。MATLAB 对矩阵 C 中的数据执行线性变换，以便从当前颜色图获取颜色。如果 X、Y 和 Z 为矩阵，它们的大小必须与 C 相同。

mesh(...，'PropertyName'，PropertyValue，...) 设置指定曲面属性的值。可以使用一个语句设置多个属性值。

mesh(axes_handles，...) 将图形绘制到带有句柄 axes_handle 的坐标区中，而不是当前坐标区 (gca) 中。

s = mesh(...) 返回 Surface 属性对象。

示例如下：

```
close all;
clear all;
clc;
[X，Y] = meshgrid(-8:.5:8);
Z = X.^2+Y.^2;
meshc(X，Y，Z)
xlim([-5，5]);
ylim([-5，5]);
```

mesh 示例结果如图 2-17 所示。

示例如下：

```
clear all;
close all;
clc
I=imread('rice.png');
imshow(I);
figure，imhist(I);
[X，Y]=size(I);
%plot3(0:X-1，0:Y-1，I);
```

```
figure,
bar3(I);
colorbar
figure, mesh(I);
colorbar
```

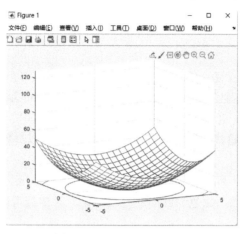

图 2-17 mesh 示例结果图

mesh 结合 bar 示例结果如图 2-18 所示。

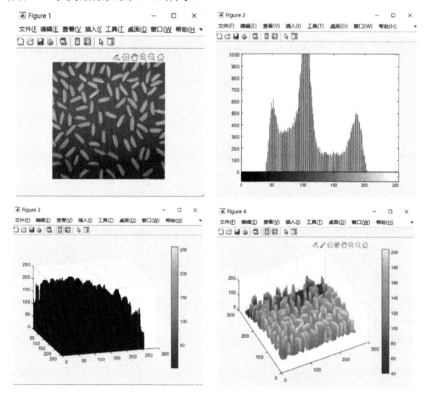

图 2-18 mesh 结合 bar 示例结果图

2. 多幅图像的显示

（1）subimage

功能：在单个图形页面中显示多个图像。

语法如下：

```
subimage(I)
subimage(X，map)
subimage(x，y，___)
h = subimage(___)
```

说明如下：

subimage(I)在当前轴上显示 RGB（真彩色）、灰度或二值图像 I。

用户可以将 subimage 与 subplot 结合使用，以创建包含多个图像的图形，即使这些图像具有不同的颜色映射。子图像为显示目的将图像转换为 RGB，从而避免了色图冲突。

示例如下：

```
load trees
[X2，map2] = imread('forest.tif');
subplot(1，2，1)，subimage(X，map)
subplot(1，2，2)，subimage(X2，map2)
```

多幅图像显示示例结果如图 2-19 所示。

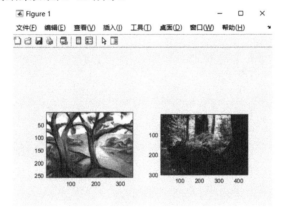

图 2-19　多幅图像显示示例结果图

（2）subplot

功能：在平铺位置创建坐标区。

语法如下：

```
subplot(m，n，p)
subplot(m，n，p，'replace')
subplot(m，n，p，'align')
subplot(m，n，p，ax)
subplot('Position'，pos)
subplot(___，Name，Value)
ax = subplot(___)
subplot(ax)
```

说明如下：

subplot(m，n，p) 将当前图窗划分为 m×n 网格，并在 p 指定的位置创建坐标区。MATLAB 按行号对子图位置进行编号。第一个子图是第一行的第一列，第二个子图是第一行的第二列，依此类推。如果指定的位置已存在坐标区，则此命令会将该坐标区设为当前坐标区。

subplot(m，n，p，'replace') 删除位置 p 处的现有坐标区并创建新坐标区。

subplot(m，n，p，'align') 创建新坐标区，以便对齐图框。此选项为默认行为。

subplot(m，n，p，ax) 将现有坐标区 ax 转换为同一图窗中的子图。

subplot('Position'，pos) 在 pos 指定的自定义位置创建坐标区。使用此选项可定位未与网格位置对齐的子图。指定 pos 作为 [left bottom width height] 形式的四元素向量。如果新坐标区与现有坐标区重叠，新坐标区将替换现有坐标区。

subplot(___，Name，Value) 使用一个或多个名称—值对组参数修改坐标区属性。有关属性列表，读者可参阅 Axes 属性。在所有其他输入参数之后设置坐标区属性。

ax = subplot(___) 返回创建的 Axes 对象。以后可以使用 ax 修改坐标区。有关属性列表，读者可参阅 Axes 属性。

subplot(ax) 将 ax 指定的坐标区设为父图窗的当前坐标区。如果父图窗不是当前图窗，此选项不会使父图窗成为当前图窗。

示例如下：

```
RGB = imread('peppers.png');
%示例文件 peppers.png 包含 RGB 图像。使用 imread 功能将图像读取到工作空间中
gray = rgb2gray(RGB);
%在不同窗口显示
figure;%创建一个新的窗口
imshow(RGB);
figure;
imshow(gray，[]);
%在相同窗口显示
figure;
subplot(1，2，1);
imshow(RGB);
subplot(1，2，2);
imshow(gray，[]);
```

subplot 示例结果如图 2-20 所示。

3．多帧图像的显示

示例 1：

```
%预定义变量
Picture_save = {0};
%初始化提高效率
filename = 'myGIF.gif';
%图像获取，图像类型转换
picture1 = imread('peppers.png');
picture2 = imread('peacock.jpg');
picture3 = imread('coloredChips.png');
array = [{picture1}, {picture2}, {picture3}];
%方便循环
```

```
%保留帧数据
for idx = 1:3
    figure(idx)
    imshow(array{idx});
    %索引图转换为真彩图，{}访问数组里面的类型（）访问元胞类型
    Picture_save{idx} = frame2im(getframe(idx));
    %获取 figure（idx）展示的效果，将其以图片数据保存
    close all
end
%制作 GIF
for idx = 1:3
    [A，map] = rgb2ind(Picture_save{idx}，256);
    %imwrite 不能显示三维图像，所以要进行转换
    if idx == 1
        imwrite(A，map，filename，'gif'，'LoopCount'，Inf，'DelayTime'，0.5);
        %Inf 无限循环
    else
        imwrite(A，map，filename，'gif'，'WriteMode'，'append'，'DelayTime'，0.5);
    end
end
```

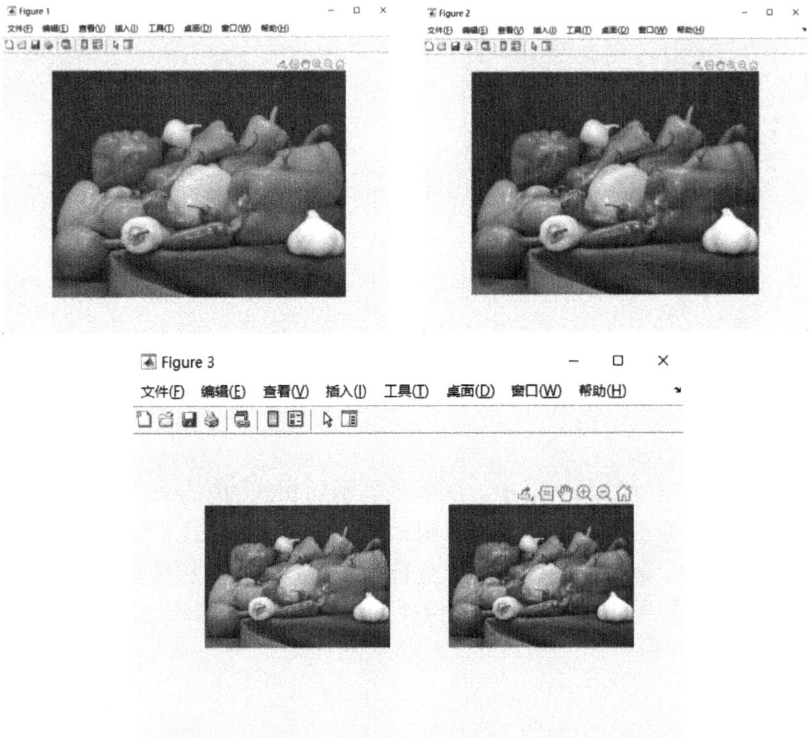

图 2-20　subplot 示例结果图

多帧图像示例 1 结果如图 2-21 所示。

示例 2：

```
clear;clc;
[x，y]=meshgrid(-8:.1:8);
```

```
for j=1:10
f=@(x, y)(sin(sqrt((11-j)*(x.^2+y.^2)))./sqrt((11-j)*(x.^2+y.^2)+eps));
z=f(x, y);
surf(x, y, z);
shading interp;
M(j) = getframe;
if j==1
[I, map]=rgb2ind(M(j).cdata, 256);
imwrite(I, map, 'out.gif', 'DelayTime', .1, 'LoopCount', Inf)        %gif 图像无限循环
else
[I, map]=rgb2ind(M(j).cdata, 256);
imwrite(I, map, 'out.gif', 'WriteMode', 'append', 'DelayTime', 0.1)      %添加到图像
end
end
```

多帧图像示例 2 结果如图 2-22 所示。

myGIF.gif

图 2-21 多帧图像示例 1 结果图

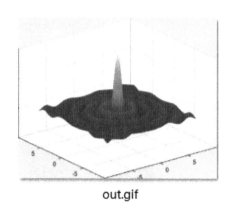

out.gif

图 2-22 多帧图像示例 2 结果图

本章小结

  本章主要介绍了一些 MATLAB 中与图像处理密切相关的数据结构及基本操作，如 M 文件的编写、帮助文档的查看、基本的语句结构、变量的使用、打开和关闭图像以及图像的不同格式转换和存储展示等。章节中具体以图像处理为主题，先介绍相关函数，后结合实例进行具体展示，并列出图像处理中常用的图像操作方法，便于读者掌握后续学习图像处理算法的基础。

习题

  2.1 图像可以分为哪几类？阐述各类图像的特点。

  2.2 如何将一张真彩图像转换为二值图像？如何将一张真彩图像转换为灰度色图？

  2.3 分别使用 subimage 和 imshow 结合 subplot 函数，将读入图像显示在同一窗格中。

  2.4 读入若干自己存储在文件中的图像。

  2.5 使用读入的图像，制作完成一个 GIF 文件。

第3章 数字图像处理基础知识

数字图像处理技术历经 70 余年的发展，已经取得了长足的进步，在许多应用领域受到广泛重视并取得了重大的开拓性成就，如航空航天、生物医学工程、工业检测、机器人视觉等，使图像处理成为一门引人注目、前景远大的新型学科。

2022 年 6 月 5 日 10 时 44 分，长征 2 号运载火箭托举着神舟十四号载人飞船从酒泉卫星发射中心拔地而起奔赴太空，这是中国人的第 9 次太空远征。神舟载人飞船返回舱是航天员在飞船发射、交会对接以及返回地面阶段需要乘坐的飞船舱。与在轨的空间站不同，返回舱和地面之间的通信链路资源极其有限，传统的视频通信技术影响返回舱图像的分辨率和画质。在神舟十三号及以前的飞船中，返回舱图像的有效分辨率仅为 352×288 像素，难以适应目前高分辨率、大屏显示的画质要求。

中国科学技术大学吴枫课题组在 2021 年 11 月接到需求后，组织人员科研攻关。课题组基于非均匀率失真理论，提出深度学习压缩视频超分辨率增强技术，将图像的分辨率提升 16 倍以上至 1920×1080 像素，图像峰值信噪比提高 4dB 以上，显著提升了图像的清晰度和画质。

目前，图像增强系统已在神舟十四号载人飞船的待发段、发射段、上升段和交会对接段全程使用，后期能用于神舟十四号载人飞船的返回段及神舟系列载人飞船后续任务。

3.1 图像的基本概念

图像："图"是物体反射或透射光的分布，"像"是人的视觉系统所接收的图在人脑中所形成的印象或认识，照片、绘画、剪贴画、地图、书法作品、传真、卫星云图、影视画面、X 光片、脑电图、心电图等都是图像。图像根据图像记录方式的不同可分为两大类：模拟图像和数字图像。

模拟图像：与模拟信号的连续性一样，又称连续图像，是指在二维坐标系中连续变化的图像，即图像的像素点是无限稠密的，同时具有灰度值（图像从暗到亮的变化值）。连续图像的典型代表是由光学透镜系统获取的图像，如人的视觉系统成像、人物照片和景物照片等。图 3-1 所示的小孔成像便是一种模拟图像。

数字图像：又称数码图像或数位图像，是二维图像用有限数值像素的表示，由数组或矩阵表示，意味着其光照位置和强度都是离散的。数字图像是由模拟图像数字化得到的、以像素为基本元素的、可以用数字计算机或数字电路存储和处理的图像。

像素：可以将像素视为整个图像中不可分割的单位或元素。不可分割的意思是它不能够再切割成更小的单位或元素，它以一个单一颜色的小格存在。如图 3-2 所示，每一个点阵图像包含了一定量的像素，这些像素决定图像在屏幕上所呈现的大小。

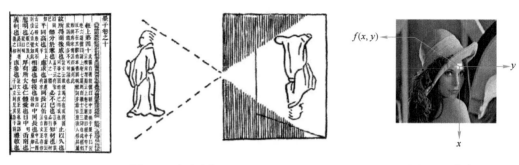

图 3-1 小孔成像   图 3-2 像素

数字图像的像素：数字图像由二维的元素组成，每一个元素具有一个特定的位置(x,y)和幅值$f(x,y)$，这些元素就称为像素。

3.2 图像的数字化及表达

图像的数字化：如图 3-3 所示，将代表图像的连续（模拟）信号转变为离散（数字）信号的变换过程。即将图像分割成称为像素的小区域，将每个像素点的亮度或灰度值取一个整数表示。

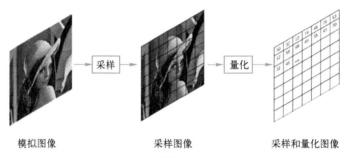

模拟图像   采样图像   采样和量化图像

图 3-3 图像的数字化

图像类型多种多样，如黑白图像、彩色图像、平面图像、立体图像、静态图像和动态图像等。不同类型图像的函数表达式不同。

以平面静态图像为例，其离散亮度函数 $I=f(x,y,z)$，函数值 f 代表了在点(x,y,z)处像素的亮度值 I（灰度值）。其中，x,y,z 表示图像像素的空间坐标。

若图像为彩色图像，各点值还应反映出色彩变化，即可用 $I=f(x,y,z,\lambda)$表示，其中λ为波长。

若图像为彩色动态图像（如电视、电影等），其数学表达式 f 还应是时间 t 的函数，即表示为 $I=f(x,y,z,\lambda,t)$。

通常可直接采用 $I=f(x,y,z,\lambda,t)$函数表达式，只需在不同类型图像时，将对应的变量置为常数即可。对于静态图像，t 为常数；静态单色图像，t,λ为常数；对于平面二维图像，表达式应略去λ,t 变量（注意：不可取该常数为 0）。

3.3 图像的获取与显示

由模拟图像向数字图像转换的主要过程有图像扫描、图像采样、图像量化。其中，图像的采样与量化是决定图像质量的关键。

3.3.1　图像的采样

　　一张光学图像（模拟图像）是无法用计算机进行数据处理的，首先要将其进行数字转化。图像采样的作用就是将模拟图像转换为数字图像，即采样就是将二维坐标系中连续变化的图像转换为离散点的一系列操作。

　　一般来说，采样间隔越大，所得图像像素数越少，空间分辨率越低，图像质量差，严重时会出现马赛克效应；采样间隔越小，所得图像像素数越多，空间分辨率越高，图像质量好，但数据量大。同时采样的孔径形状、大小与采样方式有关。图像采样示意图如图 3-4 所示。

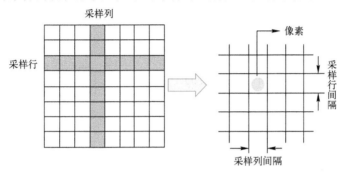

图 3-4　图像采样示意图

3.3.2　采样点的选取

　　一幅图片的图形质量越高，其数据量也就高，处理起来就越麻烦；反之，图形质量越低的图片，数据处理起来相对轻松，但当分辨率低于一定程度时，会出现严重的马赛克效应。如图 3-5 所示，当采样率越来越低时，图片的质量也越来越差，当图片质量过低时，难以满足数字图像处理的需求。为平衡好处理速度与图像质量的关系，取样点的选取至关重要。

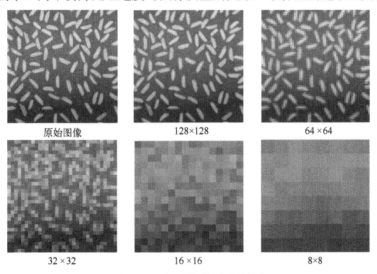

图 3-5　一幅图像的不同采样率

采样定理是美国电信工程师 H.奈奎斯特在 1928 年提出的,在进行模拟/数字信号的转换过程中,当采样频率 f_s 大于信号中最高频率 f_{max} 的 2 倍时($f_s>2f_{max}$),采样之后的数字信号完整地保留了原始信号中的信息,确保采样信号不失真(一般实际应用中,保证采样频率为信号最高频率的 2.56～4 倍)。

设一幅图水平与垂直方向上有 M、N 个像素点(取样点)。

1)M、N 一般为 2 的整数次幂。

2)M、N 可以相等,也可以不等。

3)对于 M、N 数值大小的确定:M、N 大到满足采样定理,重建图像就不会产生失真。

3.3.3　图像的量化

采样过后的图像虽然被分割成离散的像素点,但是其灰度仍是连续的,无法被计算机处理。图像函数值(灰度值)的离散化(取值的数字化)被称为图像灰度级量化。一张数字图像中不同灰度值的个数称为灰度级,用 G 表示。如图 3-6 所示,若一幅数字图像的量化灰度级别 $G=2^8=256$ 级,灰度值一般取值范围是 0～255 的整数,称为 8bit 量化。通常来说,一般大于或等于 6bit 量化的灰度图像,就可达到令人满意的视觉效果。像素灰度级只有两级(通常取 1(白色)或 0(黑色))的图像称为二值图像。

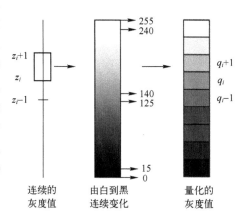

图 3-6　灰度级的量化

一幅大小为 $M×N$,灰度级别为 $G=2^8=256$ 的图像,其图像数据量为 $M×N×g$(bit),量化等级越多,图像层次越丰富,灰度分辨率越高,图像质量就越好,数据量大;反之,量化等级越少,图像层次欠丰富,灰度分辨率越低,出现假轮廓现象,图像质量就越差,数据量小,如图 3-7 所示(但由于减少灰度级可增加对比度,所以在极少数情况下,减少灰度级可改善图像质量)。所以量化等级对图像质量至关重要,在对图像量化时,要根据需求选择合适的量化等级。

图 3-7　一幅图像的不同量化级

在对图像数字化处理过程中，非均匀采样、量化可有效提高图像数字化效率。非均匀采样指的是在图像细节丰富的部分，采样间隔小，在细节不足的部分，采样间隔适当加大。实际应用中，当限定数字图像大小时，采用以下准则可得到质量较好的图像：

1）对于图像缓慢变化区域，可进行粗略采样。

2）对于图像细节丰富的区域，应细采样，以避免模糊。

3）灰度剧烈变化区（一般为边界附近），量化级可减少。

4）灰度级变化比较平滑的区域，应增加量化等级，避免出现假轮廓的现象。

3.4　像素间的基本关系

3.4.1　邻域

设位于图像坐标(x,y)像素点 P，其邻域分别为：$(x,y+1)$、$(x,y-1)$、$(x-1,y)$、$(x+1,y)$，每个像素距 P 一个像素距离。这 4 个像素点称为 P 的 4 邻域，记为 $N_4(P)$，如图 3-8 所示。

像素 $P(x,y)$ 的 4 个对角相邻像素坐标是：$(x-1,y+1)$、$(x+1,y-1)$、$(x+1,y+1)$、$(x-1,y-1)$。这 4 个像素点称为 P 的 D 邻域，记为 $N_D(P)$，如图 3-9 所示。

$N_4(P)$ 与 $N_D(P)$ 合称为 P 的 8 邻域，记为 $N_8(P)$，如图 3-10 所示。当 P 点位于边界时，$N_4(P)$、$N_D(P)$、$N_8(P)$ 中的某些点是位于图像之外的。

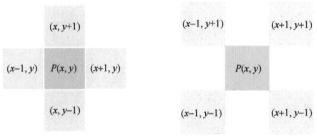

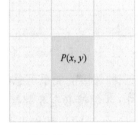

图 3-8　4 邻域　　　　　　　　图 3-9　D 邻域　　　　　　　　图 3-10　8 邻域

3.4.2　像素的邻接性与连通性

像素的连通性是描述区域和边界的重要概念，两个像素连通的两个必要条件是：

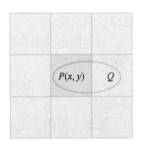

1）两个像素的位置是否相邻。

2）两个像素的值是否满足某种相似性（相等）。

如果像素 P 和 D 是连通的，则称 P 邻接于 Q。

对于灰度值为 v 的像素 P 和 Q，如果 Q 在集合 $N_4(P)$ 中，则称这两个像素是 4 邻接（连通）的，如图 3-11 所示。

对于灰度值为 v 的像素 P 和 Q，如果 Q 在集合 $N_8(P)$ 中，则称这两个像素是 8 邻接（连通）的，如图 3-12 所示。

图 3-11　4 邻接

对于灰度值为 v 的像素 P 和 Q，如果：Q 在集合 $N_4(P)$ 中，或 Q 在集合 $N_D(P)$ 中，并且 $N_4(P)$

与 $N_4(P)$ 的交集没有 v 值的像素，则称 P 和 Q 这两个像素是混合邻接（连通）的，也称为 m 邻接（连通）的，即 4 邻接和 D 邻接的混合邻接。不难发现，m 邻接与 8 邻接存在相似性。确实如此，如图 3-13 所示像素值排列，在图 3-14 中出现了多重（二义性）8 邻接，可以通过 m 邻接消除二义性产生的歧义。

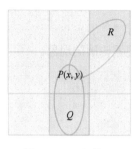
图 3-12 8 邻接

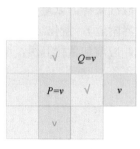
图 3-13 m 邻接

图 3-14 非 m 邻接

如图 3-15 所示的像素安排时，混合邻接实质上是在像素间同时出现（如图 3-16 所示）4 邻接与 8 邻接时，优先采用 4 邻接，如图 3-17 所示。

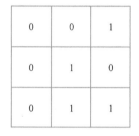
图 3-15 像素安排

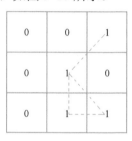
图 3-16 8 邻接像素

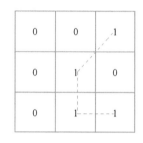
图 3-17 m 邻接

三种邻接的关系可总结为：

1）4 邻接必定 8 邻接，而 8 邻接不一定 4 邻接。

2）m 邻接必定 8 邻接，而 8 邻接不一定 m 邻接。

3.4.3 路径

一条从坐标(x,y)的像素 P 到坐标(s,t)的像素 Q 的路径，是特定的坐标序列，其坐标为：(x_0,y_0), (x_1,y_1), …, (x_n,y_n)。其中，$(x_0,y_0)=(x,y)$，$(x_n,y_n)=(s,t)$，(x_i,y_i)邻接于(x_{i-1},y_{i-1})，$1 \leqslant i \leqslant n$，$n$ 是路径的长度。

可以用定义邻接的方法定义如图 3-18 所示的 8-路径、图 3-19 所示的 m-路径和图 3-20 所示的 4-路径。

3.4.4 连通集与距离

像素在图像子集中连通的定义：像素 P 和 Q 是图像子集 S 中的元素，如果存在一条完全由 S 中的像素组成的从 P 到 Q 的路径，则称 P 和 Q 在 S 中是连通的。

图像子集连通元素的定义：对于 S 中的任意像素 P，S 中连通到 P 的所有像素的集合，被称为 S 的连通元素。

图 3-18 8-路径   图 3-19 m-路径   图 3-20 4-路径

像素之间距离函数的定义：对于像素 P、Q 和 Z，分别具有坐标(x,y)、(s,t)、(u,v)，D 是距离函数或称度量，且有

1）$D(P,Q) \geq 0$，两点之间距离大于或等于 0[当且仅当 P=Q 时，$D(P,Q)=0$]。

2）$D(P,Q)=D(Q,P)$，距离与方向无关。

3）$D(P,Z) \leq D(P,Q)+D(Q,Z)$，两点之间直线距离最短。

欧基里得距离：P 和 Q 之间的欧基里德距离定义为

$$De(P,Q) = [(x-s)^2 + (y-t)^2]^{\frac{1}{2}} \tag{3-1}$$

该距离计算法，旨在度量以 P(x,y) 为圆心，以 r 为半径的圆环中所包含的所有像素点。

D_4 距离别名为城市距离，P 和 Q 之间的 D_4 距离定义为

$$D_4(P,Q) = [|x-s|^2 + |y-t|^2]^{\frac{1}{2}} \tag{3-2}$$

D_8 距离别名为棋盘距离，P 和 Q 之间的 D_8 距离定义为

$$D_8(P,Q) = \max(|x-s|,|y-t|) \tag{3-3}$$

3.5 灰度直方图

在数字图像处理中，一个最简单同时又是最有用的工具是灰度直方图，该直方图概括了一幅图像的灰度级内容。任何图像的灰度直方图都包括了可观的信息，某些类型的图像还可由其灰度直方图完全描述。灰度直方图处理起来非常便捷，如：当一幅图从一个地方被复制到另一个地方时，通过灰度直方图的计算可以非常迅速地实现。

3.5.1 灰度直方图的绘制

值得注意的是，灰度直方图是根据灰度图像绘制的，而不是彩色图像。查看图像灰度直方图的时候，需要先确定图片是否为灰度图，使用 MATLAB R2019b 查看图片是否是灰度图片，在读取图片后在 MATLAB 界面的工作区会显示读取的图像矩阵，如果是 a×b，那么该图片是灰度图像，如果是 a×b×3，那么该图片是彩色图像。

通过灰度直方图可以对整幅图像的灰度分布有一个整体的了解：灰度直方图的横轴是灰度级（0~255），纵轴是图片中具有同一个灰度值的点的数目。

在 MATLAB 中，可使用 imhist 函数来绘制灰度直方图，示例程序如图 3-21 所示。

【例 3-1】　绘制灰度直方图。

```
I = imread('rice.png');
subplot(1,2,1),imshow(I);          %在一个窗口中显示两幅图像，第一幅显示图像 I
subplot(1,2,2),imhist(I);          %第二幅显示图像 I 的灰度直方图
```

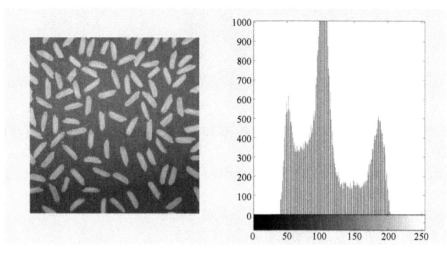

图 3-21　图像与其灰度直方图

　　灰度直方图的左侧区域显示了灰度值较低的暗像素数量，右侧区域显示了灰度值较高的亮像素数量。从图 3-21 上可以看到，大米为亮一点的像素，且图像背景颜色下方比上方更加灰暗，所以这幅图像的灰度直方图波峰大致有三个：左侧波峰为图像背景底部暗像素灰度，中间波峰代表的是图像背景由中部至上部的稍微偏亮的暗像素灰度，右侧波峰为图像中大米的亮像素灰度。

　　实际工作中，也可以利用三维灰度直方图来综合反映图像灰度分布和邻域空间相关信息，以及灰度图像各分量间的关系，如图 3-22 及图 3-23 所示。二维灰度直方图实质上是一个二维数组（三维矩阵），表示的是有两个特征分量像素的分布频度。

【例 3-2】　绘制三维灰度直方图。

```
I = imread('rice.png') ;
surf(I);                           %绘制三维灰度直方图
```

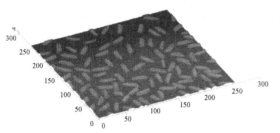

图 3-22　三维灰度直方图俯视图

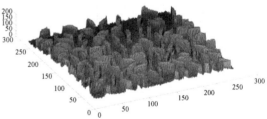

图 3-23　三维灰度直方图侧视图

3.5.2　灰度直方图的使用

灰度直方图给出了一个简单可见的指示，用来判断一幅图像是否合理地利用了全部被允许的灰度级范围。一般一幅数字图像应该利用全部或几乎全部可能的灰度级。若图像使用的灰度级过小，图像对比度会相对降低，图像视觉质量会有所折扣。

如果图像具有超出数字化器所能处理的范围的亮度，这些灰度级将被规定为 0 或 255，由此将在灰度直方图的两端产生聚集，形成尖峰。数字化时对灰度直方图进行检查，可以提前发现问题，提高效率。

在图像增强时，利用灰度直方图进行灰度变换，如灰度直方图均衡化、规定化，可很好地提升图像的人眼视觉或机器视觉效果，具体方法详见第 6 章。

3.6　图像的分类

3.6.1　二值图像

只有黑、白两种颜色的图像称为黑白图像或单色图像，是指图像的每个像素只能是黑或者白，没有中间的过渡，故又称为二值图像。其特点是二值图像的像素值只能为 0 和 1，分别代表黑色和白色，图像中的每个像素值用 1 位存储。MATLAB 中可构建矩阵直接生成二值图像，示例代码见例 3-3，显示图像如图 3-24 所示。

【例 3-3】　绘制二值图像。

```
I = zeros(15,15);            %生成 15 行×15 列的零矩阵
I(1:2:15,1:2:15) = 1;        %将矩阵的行、列的每组的奇数位置的元素赋值为 1
imshow(I);                   %显示图像
```

在 MATLAB 中当需要对图像进行形态学处理时，将图像转换为二值图像可提高处理效率，彩色图像转换为二值图像的示例代码见例 3-4，显示图像如图 3-25 所示。

【例 3-4】　将原始彩色图像转换为二值图像。

```
I = imread('sherlock.jpg');
J = im2bw(I);
subplot(1,2,1),imshow(I),title('原始图像');
subplot(1,2,2),imshow(J),title('二值图像');
```

图 3-24　二值图像

图 3-25　原始彩色图像与二值图像

3.6.2　灰度图像

灰度图像是指每个像素的信息由一个量化的灰度级来描述的图像。如果每个像素的灰度值用一个字节表示，灰度值级数就等于 256 级，每个像素可以是 0～255 之间的任何一个数。其特点是：它只有亮度信息，没有颜色信息。它的占据存储空间较黑白图像（二值图像）要大。

读入图片后，在 MATLAB 界面的工作区会显示读取的图像矩阵，如果是 $a \times b$，那么该图片是灰度图像，如果是 $a \times b \times 3$，那么该图片是彩色图像。很多时候一幅彩色图像无法直接进行处理，需先将彩色图像转换为灰度图像处理，示例程序见例 3-5，操作结果如图 3-26 所示：

【例 3-5】　原始彩色图像转换为灰度图像。

```
I = imread('sherlock.jpg');
J = rgb2gray(I);                              %将彩色图像转为灰度图像
subplot(1,2,1),imshow(I),title('原始图像');
subplot(1,2,2),imshow(J),title('灰度图像');
```

图 3-26　原始彩色图像与灰度图像

3.6.3　彩色图像

彩色图像除包含亮度信息外，还包含有颜色信息。以最常见的 RGB（红绿蓝）彩色空间为例来简要说明彩色图像：

彩色图像可按照颜色的数目来划分。例如，256 色图像和真彩色图像（2^{16}＝216777216 种颜色）等，通常 RGB 图像中每个像素都是用 24 位二进制数表示的，故也称为 24 位真彩色图像。

在 RGB 彩色空间中，一幅彩色数字图像的各个像素的信息由 RGB 三原色信息构成，其中 R（红）、G（绿）、B（蓝）是由不同的灰度级来描述的，三者共同决定了像素的亮度和色彩。值得注意的是，R、G、B 三通道图像并非红、绿、蓝三色，而是三个灰度图像，如图 3-27 所示。

【例 3-6】　彩色图像分割出 RGB 三通道图像。

```
I = imread('sherlock.jpg');
I_r = I(:,:,1);                  %提取 R 通道图像
I_g = I(:,:,2);                  %提取 G 通道图像
I_b = I(:,:,3);                  %提取 B 通道图像
subplot(2,2,1),imshow(I),title('原始图像');
```

```
subplot(2,2,2),imshow(I_r),title('R 通道灰度图像');
subplot(2,2,3),imshow(I_g),title('G 通道灰度图像');
subplot(2,2,4),imshow(I_b),title('B 通道灰度图像');
```

原始图像　　　　　　　　　　R通道灰度图像

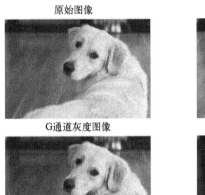

G通道灰度图像　　　　　　　　B通道灰度图像

图 3-27　彩色图像的 RGB 通道分割

3.6.4　矢量图

矢量图也称为面向对象的图像或绘图图像，在数学上定义为一系列由线连接的点。矢量文件中的图形元素称为对象。每个对象都是一个自成一体的实体，它具有颜色、形状、轮廓、大小和屏幕位置等属性。矢量图是根据几何特性绘制的图形，矢量可以是一个点或一条线，矢量图只能靠软件生成，文件占用内在空间较小，因为这种类型的图像文件包含独立的分离图像，可以自由无限制地重新组合。它的特点是放大后图像不会失真，和分辨率无关，适用于图形设计、文字设计、标志设计和版式设计等。

矢量图格式有很多，如 Adobe Illustrator 的 ".AI" ".EPS" 和 ".SVG"；AutoCAD 的 ".DWG" 以及 ".DXF"；Corel DRAW 的 ".CDR" 等格式。

3.6.5　索引图像

索引图像是一种把像素值直接作为 RGB 调色板下标的图像。索引图像包括一个数据矩阵 X 和一个调色板矩阵 map（也称为颜色映像矩阵）。其中，数据矩阵 X 可以是 8 位无符号整数、16 位无符号整数或双精度类型。调色板矩阵 map 是一个 $m×3$ 的数据阵列，如矩阵元素值域为 [0，255]，则 map 矩阵的大小为 256×3，其中每个元素的值均为[0, 1]之间的双精度浮点型数据。map 矩阵的每一行分别表示红色、绿色和蓝色的颜色值。

索引图像是从像素值到颜色映射表值的"直接映射"。像素颜色由数据矩阵 X 指向调色板矩阵 map 进行索引，例如，值 1 指向调色板矩阵 map 中的第 1 行，值 2 指向第 2 行，以此类推，如某一像素的灰度值为 64，则该像素就与调色板矩阵 map 中的第 64 行建立了映射关系，该像素在屏幕上的实际颜色由第 64 行的调色板矩阵 map 组合决定。

图 3-28a 所示索引图像中，方框部分的数据矩阵 X，如图 3-28b 所示，调色板矩阵 map

如图 3-28c 所示。其中一点的索引号为 18，在调色板矩阵 map 中对应第 18 行所定义的颜色，其 RGB 颜色实际为（0.1608，0.3529，0.0627）。

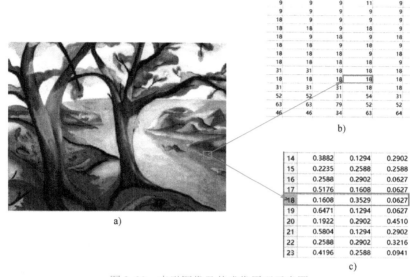

9	9	9	11	9
9	9	9	9	9
18	9	9	9	9
18	18	9	18	9
18	18	9	18	9
18	18	9	18	18
18	18	18	9	18
31	31	18	18	18
18	18	18	18	18
31	31	31	18	18
52	52	31	54	31
63	63	79	52	52
46	46	34	63	64

b)

14	0.3882	0.1294	0.2902
15	0.2235	0.2588	0.2588
16	0.2588	0.2902	0.0627
17	0.5176	0.1608	0.0627
18	0.1608	0.3529	0.0627
19	0.6471	0.1294	0.0627
20	0.1922	0.2902	0.4510
21	0.5804	0.1294	0.2902
22	0.2588	0.2902	0.3216
23	0.4196	0.2588	0.0941

c)

图 3-28　索引图像及其成像原理示意图

a) 索引图像　b) 数据矩阵 X　c) 调色板矩阵 map

在 MATLAB 中，彩色图像与索引图像是可以相互转换的。索引图像转换为 RGB 图像代码为

```
I=ind2rgb(X,map);
```

三种将彩色图像转换为索引图像代码见例 3-7。

【例 3-7】　彩色图像转换为索引图像。

```
I = imread('sherlock.jpg');          %读取图片
[X1,map1] = rgb2ind(I,256);          %RGB 图像转换为索引图像，图像颜色数量为 256 种
[X2,map2] = rgb2ind(I,0.2);          %RGB 图像转换为索引图像，图像颜色数量为(1/0.2+1)^3 种
map3 = colorcube(256);               %RGB 图像转换为索引图像，图像颜色数量为指定的 256 种
X3 = rgb2ind(I,map3);
subplot(2,2,1),imshow(I),title('原始图像');
subplot(2,2,2),imshow(X1,map1),title('最小方差法转换后的索引图像');
subplot(2,2,3),imshow(X2,map2),title('均匀量化法转换后的索引图像');
subplot(2,2,4),imshow(X3,map3),title('颜色近似法转换后的索引图像');
```

转换后效果如图 3-29 所示。

原始图像　　　　　　　　　　最小方差法转换后的索引图像

图 3-29　彩色图像转换为索引图像

均匀量化法转换后的索引图像　　　　　　颜色近似法转换后的索引图像

图 3-29　彩色图像转换为索引图像（续）

本章小结

　　本章主要介绍了数字图像的基本概念，包括数字图像与模拟图像的关系，即模拟图像通过采样、量化转换成数字图像，以及采样率和量化级对图像质量的影响；详解了像素之间的基本关系，同时介绍了灰度直方图，阐述其在图像处理中的重要作用及使用方法；最后介绍了在图像处理时常见的五种图像类型，阐述每种类型图像的基本性质，以及各类型图像相互转换的方法。同时，本章在撰写时，为方便理解和学习，还列举了大量的应用实例和 MATLAB 的源程序。

习题

　　3.1　简述数字图像与模拟图像的区别与联系。

　　3.2　简述采样率与量化级对图像质量的影响。

　　3.3　一幅 4bit 量化的图像，其灰度级为多少？一幅灰度级为 512 的图像，其量化为多少 bit？

　　3.4　灰度级为 128 的图像，其最小灰度值为多少？代表什么颜色？最大灰度值为多少？代表什么颜色？

第4章　图像的基本运算

在图像处理这个领域，几乎没有人不知道 *Single Image Haze Removal Using Dark Channel Prior* 这篇文章，该文是 2009 年国际计算机视觉与模式识别会议（CVPR）最佳论文，作者何恺明博士，2007 年毕业于清华大学，2011 年博士毕业于香港中文大学。该文以极简的图像基础切入，以函数推导为手段，开创性地提出了暗通道概念，并将之应用于图像去雾操作，效果极佳，如图 4-1 所示。

a)　　　　　　　　　　　　　　　　　b)

图 4-1　暗通道去雾法

a) 原始图像　b) 去雾后图像

学好图像的基本运算是数字图像处理的基础，也是重中之重。不积小流无以成江海，图像处理其实是利用各种基础算法对图像进行处理，故图像运算是数字图像处理中的重要内容之一。本章主要介绍基于图像像素的运算方法（包括点运算、代数运算、逻辑运算），图像的几何变换方法（包括平移、镜像、缩放、转置、旋转及剪切），图像的邻域操作和区域选择。在改变输入图像的灰度级、图像降噪或几何变换中，这些基本算法都起着重要作用。

4.1　概述

对基本的图像处理功能，根据输入图像得到输出图像（目标图像）处理运算的数学特征，可将图像处理运算方法分为点运算、代数运算、逻辑运算和几何运算。点运算是通过图像中每个像素点的灰度值进行计算，改变图像数据占据的灰度范围，以改善图像显示效果。代数运算是指将两幅图像通过对应像素之间的加、减、乘、除运算，得到输出图像。在加、减、乘、除运算时，可以是两幅以上的图像同时参与。逻辑运算主要是针对两幅二值图像进行逻辑与、或、非等运算。几何运算就是改变图像中物体对象（像素）之间的空间关系。这些运算都是基于空间域的图像处理运算，与空间域运算相对应的是变换域运算，将在后续章节中讨论。

4.2　点运算

点运算是一种简单但又非常重要的基础算法，也是其他图像处理运算的前提，其实质上就是对图像的每个像素点的灰度值按一定的函数关系进行运算，得到一幅新图像的过程。由于点运算能有规律地改变像素点的灰度值，所以点运算有时又被称为对比度增强、对比度拉伸或灰度变换，它是图像数字化软件和图像显示软件的重要组成部分。

在一些数字图像处理中，所需的特征可能仅占整个灰度级范围的一小部分。点运算可以扩展所需部分的灰度信息的对比度，使之占据显示灰度级范围的更大一部分。

点运算以预定的方式改变一幅图像的灰度直方图。除了灰度级的改变是根据某种特定的灰度变换函数进行之外，点运算可看作是"从像素到像素"的复制操作。点运算产生的输出图像，其图像中每个像素点的灰度值仅由相应输入点的灰度值确定。

点运算是一种通过图像中的每一个像素值（像素点上的灰度值）进行运算的图像处理方式。它将输入图像映射为输出图像，输出图像每个像素点的灰度值仅由对应的输入像素点的灰度值决定，运算结果不会改变图像内像素点之间的空间关系。

点运算从数学上可以分为线性点运算和非线性点运算两类。

4.2.1　线性点运算

线性点运算是指输入图像的灰度级与输出图像的灰度级呈线性关系。其函数形式为

$$t=as+b \qquad\qquad (4-1)$$

式中，s 为输入图像各像素点的灰度值；t 为相应输出图像各像素点的灰度值；a 为运算系数；b 为常数。

1）如果 $a=1$ 且 $b=0$，则 $t=s$，即输入图像与输出图像相同。如果 $a=1$ 且 $b\neq0$，则输出图像的灰度值上移或下移，整个图像会显示为更亮或更暗。

2）如果 $a>1$，则输出图像对比度增大，输出图像显示效果较输入图像会更亮。

3）如果 $0\leq a<1$，则输出图像对比度降低，输出图像显示效果较输入图像会更暗。

4）如果 $a<0$，即 a 为负值，则原输入图像的暗区域将变亮，亮区域将变暗。

值得注意的是，点运算完成了图像求补。MATLAB 示例程序见例 4-1。

【例 4-1】　线性点运算。

```
I = imread('rice.png');              %读取输入图像
I = im2double(I);                     %函数 im2double 将输入换成 double 类型
%如果输入图像是 uint8、uint16 或者是二值的 logical 类型，则函数 im2double 将其值归一化到 0~1 之间
a = 2.5;b=-70;
J = a.*I+b/255;                       %增加对比度
c = 0.7;d=-30;
K = c.*I+d/255;                       %减小对比度
e = 1;f= 70;
L = e.*I+f/255;                       %线性增加亮度
g = -1;h= 255;
P = g.*I+h/255;                       %图像反色
```

```
subplot(2,3,1),imshow(I);title('原始图像');
subplot(2,3,2),imshow(J);title('增加对比度');
subplot(2,3,3),imshow(K);title('减小对比度');
subplot(2,3,4),imshow(L);title('线性平移增加亮度');
subplot(2,3,5),imshow(P);title('图像反色');
```

代码对图像的处理效果如图 4-2 所示。

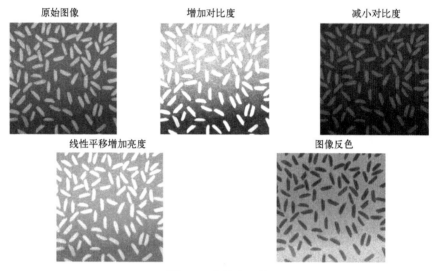

图 4-2　线性点运算

4.2.2　非线性点运算

1．对数变换

除了线性点运算外，还有非线性点运算。常见的非线性灰度变换有对数变换和幂次变换。对数变换的一般表达式为

$$t=c\log(1+s) \tag{4-2}$$

式中，c 为尺度比例常数；s 为输入图像灰度值；log 为以自然常数 e 为底数；t 为变换后的输出图像灰度值。在如图 4-3 所示的对数曲线上，函数自变量为低值时，曲线的斜率很高；自变量为高值时，曲线斜率变小。

由对数函数曲线可知，这种变换可以增强一幅图像中较暗部分的细节，从而可用来扩展被压缩的高值图像中的较暗像素，因此对数变换被广泛地应用于频谱图像的显示中。一个典型的应用是傅里叶频谱（参见第 5 章），其动态范围可能宽达 $0\sim10^6$。直接显示频谱时，图像显示设备的动态范围往往不能满足要求，从而丢失大量的暗部细节。而在使用对数变换之后，图像的动态范围被合理地非线性压缩，从而可以清晰地显示。

2．指数变换

指数变换又名幂次变换或伽马变换，其表达式的一般形式为

$$t=cs^{\gamma} \tag{4-3}$$

式中，c 和 γ 为常数。

与对数变换不同，指数变换可以根据 γ 的不同取值选择性地增强低灰度区域的对比度或是

高灰度区域的对比度。

1）当$\gamma<1$时，效果和对数变换相似，放大暗处细节，压缩亮处细节，随着数值减少，效果越强。

2）当$\gamma>1$时，放大亮处细节，压缩暗处细节，随着数值增大，效果越强。

3）当$\gamma=1$时，$t=cs$，这操作的得到的输出图像是线性的。

作为γ的函数，s对于γ的各种值绘制的曲线如图 4-4 所示，从上到下γ分别为 0.04、0.1、0.2、0.4、0.67、1、1.5、2.5、5、10、25。像对数变换的情况一样，幂次曲线中γ的部分值把输入窄带值映射到宽带输出值。相反，输入高值也成立。然而，不像对数函数，注意到这里随着γ值的变化将得到一组变换曲线。如预期的一样，$\gamma>1$和$\gamma<1$有相反的效果。当$c=\gamma=1$时，将简化为线性变换。

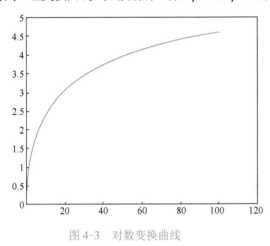
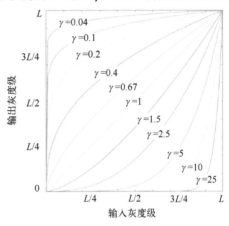

图 4-3　对数变换曲线　　　　　　　　　　图 4-4　幂次变换曲线图（灰度值归一化）

例 4-2 给出了$c=1$，γ分别为 0.5、2 和 5 时对图像进行变换的程序实现。

【例 4-2】　指数变换。

```
I = imread('printedtext.png');
J = imadjust(I,[],[],0.5);              %放大暗处细节，压缩亮处细节
K = imadjust(I,[],[],2);               %放大亮处细节，压缩暗处细节
L = imadjust(I,[],[],5);               %放大亮处细节，压缩暗处细节
subplot(2,2,1),imshow(I);title('原始图像');
subplot(2,2,2),imshow(J);title('γ=0.5');
subplot(2,2,3),imshow(K);title('γ=2');
subplot(2,2,4),imshow(L);title('γ=5');
```

代码对图像的处理效果如图 4-5 所示。

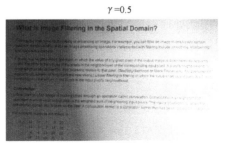

图 4-5　指数变换对图像的处理效果

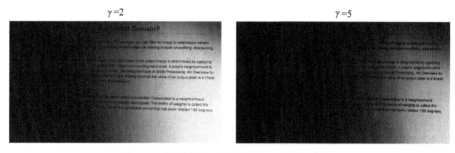

图 4-5　指数变换对图像的处理效果（续）

4.3　代数运算

图像的代数运算是指将两幅或多幅图像通过对应像素之间的加、减、乘、除运算得到输出图像的方法，对于相加和相乘的情形，可能有多幅图像参加运算。在一般情况下，输入图像之一可能为常数，然而，加、减、乘、除常数可按线性的点运算来对待，当两幅输入图像完全相同时也如此。它们运算的数学表达式如下：

$$\begin{cases} S(x,y) = A(x,y) + B(x,y) \\ S(x,y) = A(x,y) - B(x,y) \\ S(x,y) = A(x,y) \times B(x,y) \\ S(x,y) = A(x,y) \div B(x,y) \end{cases} \tag{4-4}$$

式中，$A(x,y)$ 和 $B(x,y)$ 为进行代数运算的原始输入图像；$S(x,y)$ 为 $A(x,y)$ 和 $B(x,y)$ 运算后的输出图像。某些情况下输入图像之一也可以使用常数。在一些特定情况下，参与代数运算的输入图像可能多于两个，如用于消除加性随机噪声的图像相加运算一般都多于两个输入图像。

在数字图像处理技术中，代数运算具有非常广泛的应用和重要的意义，如消除或降低图像的加性随机噪声，消除不需要的加性图案，检测同一场景的两幅图像之间的变化，检测物体的运动等。通过代数运算便可以解决这些问题。例如，图像相加的一个重要应用是对同一场景的多幅图像求平均值。这点被经常用来有效地降低加性（additive）随机噪声的影响，图像减法可用于去除一幅图像中所不需要的加性图案，加性图案可能是缓慢变化的背景阴影、周期性的噪声，或在图像上每一像素处均已知的附加污染等。

4.3.1　加法运算

数字图像处理中最简单的加法运算当属直接对数字图像进行加法运算，图像加法运算的一个应用是将一幅图像的内容叠加到另一幅图像上，生成叠加图像效果，或给图像中每个像素叠加常数改变图像的亮度。MATLAB 图像处理工具箱中提供的 imadd 函数可实现两幅图像的相加或者一幅图像和常量的相加，代码对图像的处理效果如图 4-6 所示。

【例 4-3】　加法运算。

```
I1 = imread('AT3_1m4_01.tif');
I2 = imread('cell.tif');
J = imadd(I1,100);                    %将输入图像 I1 所有像素灰度值加 50
```

```
K = I1+imresize(I2,[480 640]);                %将输入图像 I2 像素维度设置得与 I1 一致，并相加
subplot(2,2,1),imshow(I1);title('I1 原始图像');
subplot(2,2,2),imshow(I2);title('I2 原始图像');
subplot(2,2,3),imshow(J);title('I1 所有像素灰度值加 100');
subplot(2,2,4),imshow(K);title('I1+I2');
```

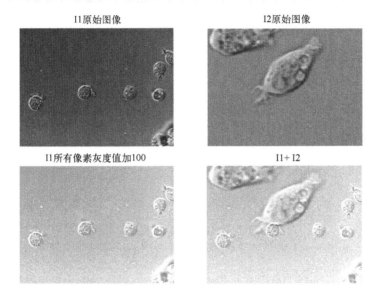

图 4-6　加法运算

　　加法运算同样可用于求平均值降噪。一般为同一数字图像多次相加求平均，可有效降低加性噪声。在求平均值的过程中，图像的静止部分不会改变，而由于图像的噪声是随机性的，各不相同的噪声图案积累得很慢，因此可以通过多幅图像求平均值来降低随机噪声的影响。

　　假定有由 M 幅图像组成的一个集合，图像的形式为

$$D_i(x,y)=S(x,y)+N_i(x,y) \tag{4-5}$$

式中，$S(x,y)$ 为感兴趣的理想图像；$N_i(x,y)$ 是由于胶片的颗粒或数字化系统中的电子噪声所产生的噪声图像。对于图像中的任意点，定义功率信噪比为

$$P(x,y) = \frac{S^2(x,y)}{E\{N^2(x,y)\}} \tag{4-6}$$

如果对 M 幅图像做平均，可得

$$\overline{D}(x,y) = \frac{1}{M}\sum_{i=0}^{m} S(x,y) + N_i(x,y) \tag{4-7}$$

功率信噪比为

$$\overline{P}(x,y) = \frac{S^2(x,y)}{E\left\{\left[\frac{1}{M}\sum_{i=0}^{m} N_i(x,y)\right]^2\right\}} \tag{4-8}$$

于是噪声具有如下特性：

$$E\{N_i(x,y)N_j(x,y)\} = E\{N_i(x,y)\}E\{N_j(x,y)\} \tag{4-9}$$

$$E\{N_i(x,y)\} = 0 \tag{4-10}$$

可以证明

$$\overline{P}(x, y) = MP(x, y) \qquad\qquad (4\text{-}11)$$

因此，对 M 幅图像进行平均，使图像中每一点的功率信噪比提高为 M 倍。而幅度信噪比是功率信噪比的平方根，所以，幅度信噪比也随着图像数目的增加而增大。

把一幅图像加入高斯噪声，再通过 100 次相加求平均的方法去除噪声，其 MATLAB 程序见例 4-4。

【例 4-4】 加法运算消除噪声。

```
I = imread('spine.tif');
J = imnoise(I,'gaussian',0,0.01);                %将图片 I 添加高斯噪声
subplot(1,3,1),imshow(I),title('原始图像');        %显示图片并命名为'原始图像'
subplot(1,3,2),imshow(J),title('添加高斯噪声');      %显示图片并命名为'添加高斯噪声'
K = zeros(367,490);                              %生成一个全 0 矩阵大小与原图像分辨率一致
for I = 1:100                                    %循环 100 次去除噪声
    J = imnoise(I,'gaussian',0,0.01);
    J1 = im2double(J);
    K = K+J1;
end
K = K/100;
subplot(1,3,3),imshow(K);title('求平均值后图像');     %显示图片并命名为'求平均值后图像'
```

代码对图像的处理效果如图 4-7 所示。

原始图像　　　　　　　　　　　添加高斯噪声　　　　　　　　　　求平均值后图像

图 4-7　加法运算求平均值消除噪声

4.3.2　减法运算

图像减法也称为差分方法，是一种常用于检测图像变化及运动物体的图像处理方法，常用来检测一系列相同场景图像的差异，主要应用在检测同一场景下两幅图像之间的变化或是混合图像的分离。

将同一景物在不同时刻拍摄的图像或同一景物在不同波段的图像相减，这就是差影法，实际上就是图像的减法运算。差值图像提供了图像间的差值信息，能用于指导动态监测、运动目标的检测和跟踪、图像背景的消除及目标识别等。

用于混合图像的分离图像在进行差法运算时必须使两幅相减的图像的对应点位于空间同一目标上，否则，必须先做几何校准与匹配。当将一个场景系列图像相减用来检测其他变化时，难以保证准确对准，这时就需要更进一步的分析。

MATLAB 图像处理工具箱中提供了 imsubtract 函数，该函数可以将一幅图像从另一幅图像中减去，或者从一幅图像中减去一个常数，实现将一幅输入图像的像素值从另一幅输入图像相应的像素值中减去，再将这个结果作为输出图像相应的像素值。一幅图片中的噪声，可通过

减法运算提取出来，其 MATLAB 程序见例 4-5。

【例 4-5】　减法运算。

```
I = imread('cameraman.tif');
J = imnoise(I,'gaussian',0,0.1);         %将图片 I 添加高斯噪声
K = imsubtract(I,J);                     %两幅图片相减
L = 255-K;                               %噪声图像求反
subplot(1,4,1),imshow(I),title('原始图像');
subplot(1,4,2),imshow(J),title('噪声图像');
subplot(1,4,3),imshow(K),title('噪声提取');
subplot(1,4,4),imshow(L),title('噪声图像求反');
```

图像求反的意义在于：因为原始图像减去噪声图像后，除了噪声区域像素灰度值不为 0 外，其余区域皆为 0（即此区域为纯黑色），求反就是将图像黑白两色反转以达到更好的视觉效果。代码对图像的处理效果如图 4-8 所示。

原始图像　　　　　　噪声图像　　　　　　噪声提取　　　　　噪声图像求反

图 4-8　减法运算

4.3.3　乘法运算

两幅图像进行乘法运算主要实现两个功能，一是可以实现掩模操作，即屏蔽图像的某些部分；二是一幅图像乘以一个常数因子，如果常数因子大于 1，将增强图像的亮度，如果因子小于 1，则会使图像变暗。MATLAB 图像工具箱中提供了 immultiply 函数实现两幅图像的乘法，该函数将两幅图像相应的像素值进行元素对元素的乘法操作（相当于 MATLAB 中矩阵的点乘操作），并将乘法的运算结果作为输出图形相应的像素值。

图像乘法运算的 MATLAB 程序见例 4-6。

【例 4-6】　乘法运算。

```
I = imread('rice.png');
J = immultiply(I,1.2);   %将原始图像所有像素灰度值乘以 1.2，视觉效果较原图像会明亮一些
K = immultiply(I,2);     %将原始图像所有像素灰度值乘以 2，视觉效果较原图像会明亮许多
L = immultiply(I,0.3);   %将原始图像所有像素灰度值乘以 0.3，视觉效果较原图像会暗淡许多
subplot(1,4,1),imshow(I);title('原始图像');
subplot(1,4,2),imshow(J);title('1.2×');
subplot(1,4,3),imshow(K);title('2×');
subplot(1,4,4),imshow(L);title('0.8×');
```

上述代码对图像的处理效果如图 4-9 所示。

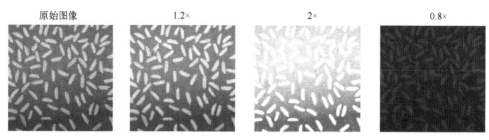

原始图像　　　　1.2×　　　　2×　　　　0.8×

图 4-9　乘法运算

4.3.4　除法运算

除法运算可用于去除数字化器灵敏度随空间变化造成的影响。图像的除法运算给出的是两幅图像相应像素值的变化比率，而不是每个像素的绝对差异，因而图像除法也称为比率变换，常用于校正成像设备的非线性影响。MATLAB 图像处理工具箱中提供了 imdivide 函数实现两幅图像的除法，该函数对两幅输入图像的所有相应像素执行元素对元素的除法操作（即 MATLAB 中矩阵的点除操作），并将得到的结果作为输出图像的相应像素值。

图像除法运算的 MATLAB 程序见例 4-7。

【例 4-7】　除法运算。

```
I = imread('coins.png');
J = imadd(I,50);
K = imadd(I,100);
L = imadd(I,-50);                    %对原始图像灰度值进行变换
JX = imdivide(I,J);
KX = imdivide(I,K);
LX = imdivide(I,L);                  %除法运算
subplot(1,4,1),imshow(I),title('原始图像 I');
subplot(1,4,2),imshow(JX,[]),title('I/imadd(I,50)');
subplot(1,4,3),imshow(KX,[]),title('I/imadd(I,100)');
subplot(1,4,4),imshow(LX,[]),title('I/imadd(I,-50)');
```

上述代码对图像的处理效果如图 4-10 所示。

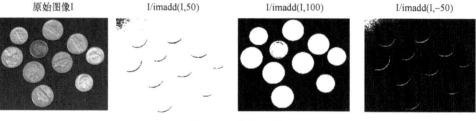

原始图像I　　　I/imadd(I,50)　　　I/imadd(I,100)　　　I/imadd(I,-50)

图 4-10　除法运算

4.4　逻辑运算

图像的逻辑运算主要是针对二值图像。常用的逻辑运算有与、或、非、或非、与非和异或等。MATLAB 中提供了逻辑操作符与（and）、或（or）、非（not）和异或（or）等进行逻辑运算，复杂逻辑运算可通过基本运算推导得到。

二值图像进行逻辑运算，MATLAB 示例程序见例 4-8。

【例 4-8】　逻辑运算。

```
A = zeros(256);A(120:135,20:200)=1;        %构建第一幅二值图像
B = zeros(256);B(100:160,80:140)=1;        %构建第二幅二值图像
C = and(A,B);                              %与运算
D = or(A,B);                               %或运算
E = not(A);                                %非运算
subplot(2,3,1),imshow(A),title('第一幅二值图像');
subplot(2,3,2),imshow(B),title('第二幅二值图像');
subplot(2,3,3),imshow(C),title('与运算');
subplot(2,3,4),imshow(D),title('或运算');
subplot(2,3,5),imshow(E),title('非运算');
```

上述代码对图像的处理效果如图 4-11 所示。

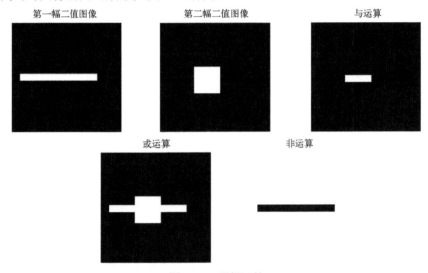

图 4-11　逻辑运算

4.5　几何运算

　　图像的几何变换是将一幅图像中的坐标映射到另外一幅图像中的新坐标位置，它不改变图像的像素值，只是改变像素所在的几何位置，使原始图像按照需要产生位置、形状和大小的变化，所以，几何运算又称为几何变换。本节主要介绍图像的一些基本几何变换，包括图像的平移、镜像、旋转、缩放和灰度插值等。

　　图像几何运算的一般定义为

$$g(x,y) = f(u,v) = f(p(x,y),q(x,y)) \tag{4-12}$$

式中，$u=p(x,y)$，$v=q(x,y)$ 唯一地描述了空间变换，即将输入图像 $f(u,v)$ 从 u-v 坐标系变换为 x-y 坐标系的输出图像 $g(x,y)$。

4.5.1　图像的平移

　　平移是日常生活中最普遍的运动方式之一，而图像的平移是几何变换中最简单的变换之

一. 图像平移就是将图像中所有的点按照指定的平移量水平或者垂直移动。平移后的图像与原始图像大小相同。

设 (x_0, y_0) 为原图像上的一点，图像水平平移量为 Δx，垂直平移量为 Δy，则平移后点 (x_0, y_0) 坐标将变为 (x_1, y_1)，它们之间的坐标平移原理数学关系式为

$$\begin{cases} x_1 = x_0 + \Delta x \\ y_1 = y_0 + \Delta y \end{cases} \tag{4-13}$$

以矩阵的形式表示为

$$\begin{bmatrix} x_1 \\ y_1 \\ 1 \end{bmatrix} = \begin{bmatrix} 1 & 0 & \Delta x \\ 0 & 1 & \Delta y \\ 0 & 0 & 1 \end{bmatrix} \begin{bmatrix} x_0 \\ y_0 \\ 1 \end{bmatrix} \tag{4-14}$$

逆变换公式为

$$\begin{cases} x_0 = x_1 - \Delta x \\ y_0 = y_1 - \Delta y \end{cases} \tag{4-15}$$

以矩阵的形式表示为

$$\begin{bmatrix} x_0 \\ y_0 \\ 1 \end{bmatrix} = \begin{bmatrix} 1 & 0 & -\Delta x \\ 0 & 1 & -\Delta y \\ 0 & 0 & 1 \end{bmatrix} \begin{bmatrix} x_1 \\ y_1 \\ 1 \end{bmatrix} \tag{4-16}$$

这样，平移后的目标图像中的每一点都可以在原图像中找到对应的点。例如，将新图中的 (i, j) 像素，代入上面的方程组，可以求出对应原图中的像素 $(i-T_x, j-T_y)$。而此时如果 T_x 大于 i 或 T_y 大于 j，则点 $(i-T_x, j-T_y)$ 超出了原图的范围，可以直接将它的像素值统一设置为 0 或者 255，对于灰度图像则为黑色或白色。

通过上面的矩阵运算，对原始图像的中的每一个像素点进行该变换（仅仅是位置变换），得到新的坐标，然后在新坐标下显示原始图像。MATLAB 示例程序见例 4-9。

【例 4-9】 平移运算。

```
I = imread('pout.tif');
[M,N] = size(I); G = zeros(M,N);          %构建一个与图像 I 空间大小一致的 0 矩阵
a = 20; b = 20;                           %a 为水平右移，b 为垂直下移
for i = 1:M;
    for j = 1:N;
        if((i-a>0) & (i-a<M) & (j-b>0) & (j-b<N))    %从坐标点到新坐标点的映射
        g(i,j) = I(i-a,j-b);
        else
        g(i,j) = 0;                       %新图像外的坐标点置 0
        end
    end
end
J = uint8(g);                             %生成平移后新图像
subplot(1,2,1),imshow(I),title('原始图像');
subplot(1,2,2),imshow(J),title('平移后图像');
```

代码对图像的处理效果如图 4-12 所示。

原始图像 　　　　　平移后图像

图 4-12　平移运算

同样，对于图像的平移，MATLAB 可以利用膨胀函数平移图像达到上述一致的效果。示例代码如下：

```
I = imread('pout.tif');
se = translate(strel(1), [20 20]);     %将一个平面结构化元素分别向下和向右移动 30 个位置
J = imdilate(I,se);                    %利用膨胀函数平移图像
figure;
subplot(1,2,1),imshow(I),title('原始图像');
subplot(1,2,2),imshow(J),title('平移后图像');
```

4.5.2　图像的镜像

图像的镜像分为两种垂直镜像和水平镜像。水平镜像即将图像左半部分和右半部分以图像竖直中轴线为中心轴进行对换；而垂直镜像则是将图像上半部分和下半部分以图像水平中轴线为中心轴进行对换。镜像变换又常称为对称变换，它可以分为水平对称、垂直对称等多种变换。对称变换后，图像的宽和高不变。

1. 水平镜像

水平镜像即将图像左半部分和右半部分以图像竖直中轴线为中心轴进行对换，设原始图像的宽为 w，高为 h，原始图像中的点为 (x_0, y_0)，对称变换后的点为 (x_1, y_1)。水平镜像的变换公式为

$$\begin{bmatrix} x_1 \\ y_1 \\ 1 \end{bmatrix} = \begin{bmatrix} -1 & 0 & w \\ 0 & 1 & 0 \\ 0 & 0 & 1 \end{bmatrix} \begin{bmatrix} x_0 \\ y_0 \\ 1 \end{bmatrix} \tag{4-17}$$

MATLAB 示例程序见例 4-10。

【例 4-10】　水平镜像。

```
I = imread('eight.tif');
[a,b] = size(I); G = zeros(a,b);
for i = 1:a;
    for j = 1:b;
        g(i,j) = I(i,b-j+1);          %将原始图像像素灰度值完成镜像对调
    end
end
subplot(1,2,1),imshow(I),title('原始图像');
subplot(1,2,2),imshow(uint8(g)),title('水平镜像');
```

上述代码对图像的处理效果如图 4-13 所示。

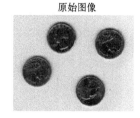
原始图像

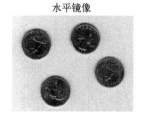
水平镜像

图 4-13　图像的水平镜像

2．垂直镜像

图像的垂直镜像操作是以原图像的水平中轴线为中心，将图像分为上下两部分进行对称变换。

和上述示例相同，设原始图像的宽为 w，高为 h，原始图像中的点为 (x_0, y_0)，对称变换后的点为 (x_1, y_1)，仅需将代码的行变换改为列变换，见例 4-11。

【例 4-11】　垂直镜像。

```
I = imread('eight.tif');
[a,b] = size(I); G = zeros(a,b);
for i = 1:a;
    for j = 1:b;
        g(i,j) = I(a-i+1,j);              %将原始图像像素灰度值完成垂直对调
    end
end
subplot(1,2,1),imshow(I),title('原始图像');
subplot(1,2,2),imshow(uint8(g)),title('垂直镜像');
```

上述代码对图像的处理效果如图 4-14 所示。

原始图像

垂直镜像

图 4-14　图像的垂直镜像

4.5.3　图像的旋转

图像的旋转变换属于图像的位置变换，通常是以图像的中心为原点，将图像上的所有像素都旋转一个相同的角度。旋转后，图像的大小一般会改变。

和平移变换一样，在图像的旋转变换中，既可以把转出显示区域的图像截去，也可以扩大显示区域的图像范围以显示图像的全部。

设原始图像的任意点 $A(x_0, y_0)$ 经旋转角度以后，到新的位置 $A(x, y)$，为表示方便，采用极坐标形式表示，原始的角度为 α。

根据极坐标与二维笛卡儿坐标的关系，原始图像的点 $A_0(x_0, y_0)$ 的坐标为

$$\begin{cases} x_0 = r\cos\alpha \\ y_0 = r\sin\alpha \end{cases} \tag{4-18}$$

旋转到新位置以后点 $A_0(x,y)$ 的坐标为

$$\begin{cases} x = r\cos(\alpha-\beta) = r\cos\alpha\cos\beta + r\sin\alpha\sin\beta \\ y = r\sin(\alpha-\beta) = r\sin\alpha\cos\beta - r\cos\alpha\sin\beta \end{cases} \tag{4-19}$$

由于旋转变换需要以点 $A_0(x_0,y_0)$ 表示点 $A(x,y)$，因此对式(4-19)进行简化，可得

$$\begin{cases} x = x_0\cos\beta + y_0\sin\beta \\ y = -x_0\sin\beta + y_0\cos\beta \end{cases} \tag{4-20}$$

同样，图像的旋转变换也可以用矩阵形式表示为

$$\begin{bmatrix} x \\ y \\ 1 \end{bmatrix} = \begin{bmatrix} \cos\beta & \sin\beta & 0 \\ -\sin\beta & \cos\beta & 0 \\ 0 & 0 & 1 \end{bmatrix}\begin{bmatrix} x_0 \\ y_0 \\ 1 \end{bmatrix} \tag{4-21}$$

图像旋转之后也可以根据新点求解原始图像新点的坐标，矩阵形式表示为

$$\begin{bmatrix} x_0 \\ y_0 \\ 1 \end{bmatrix} = \begin{bmatrix} \cos\beta & -\sin\beta & 0 \\ \sin\beta & \cos\beta & 0 \\ 0 & 0 & 1 \end{bmatrix}\begin{bmatrix} x \\ y \\ 1 \end{bmatrix} \tag{4-22}$$

将一幅图像旋转 45°，并分别采用把转出显示区域的图像截去和扩大显示区域范围以显示图像的全部这两种方式，在 MATLAB 中 imrotate(A,X)将图像 A（图像的数据矩阵）围绕图像的中心点旋转 X 度，正数表示逆时针旋转，负数表示顺时针旋转。其 MATLAB 程序示例见例 4-12。

【例 4-12】　图像旋转。

```
I = imread('threads.png');
J = imrotate(I,45,'bilinear');         %将图像旋转 45°，'bilinear'为双线性插值
K = imrotate(I,45,'bilinear','crop');
%'crop'为对旋转后的图像进行裁剪，使旋转后输出图像的尺寸和输入图像的尺寸一致
subplot(1,3,1);imshow(I);title('原始图像');
subplot(1,3,2);imshow(J);title('旋转图像');
subplot(1,3,3);imshow(K);title('旋转剪裁图像');
```

代码对图像的处理效果如图 4-15 所示。

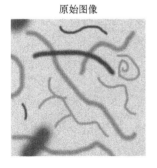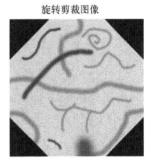

图 4-15　图像的旋转

4.5.4 图像的缩放

图像缩放是指将给定的图像在 x 轴方向按比例缩放为 a 倍，在 y 轴方向按比例缩放为 b 倍，从而获得一幅新的图像。如果 $a=b$，即在 x 轴方向和 x 轴方向缩放的比率相同，则称这样的比例缩放为图像的全比例缩放。如果 $a \neq b$，图像比例缩放会改变原始图像像素间的相对位置，产生几何畸变。在 MATLAB 中可直接调用 imresize 函数进行图像缩放。示例代码如下：

> J = imresize(I,scale,method);

I 为要进行缩放的图片，scale 为缩放的倍数，可选项 method 为缩放时采用的插值方法，默认值为最近邻插值。

设 (x_0,y_0) 为原始图像上的一点，对其进行缩放处理，设 x 轴方向的缩放倍数为 A，设 y 轴方向的缩放倍数为 B，(x_1,y_1) 为缩放后的像素点坐标，用矩阵变换表示为

$$\begin{bmatrix} x_1 \\ y_1 \\ 1 \end{bmatrix} = \begin{bmatrix} A & 0 & 0 \\ 0 & B & 0 \\ 0 & 0 & 1 \end{bmatrix} \begin{bmatrix} x_0 \\ y_0 \\ 1 \end{bmatrix} \qquad (4\text{-}23)$$

即

$$\begin{cases} x_1 = Ax_0 \\ y_1 = By_0 \end{cases} \qquad (4\text{-}24)$$

示例代码见例 4-13。

【例 4-13】图像缩放。

```
I = imread('pout.tif');
J = imresize(I,0.5);          %原图像 I 缩小为 50%
K = imresize(I,1.5);          %原图像 I 放大为 1.5 倍
subplot(1,3,1),imshow(I);title('原始图像');
subplot(1,3,2),imshow(J);title('缩小后的图像');
subplot(1,3,3),imshow(K);title('放大后的图像');
```

代码对图像的处理效果如图 4-16 所示。

原始图像   缩小后的图像   放大后的图像

图 4-16   图像的缩放

值得注意的是，放大与缩小图像在输出后其显示图像尺寸似乎没有改变，但实际上是改变了其行列的像素个数，原始图像行列的像素个数为 291×240，缩小为 50%后，其行列的像素个数为 88×72，放大为 1.5 倍后，其行列的像素个数为 437×360。

4.5.5 灰度插值

图像处理中实现几何运算时，有两种方法。第一种称为向前映射法，其原理是将输入图像的灰度逐个像素地转移到输出图像中，即从原图像坐标计算出目标图像坐标：$g(x_1,y_1)=f(a(x_0,y_0),b(x_0,y_0))$。前面的平移、镜像等操作就可以采用这种方法。

另外一种称为向后映射法，它是向前映射变换的逆操作，即输出像素逐个映射回输入图像中。如果一个输出像素映射到的不是输入图像采样栅格的整数坐标处的像素点，则其灰度值就需要基于整数坐标的灰度值进行推断，这就是插值。由于向后映射法是逐个像素产生输出图像，不会产生计算浪费问题，所以在缩放、旋转等操作中多采用这种方法，本书采用的也全部为向后映射法。

本节将介绍三种不同的插值算法——最近邻插值法、双线性插值法和三次内插法。处理效果好的算法一般计算量较大。

考虑到数字图像是二维的，因此需要根据相邻整数坐标点上的灰度值来插值估算出该点的灰度值 $f(u_0,v_0)$。

1. 最近邻插值法

最近邻插值法是一种最简单的插值算法，输出像素的值为输入图像中与其最邻近的采样点的像素值，是将 (u_0,v_0) 点最近的整数坐标 (u,v) 点的灰度值取为 (u_0,v_0) 点的灰度值。在 (u_0,v_0) 点各相邻像素间灰度变化较小时，这种方法是一种简单快捷的方法，但当 (u_0,v_0) 点相邻像素间灰度差很大时，这种灰度估值方法会产生较大的误差。

2. 双线性插值法

双线性插值又称为一阶插值，是线性插值扩展到二维的一种应用。它可以通过一系列的一阶线性插值得到。即双线性插值法是对最近邻法的一种改进，利用线性内插法，根据 (u_0,v_0) 点的 4 个相邻点的灰度值，插值计算出 $f(u_0,v_0)$ 值。

先根据 $f(u_0,v_0)$ 及 $f(u+1,v)$ 插值求 $f(u_0,v)$，得

$$f(u_0,v) = f(u,v) + \alpha[f(u+1,v) - f(u,v)] \tag{4-25}$$

再根据 $f(u,v+1)$ 及 $f(u+1,v+1)$ 插值求 $f(u_0,v+1)$，得

$$f(u_0,v+1) = f(u,v+1) + \alpha[f(u+1,v+1) - f(u,v+1)] \tag{4-26}$$

最后根据 $f(u_0,v)$ 及 $f(u_0,v+1)$ 插值求 $f(u_0,v_0)$，得

$$f(u_0,v_0) = f(u_0,v) + \beta[f(u_0,v+1) - f(u_0,v)] \tag{4-27}$$

即

$$f(u_0,v_0) = (1-\alpha)(1-\beta)f(u,v) + \alpha(1-\beta)[f(u+1,v) + (1-\beta)\alpha f(u,v+1)] + \alpha\beta f(u+1,v+1) \tag{4-28}$$

上述 $f(u_0,v_0)$ 的计算过程，实际是根据 $f(u,v)$、$f(u+1,v)$、$f(u,v+1)$ 及 $f(u+1,v+1)$ 4 个整数点的灰度值做两次线性插值（即双线性插值）得到。上述 $f(u_0,v_0)$ 插值计算方程可改写为

$$f(u_0,v_0) = [f(u+1,v) - f(u,v)]\alpha + [f(u,v+1) - f(u,v)]\beta + [f(u+1,v+1) + f(u,v) - f(u,v-1) - f(u+1,v)]\alpha\beta + f(u,v) \tag{4-29}$$

此方法考虑了 (u_0,v_0) 点的直接邻点对它的影响，因此一般可以得到令人满意的插值效果。但这种方法具有低通滤波性质，使高频分量受到损失，图像轮廓模糊。如果要得到更精确的灰度插值效果，可采用高阶内插法。

3．三次内插法（高阶插值）

在一些几何运算中，双线性插值的平滑作用会使图像的细节退化，而其斜率的不连续性则会导致变换产生不希望的结果。这些都可以通过高阶插值得到弥补，高阶插值常用卷积来实现。输出像素的值为输入图像中距离它最近的 4×4 邻域内采样点像素值的加权平均值。

以三次插值为例，三次内插法不仅考虑 (u_0,v_0) 点的直接邻点对它的影响，还考虑到该点周围 16 个邻点的灰度值对它的影响。由连续信号采样定理可知，若对采样值周插值函数 $S(x,y)=\sin(\pi x)/(\pi x)$ 插值，则可精确地恢复原函数，当然也就可精确得到采样点间任意点的值。此方法计算量很大，但精度高，能保持较好的图像边缘。

用三种不同的方法对图像进行灰度插值，示例代码见例 4-14。

【例 4-14】　灰度插值。

```
I = imread('pout.tif');
J = imresize(I,1,'nearest');        %采用最邻近插值法进行灰度插值，放大为 10 倍
K = imresize(I,1,'bilinear');       %采用双线性插值法进行灰度插值，放大为 10 倍
L = imresize(I,1,'bicubic');        %采用三次内插法进行灰度插值，放大为 10 倍
subplot(1,4,1),imshow(I),title('原始图像');
subplot(1,4,2),imshow(J),title('最邻近插值法');
subplot(1,4,3),imshow(K),title('双线性插值法');
subplot(1,4,4),imshow(L),title('三次内插法');
```

代码对图像的处理效果如图 4-17 所示。

以机器视觉来说，采用最近邻插值法放大图像的结果最模糊，采用三次内插法放大图像所得图像的质量最好，其次是双线性插值法。最近邻插值是最简便的插值，在这种算法中，每一个插值输出像素的值就是在输入图像中与其最临近的采样点的值。这种插值方法的运算量非常小。双线性插值法的输出像素值是它在输入图像中 2×2 邻域采样点的平均值，它根据某像素周围 4 个像素的灰度值在水平和垂直两个方向上对其插值。三次插值的插值为三次函数，其插值邻域的大小为 4×4。它的插值效果比较好，但相应的计算量也比较大。

原始图像　　　　最邻近插值法　　　　双线性插值法　　　　三次内插法

图 4-17　三种灰度插值法效果图

本章小结

本章主要讲解了数字图像的基本运算方法及其 MATLAB 实现。首先介绍了以图像像素为操作单元的线性点运算与非线性点运算、四种代数运算及逻辑运算；然后介绍了图像几何变换的 MATLAB 实现：先从 MATLAB 指令的方式介绍图像平移、镜像、旋转和缩放，最后介绍了图像邻域操作和区域选取。章节中都是以图像处理的目的为主题，先介绍实现原理，再介绍

相关函数，最后辅以实例，并列举了以上几种运算的应用实例和 MATLAB 的源程序，从而达到帮助读者快速掌握的目的。

习题

4.1　图像基本运算有哪几类？

4.2　对一幅图像进行线性点运算时，若 $a>1$，该图像的视觉效果将会变亮还是变暗？请以 MATLAB 图像库中的"pout.tif"图像为例，结合本章所学，检验该问题。

4.3　图像的代数运算可以分为哪几类？有哪几种常见的几何变换？

4.4　图像旋转会引起图像尺寸大小的改变吗？为什么？

4.5　结合本章所学，试利用 MATLAB 编程实现分别将图像库中的"eight.tif"图像逆时针旋转 45°及顺时针旋转 30°。

4.6　有哪些灰度插值处理方法？

第5章　图像变换

不知道大家是否还记得曾经学过的一首古诗词《题西林壁》，其中很有名的一句"不识庐山真面目，只缘身在此山中"就解释了，当我们对某个事物难以做到理解时，可能是我们没有跳出其中的思维模式。而在学习傅里叶变换以前，首先要做的就是跳脱原本的数学思维。因为傅里叶变换是一种较为抽象的概念。傅里叶变换可以描述成函数的第二种语言。掌握两种语言的人常常在表达某些观点时会发现，一种语言比另一种语言好用。类似地，图像处理分析者在解决某个问题时会在空间域和频率域间来回切换以达到解题更方便的目的。

当学习一门新语言时，人们常常用自己的母语思考，讲话之前会在脑子中进行翻译。但是在学得比较流利之后就能用两种语言中的任一种语言思考。同样，研究者一旦熟悉了傅里叶变换，就可以在空间域或频率域中思考问题，这种能力是非常有用的。

图像变换让人们能够将原本二维平面的空间域图像转入频率域（又称变换域）进行分析处理。所谓变换域相对于空间域是更为抽象的概念，这样一来，原本在空间域下难以获取的图像性质，可以在变换域中更为方便地获取和处理。在变换域中对图像处理完，将结果再反变换到空间域。因为在频域中分析的方法相比经典的空间域分析具有许多明显的优势，因此傅里叶分析法已经是不可或缺的重要工具。在本章的前一部分，我们先用一维函数导出傅里叶变换的一些性质，然后将结果推广到二维。本章开始采用先分析一维函数，然后推广到有两个空间变量的二维函数，也就是图像。

在人们对线性系统分析的研究中，我们将局限于讨论在这个已发展成熟的领域中的某一部分。例如人们只用傅里叶变换，而不用拉普拉斯变换或是 Z 变换，因为没有必要用到这些。这个局限使人们能用最小的数学复杂度来介绍分析数字图像系统所需的技术。

图像变换的知识虽然学起来有一些难度，但是其在工程中的应用有着十分重要的地位。例如在航空航天方面，许多普通图像包含着人和计算机难以发现的有用特征和图像情报，通过图像处理技术可以省时、省力、更为经济地分析图像和提取特征，例如将所拍摄的太空照片中的特征提取出来用以科学研究，对我国的航天事业发展有重要作用。

5.1　认识傅里叶变换

5.1.1　连续傅里叶变换定义

在数学中，连续傅里叶变换是一个特殊的把一组函数映射为另一组函数的线性算子。不严格地说,傅里叶变换就是把一个函数分解为组成该函数的连续频率谱,由图 5-1 可直观看出。在数学分析中,信号 $f(x)$(也可记作 $f(t)$)的傅里叶变换被认为是处在频域中的信号。这一基本思想类似于其他傅里叶变换,如周期函数的傅里叶级数。

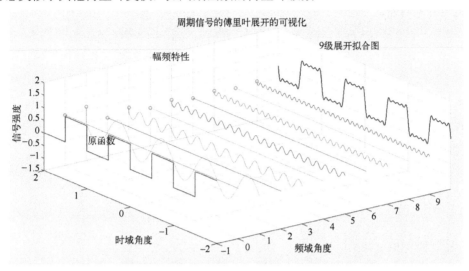

图 5-1 周期信号的傅里叶展开的可视化

早在 1822 年,法国数学家傅里叶就提出并证明了将周期函数展开为正弦级数的原理。傅里叶变换经过发展已经有了完善的理论。在数字图像领域,这种常用的正交变换将图像转化到频率域分析有着许多明显的优势。它可以完成图像的压缩、增强以及图像分析等工作。

连续傅里叶变换的定义:函数 $f(x)$ 的一维连续傅里叶变换定义式如下:

$$\Re: F(\omega) = \int_{-\infty}^{\infty} f(x)\,\mathrm{e}^{-\mathrm{j}2\pi\omega x}\mathrm{d}x \tag{5-1}$$

式中,$\mathrm{j} = -1$。

$F(\omega)$ 的傅里叶反变换定义如下:

$$\Re^{-1}: f(x) = \int_{-\infty}^{\infty} F(\omega)\,\mathrm{e}^{\mathrm{j}2\pi\omega x}\mathrm{d}\omega \tag{5-2}$$

式(5-1)和式(5-2)中的函数 $f(x)$ 和 $F(\omega)$ 称作一个傅里叶变换对。对于任一函数 $f(x)$,其对应傅里叶变换 $F(\omega)$ 只有一个,反之亦然,并且正反傅里叶变换形式上唯一的不同在于幂的符号。

需要注意的是,这里的 $f(x)$ 和 $F(\omega)$ 分别是实函数和实函数对应的复函数。复函数 $F(\omega)$ 存在实部、虚部、振幅、能量和相位,数学形式表达如下:

实部

$$R(\omega) = \int_{-\infty}^{+\infty} f(x)\cos(2\pi\omega x)\mathrm{d}x \tag{5-3}$$

虚部

$$I(\omega) = \int_{-\infty}^{+\infty} f(x)\sin(2\pi\omega x)\mathrm{d}x \tag{5-4}$$

振幅

$$\left|F(\omega)\right| = \left[R^2(\omega) + I^2(\omega)\right]^{\frac{1}{2}} \tag{5-5}$$

能量

$$E(\omega) = \left|F(\omega)\right|^2 = R^2(\omega) + I^2(\omega) \tag{5-6}$$

相位 $$\varphi(\omega) = \arctan \frac{I(\omega)}{R(\omega)} \qquad (5\text{-}7)$$

推广到二维情形傅里叶变换，设函数 $f(x,y)$ 为连续可积的实函数，且 $F(u,v)$ 可积，则存在下列傅里叶变换对：

$$F\{f(x,y)\} = F(u,v) = \int_{-\infty}^{\infty}\int_{-\infty}^{\infty} f(x,y)\mathrm{e}^{-\mathrm{j}2\pi(ux+vy)}\mathrm{d}x\mathrm{d}y \qquad (5\text{-}8)$$

$$F^{-1}\{F(u,v)\} = f(x,y) = \int_{-\infty}^{\infty}\int_{-\infty}^{\infty} F(u,v)\mathrm{e}^{\mathrm{j}2\pi(ux+vy)}\mathrm{d}u\mathrm{d}v \qquad (5\text{-}9)$$

式中，u、v 为频率变量。同一维函数情况一样，二维函数的傅里叶频谱、相位谱、能量谱分别如下：

傅里叶频谱 $$\left|F(u,v)\right| = \left[R^2(u,v) + I^2(u,v) \right]^{\frac{1}{2}} \qquad (5\text{-}10)$$

相位谱 $$\varphi(u,v) = \arctan \frac{I(u,v)}{R(u,v)} \qquad (5\text{-}11)$$

能量谱 $$E(u,v) = R^2(u,v) + I^2(u,v) \qquad (5\text{-}12)$$

5.1.2 离散傅里叶变换定义

计算机在计算时通常只能采集单个的数字，因此在使用计算机对连续信号进行处理时，首先要将信号进行离散化处理才能导入计算机计算。

为了将计算机的应用和实际中的信号分析与处理相结合，通过将时间和频率都进行离散化，从而得到了离散傅里叶变换（DFT）的概念和公式。

离散傅里叶变换（DFT）是傅里叶变换在时域和频域上都呈现离散的形式，将时域信号的采样变换为在离散时间傅里叶变换（DTFT）频域的采样。在形式上，变换两端（时域和频域上）的序列是有限长的，而实际上这两组序列都应当被认为是离散周期信号的主值序列。即使对有限长的离散信号进行 DFT，也应当将其看作经过周期延拓成为周期信号再做变换。在实际应用中通常采用快速傅里叶变换以高效计算 DFT（本书 5.2 节将介绍）。

离散傅里叶变换的定义为：离散序列 $f(n)$ 的一维离散傅里叶变换定义式如下：

$$\Re:\ F(k) = \frac{1}{N}\sum_{n=0}^{N-1} f(n)\,\mathrm{e}^{-\mathrm{j}2\pi kn/N} \qquad (5\text{-}13)$$

式中，N 为离散序列 $f(n)$ 的长度，$k = 0,1,2,\cdots,N-1$。$F(k)$ 的反变换（IDFT）定义为

$$\Re^{-1}:\ f(n) = \frac{1}{N}\sum_{k=0}^{N-1} F(k)\,\mathrm{e}^{\mathrm{j}2\pi kn/N} \qquad (5\text{-}14)$$

式中，$n = 0,1,2,\cdots,N-1$。对比式（5-13）和式（5-14）可以确定，正反傅里叶变换的唯一不同为幂的符号。离散序列 $f(n)$ 和 $F(k)$ 可称作一个离散傅里叶变换对。任一离散序列 $f(n)$ 都对应唯一傅里叶变换 $F(k)$，反之亦然。

这里 $f(n)$ 为实函数，其对应的傅里叶变换 $F(k)$ 一般为复函数，表示为

$$F(k) = R(k) + \mathrm{j}I(U) \qquad (5\text{-}15)$$

其傅里叶频谱、相位谱及能量谱分别表示如下：

傅里叶频谱 $$\left|F(k)\right| = \sqrt{R^2(k) + I^2(k)} \qquad (5\text{-}16)$$

相位谱 $$\varphi(k) = \arctan(I(k) / R(k)) \qquad (5\text{-}17)$$

能量谱 $$E(k) = |F(k)|^2 = R^2(k) + I^2(k) \qquad (5\text{-}18)$$

离散函数的傅里叶变换同连续函数傅里叶变换一样可推广到二维形式。二维离散傅里叶变换（2D DFT）定义为

$$F(u,v) = \frac{1}{MN} \sum_{x=0}^{M-1} \sum_{y=0}^{N-1} f(x,y)\, \mathrm{e}^{-\mathrm{j}2\pi\left(\frac{ux}{M} + \frac{vy}{N}\right)} \qquad (5\text{-}19)$$

式中，$u = 0,1,2,\cdots,M-1$；$v = 0,1,2,\cdots,N-1$。二维离散傅里叶反变换（2D IDFT）定义为

$$f(x,y) = \frac{1}{MN} \sum_{u=0}^{M-1} \sum_{v=0}^{N-1} F(u,v)\, \mathrm{e}^{\mathrm{j}2\pi\left(\frac{ux}{M} + \frac{vy}{N}\right)} \qquad (5\text{-}20)$$

式中，$x = 0,1,2,\cdots,M-1$；$y = 0,1,2,\cdots,N-1$；u、v 是频率变量。同一维离散傅里叶反变换情况一样，二维函数的离散傅里叶频谱、相位谱和能量谱如下：

离散傅里叶频谱 $$|F(u,v)| = \sqrt{R^2(u,v) + I^2(u,v)} \qquad (5\text{-}21)$$

相位谱 $$\varphi(u,v) = \arctan(I(u,v) / R(u,v)) \qquad (5\text{-}22)$$

能量谱 $$E(u,v) = |F(u,v)|^2 = R^2(u,v) + I^2(u,v) \qquad (5\text{-}23)$$

【例 5-1】　图像的傅里叶变换。

```
f = zeros (30,30) ;
F(5:24,13:17) = 1;
%构造一幅图像 f
F=fft2(f);
%对 f 做二维傅里叶变换
S=abs(F);
%因为 F 是复数，显示其模值
Subplot(1,2,1) ,imshow(f,[ ]) ;title('原始图像');
Subplot(1,2,2), imshow(S,[ ]);title('二维傅里叶频谱');
```

从图 5-2 可以看出傅里叶变换前后的图像。

原始图像

二维傅里叶频谱

图 5-2　图像的傅里叶变换

5.2　快速傅里叶变换

由于计算机技术和数字电路的高速发展，人们越发倾向于使用计算机和数字电路进行信号处理。因此人们通常采用快速傅里叶变换（Fast Fourier Transform，FFT）来实现快速计算。

快速傅里叶变换（FFT）是离散傅里叶变换的快速算法，它是根据离散傅里叶变换的奇、

偶、虚、实等特性，对离散傅里叶变换的算法进行改进获得的。它对傅里叶变换的理论并没有新的发现，只是在计算过程中消除了大量重复步骤。但是这一处理使得离散傅里叶变换的应用在计算机系统或者说数字系统中进了一大步。

由于二维离散傅里叶变换可以分离成两步的一维离散傅里叶变换来实现，这里只介绍一维离散傅里叶变换的快速算法（5.3 节中将介绍二维离散傅里叶变化的可分离性质）。

首先，令 $W_N = \mathrm{e}^{-\mathrm{j}\frac{2\pi}{N}}$，对 N 点序列 $f(x)$，其一维离散傅里叶变换对定义为

$$\begin{cases} F(k) = \dfrac{1}{N}\displaystyle\sum_{n=0}^{N-1} f(n)W_N^{kn} \\[2mm] f(n) = \dfrac{1}{N}\displaystyle\sum_{n=0}^{N-1} F(k)W_N^{-kn} \end{cases} \tag{5-24}$$

显然，求出 N 点 $F(k)$ 需要 N^2 次复数乘法及 $N(N-1)$ 次复数加法，而实现一次复数乘需要 4 次实数乘和 2 次实数加，实现一次复数加则需要 2 次实数加，当 N 很大时，计算量是非常大的，难以实时实现。对于二维图像数据的离散傅里叶变换，其所需计算量更是大得惊人。事实上，离散傅里叶变换的运算中包含大量的重复运算。

令矩阵

$$W_N = [W^{nk}] = \begin{bmatrix} W^0 & W^0 & W^0 & \cdots & W^0 \\ W^0 & W^1 & W^2 & \cdots & W^{N-1} \\ W^0 & W^2 & W^4 & \cdots & W^{2(N-1)} \\ \vdots & \vdots & \vdots & & \vdots \\ W^0 & W^{N-1} & W^{2(N-1)} & \cdots & W^{(N-1)(N-1)} \end{bmatrix} \tag{5-25}$$

$$\boldsymbol{F}_N = [F(0), F(1), \cdots, F(N-1)]^{\mathrm{T}} \tag{5-26}$$

$$\boldsymbol{f}_N = [f(0), f(1), \cdots, f(N-1)]^{\mathrm{T}} \tag{5-27}$$

则一维离散傅里叶的正变换可写成矩阵形式，即

$$\boldsymbol{F}_N = \boldsymbol{W}_N \boldsymbol{f}_N \tag{5-28}$$

观察 $\boldsymbol{W}_N$ 矩阵，显然其中有 N^2 个元素，但由于 W_N 的周期性，其中只有 N 个独立的值，即 $W_N^0, W_N^1, \cdots, W_N^{N-1}$，且在这 N 个值中有一部分取的是简单的值，$\boldsymbol{W}_N$ 因子的取值有如下特点：

1）$W^0 = 1$，$W^{\frac{N}{2}} = -1$。

2）$W_N^{N+r} = W_N^r$，$W_N^{\frac{N}{2}+r} = -W_N^r$，$W_{2N}^{2r} = W_N^r$。

例如，对 4 点 DFT，按式（5-24）直接计算需要 $4^2 = 16$ 次复数乘，按上述周期性和对称性，可写成如下的矩阵形式，即

$$\begin{bmatrix} F(0) \\ F(1) \\ F(2) \\ F(3) \end{bmatrix} = \begin{bmatrix} 1 & 1 & 1 & 1 \\ 1 & W^1 & -1 & -W^1 \\ 1 & -1 & 1 & -1 \\ 1 & -W^1 & -1 & W^1 \end{bmatrix} \begin{bmatrix} f(0) \\ f(1) \\ f(2) \\ f(3) \end{bmatrix} \tag{5-29}$$

将该矩阵的第二列和第三列交换，得

$$\begin{bmatrix} F(0) \\ F(1) \\ F(2) \\ F(3) \end{bmatrix} = \begin{bmatrix} 1 & 1 & 1 & 1 \\ 1 & -1 & W^1 & -W^1 \\ 1 & 1 & -1 & -1 \\ 1 & -1 & -W^1 & W^1 \end{bmatrix} \begin{bmatrix} f(0) \\ f(2) \\ f(1) \\ f(3) \end{bmatrix} \qquad (5\text{-}30)$$

由此得出

$$\begin{cases} F(0) = [f(0) + f(2)] + [f(1) + f(3)] \\ F(1) = [f(0) - f(2)] + [f(1) - f(3)]W^1 \\ F(2) = [f(0) + f(2)] - [f(1) + f(3)] \\ F(3) = [f(0) - f(2)] - [f(1) - f(3)]W^1 \end{cases} \qquad (5\text{-}31)$$

这样，求出 4 点 DFT 只需要一次复数乘法，问题的关键是如何巧妙地利用 W 因子的周期性和对称性，导出一个高效的快速算法。这一算法最早于 1965 年提出。此后新的算法不断涌现，总的来说，快速傅里叶的发展有两个，一是 N 等于 2 的整数次幂的算法，如基 2 算法、基 4 算法、实因子算法等，另一个是 N 不等于 2 的整数次幂的算法。限于篇幅，本书只介绍时间抽取（DIT）的基 2 FFT 算法。

根据式（5-25）及 W_N 因子的取值特点，对于 $N=8$ 的 DFT 可以写成如下的矩阵形式，即

$$\begin{bmatrix} F(0) \\ F(1) \\ F(2) \\ F(3) \\ F(4) \\ F(5) \\ F(6) \\ F(7) \end{bmatrix} = \begin{bmatrix} 1 & 1 & 1 & 1 & 1 & 1 & 1 & 1 \\ 1 & W^1 & W^2 & W^3 & -1 & -W^1 & -W^2 & -W^3 \\ 1 & W^2 & -1 & -W^2 & 1 & W^2 & -1 & -W^2 \\ 1 & W^3 & -W^2 & W^1 & -1 & -W^3 & W^2 & -W^1 \\ 1 & -1 & 1 & -1 & 1 & -1 & 1 & -1 \\ 1 & -W^1 & W^2 & -W^3 & -1 & W^1 & -W^2 & W^3 \\ 1 & -W^2 & -1 & W^2 & 1 & -W^2 & -1 & W^2 \\ 1 & -W^3 & -W^2 & -W^1 & -1 & W^3 & W^2 & W^1 \end{bmatrix} \begin{bmatrix} f(0) \\ f(1) \\ f(2) \\ f(3) \\ f(4) \\ f(5) \\ f(6) \\ f(7) \end{bmatrix} \qquad (5\text{-}32)$$

对式（5-32）等号右端的矩阵进行一系列初等变换，可得如下形式，即

$$\begin{bmatrix} F(0) \\ F(1) \\ F(2) \\ F(3) \\ F(4) \\ F(5) \\ F(6) \\ F(7) \end{bmatrix} = \begin{bmatrix} 1 & 1 & 1 & 1 & 1 & 1 & 1 & 1 \\ 1 & -1 & W^2 & -W^2 & W^1 & -W^1 & W^3 & -W^3 \\ 1 & 1 & -1 & -1 & W^2 & W^2 & -W^2 & -W^2 \\ 1 & -1 & -W^2 & W^2 & W^3 & -W^3 & W^1 & -W^1 \\ 1 & 1 & 1 & 1 & -1 & -1 & -1 & -1 \\ 1 & -1 & W^2 & -W^2 & -W^1 & W^1 & -W^3 & W^3 \\ 1 & 1 & -1 & -1 & -W^2 & -W^2 & W^2 & W^2 \\ 1 & -1 & -W^2 & W^2 & -W^3 & W^3 & -W^1 & W^1 \end{bmatrix} \begin{bmatrix} f(0) \\ f(4) \\ f(2) \\ f(6) \\ f(1) \\ f(5) \\ f(3) \\ f(7) \end{bmatrix} \qquad (5\text{-}33)$$

5.3 傅里叶变换的性质

傅里叶变换建立了时间函数和频谱函数之间的转换关系。在实际信号分析中，经常需要对信号的时域和频域之间的对应关系及转换规律有一个清楚而深入的理解。因此有必要讨论傅

里叶变换的基本性质，并说明其应用。

5.3.1　线性

傅里叶变换是一种线性运算。若 $f_1(t) \leftrightarrow F_1(j\omega)$，$f_2(t) \leftrightarrow F_2(j\omega)$，则

$$af_1(t) + bf_2(t) \leftrightarrow aF_1(j\omega) + bF_2(j\omega) \tag{5-34}$$

式中，a 和 b 均为常数。此性质的证明只需根据傅里叶变换的定义即可得出。

5.3.2　对称性质

若 $f(t) \leftrightarrow F(j\omega)$，则

$$F(jt) \leftrightarrow 2\pi f(-\omega) \tag{5-35}$$

5.3.3　尺度变换性质

若 $f(t) \leftrightarrow F(j\omega)$，则

$$f(at) \leftrightarrow \frac{1}{a} F\left(j\frac{\omega}{a}\right) \tag{5-36}$$

式中，a 为大于 0 的实常数。

5.3.4　时移性质

若 $f(t) \leftrightarrow F(j\omega)$，则

$$f(t \pm t_0) \leftrightarrow F(j\omega)e^{\pm jat_0} \tag{5-37}$$

此性质可根据傅里叶变换定义不难得到证明。它表明，若在时域 $f(t)$ 平移时间 t_0，则其频谱函数的振幅并不改变，但其相位却将改变 at_0。

5.3.5　频移性质

若 $f(t) \leftrightarrow F(j\omega)$，则

$$tf(t) \leftrightarrow j\frac{dF(j\omega)}{d\omega} \tag{5-38}$$

而

$$t^n f(t) \leftrightarrow (j)^n \frac{d^n F(j\omega)}{d\omega^n} \tag{5-39}$$

5.3.6　平移性质

如果 $F(u,v)$ 的频率变量 u、v 分别移动 u_0、v_0 的距离，$f(x,y)$ 在空间域的变量 x、y 分别移动 x_0、y_0 的距离，则傅里叶变换对形式可如下：

$$f(x,y)e^{j2\pi(u_0 x/M + v_0 y/N)} \Leftrightarrow F(u - u_0, v - v_0) \tag{5-40}$$

$$f(x - x_0, y - y_0) \Leftrightarrow F(u,v)e^{-j2\pi(u x_0/M + v y_0/N)} \tag{5-41}$$

从式（5-40）可以看出，$f(x,y)$ 通过和一个指数项相乘，可以将对应变换的频率域中心移至新的位置。式（5-41）类似，将 $F(u,v)$ 与一指数项相乘，相当于将其反变换后的空间域中心移至新的位置。注意，式（5-41）中 $f(x,y)$ 发生的平移不会改变频谱的幅值。

当 $u_0 = M/2$，$v_0 = N/2$ 时，

$$e^{j2\pi(u_0 x/M + v_0 y/N)} = e^{j\pi(x+y)} = (-1)^{(x+y)} \qquad (5\text{-}42)$$

即

$$f(x,y)(-1)^{(x+y)} \Leftrightarrow F(u - M/2, v - N/2) \qquad (5\text{-}43)$$

同理

$$f(x - M/2, y - N/2) \Leftrightarrow F(u,v)(-1)^{(u+v)} \qquad (5\text{-}44)$$

这个性质称为移中性。在 MATLAB 中实现二维傅里叶变换的平移见例 5-2。

【例 5-2】二维傅里叶变换的平移。

```
%%% 研究傅里叶变化的平移特性
%空间域乘以指数项，频率域移动
I = imread('rice.png');
I = im2gray(I);
I = im2double(I);
figure;subplot(1, 3, 1);imshow(I);title('原始图像');

%傅里叶变化
f = fft2(I);
f = fftshift(log(1+abs(f)));
subplot(1, 3, 2);imshow(f, []);title('频谱图');

% 图片大小为 256*256
% 假设，图像大小为 10mm，那么采样频率为 25.6，系统可采集最高频率为 25.6/2
% 每个像素大小为 10/256mm 单位频率是 0.1

kx=25.6/2;      %频率如果为 25.6/2，则移动到最边缘为 25.6，为一个周期重新回来
ky=0;           %测试只在 x 方向(行移动)发生平移
[M,N]=size(I);
MM=linspace(0,10,256);%1～10 分为 256 个数，存在 MM 中，即 10mm 的空间分为 256 份
NN=linspace(0,10,256);
for i=1:N
    for j=1:M            %MM(i)，NN(j)相当于空间真实坐标
        r(i,j)= exp(1i.*2.*pi.*kx.*MM(i)+ 1i.*2.*pi .*ky.*NN(j));
    end
end
I2= I * r;
f2 = fft2(I2);
f2 = fftshift(log(1+abs(f2)));
subplot(1, 3, 3);imshow(f2, []);title('平移后-频谱图 2');
```

从图 5-3 可以得到傅里叶变换平移特性在实际案例中的频谱图。

原始图像　　频谱图　　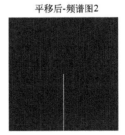平移后-频谱图2

图 5-3　二维傅里叶变换的平移

5.3.7　可分离性

二维离散傅里叶变换（2D DFT）可分离性的基本思想是 DFT 可分离为两次一维 DFT。因此可以用通过计算两次一维的 FFT 来得到二维快速傅里叶 FFT 算法。根据快速傅里叶变换的计算要求，需要图像的行数、列数均满足 2 的 n 次方，如果不满足，在计算 FFT 之前先要对图像补零以满足 2 的 n 次方。

一个 M 行 N 列的二维图像 $f(x,y)$，先按行队列变量 y 做一次长度为 N 的一维离散傅里叶变换，再将计算结果按列队列变量 x 做一次长度为 M 的傅里叶变换，就可以得到该图像的傅里叶变换结果，如式（5-45）和式（5-46）所示：

$$F(u,v)=\frac{1}{MN}\sum_{x=0}^{M-1}e^{-j2\pi ux/M}f(x,y)\sum_{y=0}^{N-1}e^{-j2\pi ux/N} \quad u=0,1,\cdots,M-1；\ v=0,1,\cdots,N-1 \quad (5\text{-}45)$$

$$f(x,y)=\frac{1}{MN}\sum_{u=0}^{M-1}e^{j2\pi ux/M}\sum_{v=0}^{N-1}F(u,v)e^{j2\pi vy/N} \quad u=0,1,\cdots,M-1；\ v=0,1,\cdots,N-1 \quad (5\text{-}46)$$

从以上分裂形式可得知，一个二维傅里叶变换可通过连续两次使用一维傅里叶变换来实现，式（5-46）可分为下列两步完成：

第一步：
$$F(u,y)=\frac{1}{M}\sum_{x=0}^{M-1}f(x,y)e^{-j2\pi(ux)/M} \qquad (5\text{-}47)$$

第二步：
$$F(u,v)=\frac{1}{N}\sum_{y=0}^{N-1}f(u,y)e^{-j2\pi(vy)/N} \qquad (5\text{-}48)$$

对于每个 y 值，式（5-47）中是一个一维傅里叶变换。因此 $F(u,y)$ 可通过沿 $f(x,y)$ 的每一行求变换得到。基于此，再对 $F(u,y)$ 的每一列求傅里叶变换，便可得到 $F(u,v)$。

当 $M=N$ 时，变换过程可用图 5-4 表示（此处将变换系数已合并于正变换公式）。

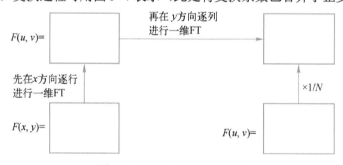

图 5-4　两次一维变换示意图

【例 5-3】　二维傅里叶变换的可分离性。

```
f = zeros(64,64);for j=1:5
f(:, j*10:j*10+1)=1;end
F=fft2(f);Fc=fftshift(F);
for i=1:64
fft_row(i, :)=fft(f(i,:));%沿着图像的每一行计算一维变换
end
for j=1:64
```

```
fft_col(:,j)=fft(fft_row(:,j));%沿着中间结果的每一列计算一维变换
end
Fc3=fftshift(fft_col);
figure,imshow(abs(Fc3),[ ]);title('两次 FFT');
```

图 5-5 表示了经过二维傅里叶变换得到的图像。

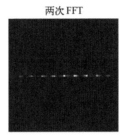

图 5-5　二维傅里叶变换

5.3.8　周期性和共轭对称性

正反傅里叶变换存在如下周期性性质：

$$\begin{cases} F(u,v) = F(u+M,v) = F(u,v+N) = F\left(u+M,v+N\right) \\ f(x,y) = f(x+M,y) = f(x,y+N) = F\left(x+M,y+N\right) \end{cases}$$ (5-49)

1．周期性

由傅里叶变换的基本性质可以知道，离散信号的频谱具有周期性。离散傅里叶变换（DFT）和它的傅里叶变换都以傅里叶变换的点数 N 为周期。

对于一维傅里叶变换有：$F(u) = F(u \pm kN)$　　　$k = 0,1,2,3,\cdots$

对于二维傅里叶变换有：$F(u,v) = F(u \pm kN, v \pm lN)$　　$k = 0,1,2,3,\cdots$　$l = 0,1,2,3,\cdots$

类似有：$f(x \pm kN, y \pm lN) = f(x,y)$，即从 DFT 角度来看，反变换得到的图像阵列也是二维循环的。

2．共轭对称性

对于一维信号有：$F(u) = F^{*}(-u)$，如图 5-6 所示的一维信号的幅度谱：点数为 N 的傅里叶变换一个周期为 N，关于原点对称。原点即为 0 频率点，从图中可以看出在 0 频率的值最大，即信号 $f(x)$ 直流分量（均值），远离原点处的即为高频成分，高频成分的幅值较小，说明信号的大部分能量集中在低频部分。

根据周期性和共轭对称性，在对图像进行频谱分析处理时只需要关注一个周期就可以了，同时利用图像的傅里叶变换和傅里叶变换的共轭可以直接计算图像的幅度谱，因此使得图像的频谱计算和显示得以简化，如图 5-6 所示。

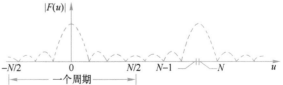

图 5-6　傅里叶变换的周期性和共轭对称性

5.3.9　旋转性质

首先借助极坐标变换 $x = r\cos\theta$，$y = r\sin\theta$，$u = w\cos\varphi$，$v = w\sin\varphi$，将 $f(x,y)$ 和 $F(u,v)$

转换为 $f(r,\theta)$ 和 $F(w,\varphi)$ 。

$$f(x,y) \Leftrightarrow F(u,v)$$
$$f(r\cos\theta, r\sin\theta) \Leftrightarrow F(w\cos\varphi, w\sin\varphi)$$

经过整理得

$$f(r,\theta+\theta_0) \Leftrightarrow F(w,\varphi+\theta_0) \tag{5-50}$$

式（5-50）表明，对 $f(x,y)$ 旋转一个角度 θ_0 ，对应于将其傅里叶变换 $F(u,v)$ 也旋转相同的角度 θ_0 。 $F(u,v)$ 到 $f(x,y)$ 也是一样。

【例 5-4】 二维离散傅里叶变换的旋转性。

```
f = zeros(64,64);for j=1:5
f(:, j*10:j*10+1)=1;end
F=fft2(f);Fc=fftshift(F);
subplot(1,2,1), imshow(f,[ ]);title('原始图像');
subplot(1,2,2), imshow(abs(Fc),[ ]);title('图像傅里叶变换');
frotate=imrotate(f,45);%图像旋转
Frotate=fft2(frotate);Fc2=fftshift(Frotate);%图像旋转后做傅里叶变换
subplot(1,2,1), imshow(frotate,[ ]) ;title('图像旋转');
subplot(1,2,2), imshow(abs(Fc2),[ ]);title('图像旋转后傅里叶变换');
```

图 5-7 与图 5-8 表示了原始图像经过二维离散傅里叶变换后再进行旋转的图像变换过程。

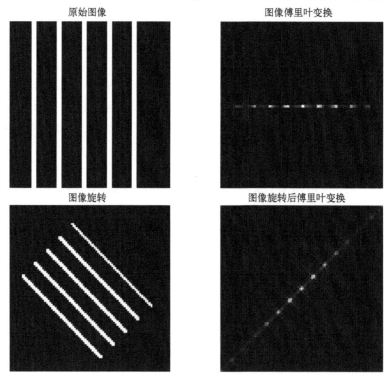

图 5-7 二维离散傅里叶变换的旋转性（一）

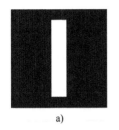 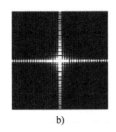  

a)　　　　　　　　　　b)　　　　　　　　　　c)　　　　　　　　　　d)

图 5-8　二维离散傅里叶变换的旋转性（二）

5.3.10　分配律

根据傅里叶变换对的定义可得到

$$F\{f_1(x,y)+f_2(x,y)\}=F\{f_1(x,y)\}+F\{f_2(x,y)\} \tag{5-51}$$

式（5-51）表明傅里叶变换和反变换对加法满足分配律，但对乘法则不满足，即

$$F\{f_1(x,y)\cdot f_2(x,y)\}\neq F\{f_1(x,y)\}\cdot F\{f_2(x,y)\} \tag{5-52}$$

5.3.11　尺度变换

尺度变换描述了函数自变量的尺度变化对其傅里叶变换的作用。下面考察 $f(x,y)$ 的傅里叶变换：

$$af(x,y)\Leftrightarrow aF(u,v) \tag{5-53}$$

尺度变换公式如下：

$$f(ax,by)\Leftrightarrow\frac{1}{|ab|}F\left(\frac{u}{a},\frac{v}{b}\right) \tag{5-54}$$

【例 5-5】　比例尺度展宽。

```
I=zeros(256,256);I(8:248,110:136)=255;
%原始图像的傅里叶频谱
J3=fft2(I);F2=abs(J3);J4=fftshift(F2);
%乘以比例尺度
a=0.1;
for i=1:256
    for j=1:256
        I(i,j)=I(i,j)*a;
    end
end
%比例尺度展宽后的傅里叶频谱
J2=fft2(I);F1=abs(J2);J3=fftshift (F1);
figure
subplot(1,3,1),imshow(I)
subplot(1,3,2),imshow(J4,[5 30])
subplot(1,3,3),imshow(J3,[5 30])
```

程序运行结果如图 5-9 所示。可以看出，当 $f(x,y)$ 在水平方向扩展时，频谱中 u 方向的零点数也以相同的间隔增加。

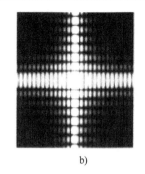
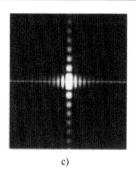

a)   b)   c)

图 5-9   傅里叶变换的尺度变换性

a) 原始图像   b) 变暗后的图像   c) 变暗后中心移到零点的频谱图

【例 5-6】　将图 5-10a 所示图像函数乘以 e^{-1}，使图像亮度整体变暗，求其频谱图。

```
I=imread('liftingbody.png');
P=I*exp(-1);
P1=fftshift(fft2(P));
subplot(1,3,1),imshow(I)
subplot(1,3,2),imshow(P)
subplot(1,3,3),imshow( log(abs(P1)),[8,10])
```

将图 5-10a 中的函数乘以 e^{-1}，结果如图 5-10b 所示。对亮度平均变暗后的图像进行傅里叶变换，将坐标原点移动到频谱图的中心。结果如图 5-10c 所示。比较图 5-10b 和图 5-10c 可以看出，当画面亮度变暗后，中心低频分量变小。因此可以看出，中心低频分量代表了画面的平均亮度。当画面的平均亮度发生变化时，相应频谱图中心的低频分量也会发生变化。

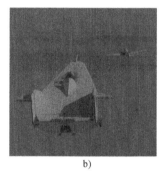

a)   b)   c)

图 5-10   变暗后图像及其频谱图

a) 原始图像   b) 变暗后的图像   c) 变暗后中心移到零点的频谱图

5.3.12   平均值

对一个二维离散函数，其平均值可表示为

$$\overline{f}(x,y) = \frac{1}{MN}\sum_{x=0}^{M-1}\sum_{y=0}^{N-1}f(x,y) \tag{5-55}$$

其傅里叶变换在原点的频谱分量为

$$F(0,0) = \frac{1}{MN} \sum_{x=0}^{M-1} \sum_{y=0}^{N-1} f(x,y) \, e^{-j2\pi\left(\frac{x}{M}\cdot 0 + \frac{y}{N}\cdot 0\right)}$$

$$= MN \left[\frac{1}{MN} \sum_{x=0}^{M-1} \sum_{y=0}^{N-1} f(x,y) \right] \quad\quad (5\text{-}56)$$

$$= MN\overline{f}(x,y)$$

比较式（5-55）和式（5-56）可得

$$\overline{f}(x,y) = \frac{1}{MN} F(0,0) \quad\quad (5\text{-}57)$$

也就是说，频谱的直流成分的 $\frac{1}{MN}$ 等于图像平面的亮度平均值。在使用诸如高通滤波器的场合，$F(0,0)$ 值会衰减，因为图像的亮度在很大程度上受到影响，采用对比度拉伸的方法可以缓和这种衰减。

5.3.13　卷积定理

卷积定理是线性系统分析中最重要的一条定理。下面先考虑一维傅里叶变换：

$$f(x) * g(x) = \int_{-\infty}^{\infty} f(z)g(x-z)\,\mathrm{d}z \Leftrightarrow F(u)G(u) \quad\quad (5\text{-}58)$$

同样二维情况也是如此：

$$f(x,y) * g(x,y) \Leftrightarrow F(u,v)G(u,v) \quad\quad (5\text{-}59)$$

这意味着在时间域中的卷积相当于在频率域中的乘积。卷积定理指出了傅里叶变换中的一个优势：与其在一个域中做不直观的卷积，不如在另一个域中做乘法，可以达到相同的效果。

【例 5-7】　使用傅里叶变换完成二维卷积。

```
f=[8,1,6;3,5,7;4,9,2];
g=[1,1,1;1,1,1;1,1,1];
f(8,8)=0; g(8,8)=0;
c=ifft2(fft2(f).*fft2(g));
c1=c(1:5,1:5)
%利用 conv2(二维卷积函数)校验
a=[8,1,6;3,5,7;4,9,2];
b=[1,1,1;1,1,1;1,1,1];
c2=conv2(a,b)
```

请读者注意观察程序运行得到的结果 c1 和 c2。

本章小结

本章介绍了数字图像处理中最为常见且应用广泛的几种数学变换，主要包括连续傅里叶变换、离散傅里叶变换、快速傅里叶变换以及傅里叶变换存在的性质等，通过实例说明这些变换在图像处理中的应用。图像变换理论告诉我们，对图像的分析并非局限于图像空间上，当把图像从空间域变换到变换域（如频域）时，图像的分析、复原、压缩等将会收到意想不到的效果。图像变换为这些常用的图像处理方法提供了数学依据，希望通过本章的介绍，读者能够建立在变换域进行图像分析的基本概念。

习题

5.1　傅里叶变换的目的是什么？

5.2　说明二维傅里叶变换有哪些性质。

5.3　将一幅图片进行傅里叶变换，滤除高频部分后，再进行傅里叶反变换，观察有什么变化。

5.4　写出二维离散傅里叶变换对的矩阵表达式及表达式中各个矩阵的具体内容，并写出 $N=4$ 时矩阵的表达式。

5.5　编写一个程序用来计算并显示一幅二维图像的傅里叶变换（幅度和相位谱）。拍摄一根笔的照片，拍摄时将笔旋转 30°，用该程序处理图像，搜出幅度谱分量中桌上笔的部分。

第6章 灰度变换与滤波

为满足人眼视觉需求或机器视觉的需求，通常需要对图像进行增强处理。图像增强处理技术可分为两大类：空间域处理技术和频域处理技术。空间域指的是图像平面本身，这类方法是对图像像素直接进行处理。频域处理是对图像的傅里叶变换进行修改，以使图像显示效果提升。

遥感一词来源于英语"Remote Sensing"，其直译为"遥远的感知"，时间长了人们将它简译为"遥感"。遥感是运用现代光学、电子学探测仪器，不与目标物相接触，从远距离把目标物的电磁波特性记录下来，通过分析、解译揭示出目标物本身的特征、性质及其变化规律。遥感是 20 世纪 60 年代发展起来的一门对地观测综合性技术。自 20 世纪 80 年代以来，遥感技术得到了长足的发展，遥感技术的应用也日趋广泛。随着遥感技术的不断进步和遥感技术应用的不断深入，遥感技术在我国国民经济建设中发挥越来越重要的作用。图 6-1 所示为四川木里森林火灾发生的时候的遥感图。着火的树木温度比没有着火的树木温度高，它们在电磁波的热红外波段会辐射出比没有着火的树木更多的能量。如果有一个载着热红外波段传感器的卫星经过森林上空，传感器就可以拍摄到森林周围方圆上万平方公里的影像，因为着火的树木在热红外波段比没着火的树木辐射更多的电磁能量，在影像中，着火的树木就会显示出比没有着火的树木更亮的浅色调。经过处理的影像有助于消防指挥官判断火情、调遣消防员，提高灭火效率和保障消防员的人身安全。

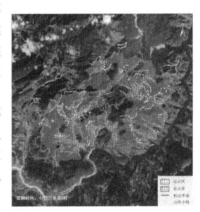

图 6-1　四川木里森林火灾遥感图

在遥感影像处理中，为了抑制噪声，需要对影像进行滤波处理，滤波的方法有很多，不同的滤波有不同的作用，像遇到的大部分方法一样，每种方法也都有其优缺点，掌握各种滤波原理及方法是解决图像问题的关键。

本章重点讨论两类重要的空间域处理方法：灰度变换与空间滤波（卷积）。以下几节将举例说明在 MATLAB 中使用这两类方法的处理技术，并配以示例，可令读者更直观地学习。同一函数代码有多种使用方式，受限于编者水平，示例代码会存在着介绍不全面的可能。基于 MATLAB 的强大索引功能，读者可在 MATLAB 中输入 help 指令（help+函数代码），来获取更多详细的代码示例与分析。

6.1　灰度变换

空间域处理技术是直接对图像的像素进行操作的技术。灰度变换不改变原图像中像素

的位置，只改变像素点的灰度值，并逐点进行，和周围的其他像素点无关。灰度变换的函数表达式为

$$g(x, y) = T[f(x, y)] \qquad (6\text{-}1)$$

式中，$f(x,y)$ 为输入图像；$g(x,y)$ 为输出图像；T 为变换函数，即对输入图像 f 在点 (x,y) 处的一指定邻域的灰度值进行处理。

定义点 (x,y) 的空间邻域的主要方法是，利用一块中心位于 (x,y) 的正方形或矩形区域，此区域的中心由起点开始逐像素移动，在它移动的同时，会包含不同的邻域。映射函数作用于每个位置 (x,y)，从而得到相应位置的输出图像 g。只有中心点在 (x,y) 的邻域内的像素才被用来计算点 (x,y) 处的 g 值。

变换 T 最简单的形式是域大小为 1×1（一个像素）的情况。此时，(x,y) 处的 g 值仅由 f 在该点处的灰度决定，T 也变为一个灰度变换函数。在处理单色（灰度）图像时，灰度和亮度这两个术语可以相互换用。在处理彩色图像时，亮度用于表示某些色彩空间中的一个彩色图像分量。

由于输出值仅取决于某一点的灰度值，而不取决于该点的邻域，因此灰度变换函数通常写成如下所示的简单形式：

$$s = T(r) \qquad (6\text{-}2)$$

式中，r 为图像 f 中相应点 (x,y) 的灰度；s 为图像 g 中相应点 (x,y) 的灰度。

6.1.1　灰度线性变换

若一张图像的灰度只存在于一个很小的范围内，其显示效果将会大打折扣，视觉方面体现为模糊、失真。灰度线性变换即是对图像的灰度做线性拉伸、压缩，映射函数为一个直线方程，其表达式为

$$g(x, y) = af(x, y) + b \qquad (6\text{-}3)$$

式中，a，b 为常数，a 表示对输入图像的所有像素灰度值进行 a 倍的乘法运算，b 表示对输入图像的所有像素灰度值进行点加运算。

$$b = 0, 且 \begin{cases} a > 1 & 对比度拉伸 \\ a < 1 & 对比度压缩 \\ a = 1 & 复制 \end{cases}$$

在 MATLAB 中，常使用 imadjust 函数进行灰度线性变换，如

    I=imadjust(I);

就是把原图像中聚集在较窄区间的灰度拉伸至整个区间。

【例 6-1】　灰度线性变换。

```
I=imread('pout.tif');
J=imadjust(I);      %自动拉伸图像灰度区间
subplot(1,2,1),imshow(I);subplot(1,2,2),imshow(J);
figure,subplot(1,2,1),imhist(I);subplot(1,2,2),imhist(J);
```

如图 6-2 所示，原始图像的灰度值聚集在 75～175 之间，视觉效果较暗，在对图像进行灰度线性拉伸后，使其灰度分布在 0～255 之间，视觉效果有明显提升。

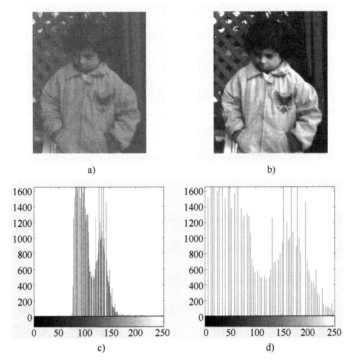

图 6-2　灰度线性变换

a) 原始图像　b) 线性变换后图像　c) 原始图像直方图　d) 线性变换后图像直方图

6.1.2　灰度分段线性变换

分段线性变换就是将图像不同的灰度范围进行不同的线性灰度处理。其表达式为

$$g(x,y) = \begin{cases} r_1 f(x,y) & (0 < f \leqslant f_1) \\ r_2[f(x,y) - f_1] + a & (f_1 < f \leqslant f_2) \\ r_3[f(x,y) - f_2] + b & (f_2 < f \leqslant f_3) \\ \cdots \end{cases} \tag{6-4}$$

灰度分段线性变换可根据需求突出增强目标区域，而不增强非目标区间，达到特定的显示效果。如图 6-3 所示，若想突出米粒，需要将图像的背景部分灰度值调整到更趋近于 0（黑色），米粒部位的灰度值更趋近于 255（白色）。

【例 6-2】　灰度分段线性变换。

```
I=imread('rice.png');
[M,N]=size(I);                          %分段线性变换
I=im2double(I);
J=zeros(M,N);
X1=0.3;Y1=0.15;
X2=0.7;Y2=0.85;
for i=1:M
    for j=1:N
        if I(i,j)<X1
```

```
            J(i,j)=Y1*I(i,j)/X1;
        elseif I(i,j)>X2
            J(i,j)=(I(i,j)-X2)*(1-Y2)/(1-X2)+Y2;
        else
            J(i,j)=(I(i,j)-X1)*(Y2-Y1)/(X2-X1)+Y1;
        end
    end
end
subplot(1,2,1),imshow(I);subplot(1,2,2),imshow(J);
figure,subplot(1,2,1),imhist(I);subplot(1,2,2),imhist(J);
```

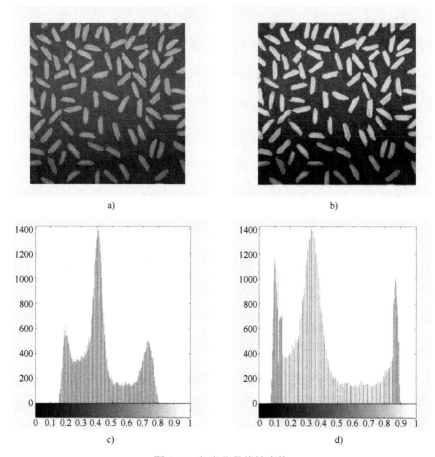

图 6-3 　灰度分段线性变换

a) 原始图像　 b) 分段线性变换后图像　 c) 原始图像直方图　 d) 变换后图像直方图

6.1.3 　反转变换

图像反转变化实质上是将图像明暗两种灰度进行互补运算后互换处理，理论上是由反比变换所得，其表达式为

$$s = L - 1 - r \tag{6-5}$$

式中，L-1 为该灰度级中最大灰度值。

在 MATLAB 中，常使用 imadjust 或 imcomplement 函数进行对数变换，如：

　　　J=imadjust[I,[0 1],[1 0]]

【例 6-3】　反转变换。

　　　I=imread('rice.png');
　　　J=imadjust(I,[0 1],[1 0]);
　　　subplot(1,2,1),imshow(I);subplot(1,2,2),imshow(J);%下面程序可实现相同效果
　　　I=imread('rice.png');
　　　J=imcomplement(I);
　　　subplot(1,2,1),imshow(I);subplot(1,2,2),imshow(J);

图 6-4 可见明显的明暗互换处理。

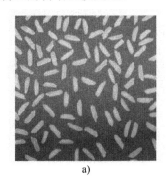
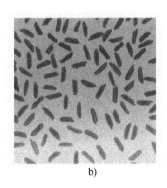

a)　　　　　　　　　　　　　　　　　　b)

图 6-4　反转变换

a) 原始图像　b) 反转后图像

6.1.4　对数变换

对数变换的一项主要应用是压缩动态范围。一些特别的图像在实际显示中，高灰度值部分较占优势，而低灰度值的可见细节部分丢失。通过对数变换，可以使 10^6 的动态范围降至 14 左右（$\ln 10^6 = 13.8$），这样就更易于处理。

通俗来讲，对数变换就是压缩图像的高灰度值部分，扩张低灰度值部分。其函数表达式为

$$s = c \ln(1+r) \qquad\qquad (6\text{-}6)$$

式中，c 为常数；r 为浮点数。

在 MATLAB 中，常使用 mat2gray 函数进行对数变换，如

　　　I=mat2gray(　);

示例程序见例 6-4，对数变换后的图像与原图像相比，视觉效果大幅提升，如图 6-5 所示。

【例 6-4】　对数变换。

```
I=imread('office_1.jpg');
I_1=double(I);              %将输入图像由 uint8 类型转换成 double 类型
s=log(1+I_1);              %对数变换
I_2=mat2gray(s)            %将结果标定为[0 1]范围内的 double 类的数组
J=im2uint8(I_2);           %将数组转换成 uint8 类型的图像
subplot(1,2,1),imshow(I);subplot(1,2,2),imshow(J);
```

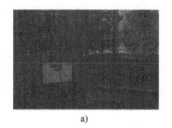

图 6-5　对数变换

a) 原始图像　b) 对数变换后图像

6.1.5　幂次变换

图 6-6 所示的幂次变换函数曲线图中，当 $\gamma < 1$ 时，效果和对数变换相似，放大暗处细节，压缩亮处细节，随着数值减少，效果越强；当 $\gamma > 1$ 时，放大亮处细节，压缩暗处细节，随着数值增大，效果越强。其函数表达式为

$$s = cr^{\gamma} \tag{6-7}$$

式中，c 和 r 均为正常数。当精度要求很高时，才需要考虑到偏移量，此时幂次变换表达式可写成 $s = c(r + \varepsilon)^{\gamma}$，一般都将偏移量省略掉。

示例程序见例 6-5。测试程序中，设 $\gamma = 0.1$，将暗处细节放大，图像视觉效果有明显提升，如图 6-7 所示。

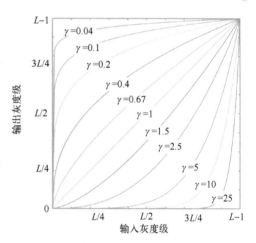

图 6-6　幂次变换函数曲线图（灰度值归一化）

【例 6-5】　幂次变换。

```
I=imread('foosballraw.tiff');
I_1=double(I);                    %将输入图像由 uint8 类型转换成 double 类型
J=I_1.^0.5;                       %对数变换，γ<1，放大暗处细节
subplot(1,2,1);imshow(I,[]);subplot(1,2,2);imshow(J,[]);
```

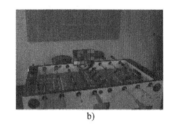

图 6-7　幂次变换

a) 原始图像　b) 幂次变换后图像

6.2　直方图变换

直方图是图像处理技术的基础，直方图变换同样可运用到图像增强中。直方图不仅在 MATLAB 中易于计算，且能适用在其他硬件设备中，所以，直方图是图像处理的基础，也是

重要的工具。

　　各类图像及其直方图如图 6-8 所示。不难发现，在偏暗的图像中，直方图的组成成分多聚集在低灰度级的一侧；同理，偏明亮的图像的直方图组成成分多聚集在高灰度级的一侧。低对比度图像的直方图窄而集中在灰度级的中部；高对比度图像的直方图能占用大量灰度级，分布均匀。直方图变换便是利用图像的这种性质来改善图像视觉质量的。

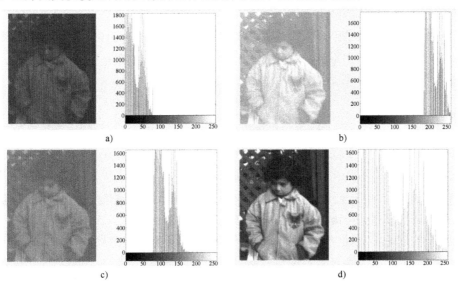

图 6-8　各类图像及其直方图

a) 暗图像及其直方图　b) 亮图像及其直方图　c) 低对比度图像及其直方图　d) 高对比度图像及其直方图

　　数字图像直方图的离散函数定义为

$$h(r_k) = n_k \tag{6-8}$$

式中，r_k 为灰度级在[0,L-1]中的第 k 级灰度；n_k 为图像中出现这个灰度级的像素个数。

　　有时需使用归一化直方图，用 $h(r_k)$ 的所有元素除以图像的总像素 n 便可得到，其函数表达式为

$$p(r_k) = \frac{h(r_k)}{n} = \frac{n_k}{n} \tag{6-9}$$

　　在 MATLAB 中，处理直方图时使用 imhist 函数，示例如下：

　　　　imhist(I,a)

其中，I 为输入图像，a 表示将直方图分为 a 个区域数（若表达式中不含 a 参量，则图像默认分为 256 段）。如一幅 uint8 的图像，令 a=4，代表灰度范围被分为 4 段：0～63、64～127、128～191、192～255。所得直方图有 4 个值，J1=图像灰度在 0～63 区间的个数，J2=图像灰度在 64～127 区间的个数，J3=图像灰度在 128～191 区间的个数，J4=图像灰度在 192～255 区间的个数。

　　使用如下表达式可将图像进行归一化处理：

　　　　K=imhist(I,a)/numel(I);

其中，numel(I)为输入图像 I 的像素个数。

6.2.1 直方图均衡化

从人的视觉特性来考虑，一幅图像的直方图如果是均匀分布的，该图像色调给人的感觉会比较协调。直方图均衡化处理，可将对比度很弱、灰度分布集中在较窄的区间的图像，使其灰度分布趋向均匀，图像所占有的像素灰度间距拉开，进而加大图像反差，提升对比度，改善视觉效果，达到图像增强的效果。

假设一幅图像灰度级是归一化到范围[0,1]内的连续量，并令 $p_w(w)$ 代表一幅给定图像中灰度级的概率密度函数，其中下标用于区分输入图像和输出图像的概率密度函数。对输入灰度级进行变换，得到输出（处理后）灰度级 s 为

$$s = T(w) = \int_0^r p_w(w)\mathrm{d}w \tag{6-10}$$

式中，w 是积分虚变量。可以看出，输出灰度级的概率密度函数是均匀的，即

$$p_s(s) = \begin{cases} 1, & 0 \leqslant s \leqslant 1 \\ 0, & \text{其他} \end{cases} \tag{6-11}$$

上述变换生成一幅图像，此图像灰度级可能是相等的，且覆盖[0,1]整个范围，使图像对比度提升。注意，这个变换函数实际上是一个累积分布函数。

因为变量的离散特性，一般来说，上述处理后图像的直方图是不均匀的。令 $p_r(r_j)$（$j=0,1,2,\cdots,L-1$）表示一幅与给定图像的灰度级相关联的直方图，且已知归一化直方图中的各值大致是图像中各灰度级出现的概率。对于离散的灰度级，采用求和的方式，其均衡变换成为

$$s_k = T(r_k) \sum_{j=0}^k p_r(r_j) = \sum_{j=0}^k \frac{n_j}{n} \tag{6-12}$$

式中，$k = 0,1,2,\cdots,L-1$；s_k 为输出图像的灰度值，对应的是输入图像灰度值 r_k。

直方图均衡化的实现通常代码较为复杂，需要读者有一定的数学基础。其实在 MATLAB 中可使用 histep 函数实现均衡化，从而简化这一过程。示例如下：

```
J=histeq(I,nlev);
```

其中，I 为输入图像，nlev 为输出图像设定的灰度级数。若 nlev 与输入图像中可能的灰度级总数相等，则 histeq 直接执行变换函数。若 nlev 小于输入图像灰度级，则 histep 尝试分配灰度级，以便得到平坦的直方图。值得注意的是，histeq 函数中，默认 nlev=64。

图 6-9 中的图像是直方图均衡后的结果，在平均灰度及对比度方面的改进是非常明显的，在图像的直方图中也是很明显的。对比度增加源于直方图在整个灰度级上的显著扩展。灰度级的增加源于均衡后的图像直方图中灰度级的平均值高于原始值。示例程序见例 6-6。

【例 6-6】 直方图均衡化。

```
I=imread('pout.tif');
J=histeq(I,256);                          %直方图均衡化
subplot(2,2,1),imshow(I),title('原始图像');
subplot(2,2,2),imhist(I),title('原始图像直方图');
subplot(2,2,3),imshow(J),title('均衡化后图像');
subplot(2,2,4),imhist(J),title('均衡化后图像直方图');
```

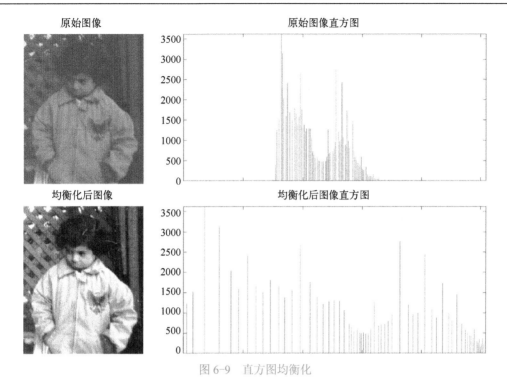

图 6-9　直方图均衡化

6.2.2　直方图规定化

　　在 6.2.1 节中了解到：直方图均衡化是通过把输入图像的灰度级扩展到较宽灰度范围来实现图像增强。但在某些图片中，直方图均衡化并不能起到很好的作用。若能规定处理后图像的直方图形状，便能使图像处理达到自己想要的效果。这种生成具有特定直方图的图像的方法，就是直方图规定化。

　　直方图规定化是在均衡的基础上进行，希望最后处理后的图像符合某种特定的直方图分布。这样做的原因是整个图像整体的均衡，可能将整体图片变化得太暗或是太亮。如图 6-10 所示，图 6-10a 为原始图像，图 6-10b 为直方图均衡化图像，图 6-10c 为模板图像，图 6-10d 为利用模板图像直方图规定化后的图像。

　　这种方法在逻辑与 MATLAB 的实际操作中并不难，令 r 和 z 分别表示输入图像与输出图像的灰度级，输入图像灰度级有概率密度函数 $P_r(r)$，输出图像的灰度级具有规定的概率密度函数 $p_z(z)$。从 6.2.1 节中知道其变换为

$$s = T(w) = \int_0^r p_r(w)\mathrm{d}w \qquad (6\text{-}13)$$

得到的灰度级 s 具有均匀的概率密度函数 $p_s(s)$。现在假设定义变量 z 具有下列特性：

$$H(z) = \int_0^z p_z(w)\mathrm{d}w = s \qquad (6\text{-}14)$$

注意：要寻找的是灰度级为 z 的图像，且具有规定的概率密度 $p_z(z)$。由前面两个等式可得

$$z = H^{-1}(s) = H^{-1}[T(r)] \qquad (6\text{-}15)$$

可以由输入图像得到 $T(r)$，只要找到 H^{-1}，就能利用前面的等式得到变换后的灰度级 z，

其概率密度函数为规定的 $p_z(z)$。当处理离散变量时，能够保证 $p_z(z)$是正确的直方图概率密度函数（该直方图具有单位面积且其各灰度值均为非负）时，H 存在反变换，且其元素值非零。如同在直方图均衡中一样，前面方法的离散实现得到对特定直方图的近似。

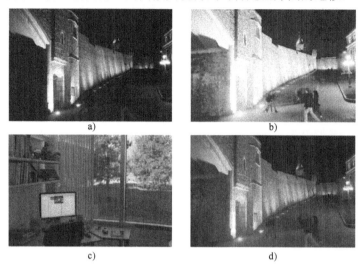

图 6-10　两种直方图变换的图像效果图

a) 原始图像　b) 均衡化后图像　c) 模板图像　d) 利用模板图像直方图规定化后图像

在 MATLAB 中可使用 histeq 函数来实现直方图规范化，示例如下：

    J=histeq(I,hspec);

其中，I 为输入图像，hspec 为规定的直方图（一个规定值的行向量），J 为输出图像，输出图像的直方图近似于指定的直方图 hspec。该向量中包含有对应于等分容器的整数计数值。histeq 的特性是当 hspec 的值比图像 I 中的灰度级数小很多时，图像 J 的直方图通常会较好地匹配 hspec。

图 6-11 中的图像是直方图规定化后的结果，在平均灰度及对比度方面的改进是非常明显的，在图像的直方图中也是很明显的。对比度增加源于直方图在整个灰度级上的显著扩展。灰度级的增加源于均衡后的图像直方图中灰度级的平均值高于原始值。示例程序见例 6-7。

【例 6-7】　直方图规定化。

```
I=imread('printedtext.png');            %读取一幅待处理图像
J=imread('eight.tif');                  %读取一幅图像用作模板
g1=imhist(J);                           %绘制模板图像直方图
match=histeq(I,g1);                     %直方图规定化
figure;
subplot(2,3,1),imshow(I),title('原始图像');
subplot(2,3,2),imshow(J),title('模板图像');
subplot(2,3,3),imshow(match),title('规定化后图像');
subplot(2,3,4),imhist(I),title('原始图像直方图');
subplot(2,3,5),imhist(J),title('模板图像直方图');
subplot(2,3,6),imhist(match),title('规定化后图像直方图');
```

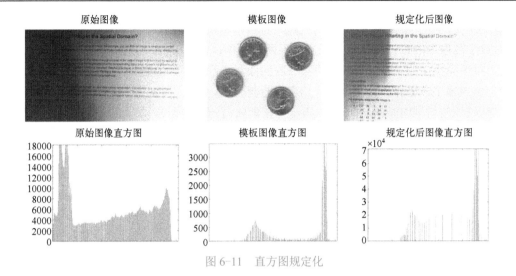

图 6-11　直方图规定化

6.3　图像的高、低频分量与噪声的关系

图像中的低频信号和高频信号也称为低频分量和高频分量。

如图 6-12 所示，图像中的高频分量，指的是图像强度（亮度/灰度）变化剧烈的地方，也就是图像的边缘（轮廓）；图像中的低频分量，指的是图像强度（亮度/灰度）变换平缓的地方，也就是大片同色块的地方。

人眼对图像中的高频信号更为敏感，举个例子，在一张白纸上有一行字，那么肯定直接聚焦在文字上，而不会太在意白纸本身，这里文字就是高频信号，而白纸就是低频信号。图像的高、低频是对图像各个位置之间强度变化的一种度量方法。

图 6-12　图像的高、低频分量示意图

1）低频分量：主要是对整副图像的强度的综合度量。

2）高频分量：主要是对图像边缘和轮廓的度量。

如果一幅图像的各个位置的强度大小相等，则图像只存在低频分量，从图像的频谱图上看，只有一个主峰，且位于频率为零的位置。

一幅含有噪声的图像，其噪声部位的灰度值是突变的，非噪声部位灰度值是平滑变化的，所以图像噪声一般为高频分量。

6.4　空间滤波

滤波的概念来源于在频域对信号进行处理的傅里叶变换，将某个频率成分滤除的意思，详见第 5 章。空间域滤波直接基于空间域（邻域），采用掩模处理方法（模板也常被称为滤波器、滤波模板、核、模板或窗口）对图像进行滤波，以去除图像噪声或增强图像的细节。

对数字图像中的每一像素点，重复以下两步操作：

1）对预先定义的以(x,y)为中心的邻域内的像素进行运算，并输出运算结果。

2）将步骤 1 中运算的结果作为(x,y)点的新灰度值。

空间域滤波增强时，掩模的中心从一个像素向另一个像素移动，通过掩模运算得到该点的输出。最常用的模板是一个小的 3×3 二维阵列，掩模的系数值决定了处理的性质。

大部分线性的空间滤波器（比如均值滤波器）是在空间上进行一些灰度值上的操作，这个线性空间滤波器与频域滤波器有一一对应的关系（比如均值滤波器的本质就是低通滤波器）。然而，对于非线性的滤波器（比如最大值、最小值和中央值滤波器）的话，则没有这样的对应的关系。

6.4.1 均值滤波

均值滤波所使用的运算是卷积，在执行空间滤波的时候，都会使用到这个操作。均值滤波用邻域内像素的平均值来代替中心像素的值，相当于低通滤波，有将图像模糊化的趋势，对椒盐噪声⊖基本无能为力。

其函数表达式为

$$g(x,y) = \sum_{t=-a}^{a} \sum_{t=-b}^{b} w(s,t) f(x-s, y-t) \tag{6-16}$$

在进行均值滤波时，首先要考虑需要对周围多少个像素点取平均值。即任意一点的像素值，都是周围 $M×N$ 个像素值的均值。例如图 6-13 中，蓝色像素点（212）均值滤波后的像素值应为其周围绿色背景区域像素值之和除 9，9 这个数值指的是蓝色像素点周围 3×3 区域的像素点的个数（蓝色像素点（212）周围像素灰度值权重为 1/9）。

蓝色像素（212）的灰度值经均值滤波处理的计算方法为：
$\frac{(198+234+79+179+212+154+189+60+234)}{9}=171$。计算完成后得到新值 171 记为蓝色像素点（212）的新灰度值。对图像中所有的像素点进行这一操作便是均值滤波。

63	147	216	198	144	225	135
156	255	96	67	232	144	156
234	251	165	78	98	249	214
123	177	198	234	79	134	255
36	135	179	212	154	156	67
211	243	189	60	234	211	156
36	159	96	59	67	187	98
156	67	251	156	93	87	56

图 6-13　均值滤波原理示意图

值得注意的是，在图像的边缘处并不存在这种 3×3 的区域，对于这种边缘像素点，应当只取该点周围领域点的值进行均值滤波处理。例如图 6-13 左上方值为 63 的像素点，其均值滤波的新值为：$\frac{(63+147+156+255)}{9}=69$。

或者是拓展当前图像周围的像素点，在新增的行列内补充不同的像素值后，再对原边缘像素点进行均值滤波处理。

在 MATLAB 中，可使用 imfilter 函数来实现线性空间滤波，该函数的语法如下：

J=imfilter(I,w,filtering_mode,boundary_options'size_options)

其中，I 为输入图像，w 为滤波模板，J 为滤波后输出图像。filtering_mode 对默认规定为'corr'，

⊖ 椒盐噪声也称为脉冲噪声，在图像中的表现为离散分布的纯白色或者纯黑色像素点。

对卷积规定为'conv'。boundary_options 处理边界填充问题，边界的大小由滤波器的尺寸确定。size_options 有'same'和'full'两个模式。关于 imfilter 函数的更详细的说明，可在 MATLAB 中输入 help imfilter 查看。

在 MATLAB 中利用 imfilter 函数进行图像噪点滤波处理示例程序见例 6-8，均值滤波的效果如图 6-14 所示。

【例 6-8】　均值滤波。

```
I=imread('toyobjects.png');
I_1=imnoise(I,'salt & pepper',0.3);              %对图像添加椒盐噪声
I_2=imnoise(I,'gaussian',0.3);                   %对图像添加椒盐噪声
w=[1 1 1 1 1;1 1 1 1 1;1 1 1 1 1;]/25            %取 5×5 大小掩模
J=imfilter(I_1,w,'corr','replicate');            %对椒盐噪声图像进行均值滤波处理
K=imfilter(I_2,w,'corr','replicate');            %对高斯噪声图像进行均值滤波处理
subplot(2,2,1),imshow(I_1),title('添加椒盐噪声图像');
subplot(2,2,2),imshow(I_1),title('添加高斯噪声图像');
subplot(2,2,3),imshow(J),title('均值滤波处理椒盐噪声');
subplot(2,2,4),imshow(K),title('均值滤波处理高斯噪声');
```

添加椒盐噪声图像　　　　　　　添加高斯噪声图像

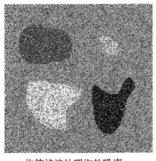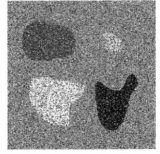

均值滤波处理椒盐噪声　　　　　　均值滤波处理高斯噪声

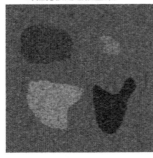

图 6-14　均值滤波

如图 6-14 所示，均值滤波在对高斯噪声的处理能力上远优于其处理椒盐噪声的能力，这是因为高斯噪声的边界灰度值呈正态分布，在均值处理后，能获取一个相对平滑的灰度值，而椒盐噪声的边界灰度值呈两极分布，灰度存在于 0、255 两个灰度值间，此时利用均值滤波处理出来的灰度值依然不够平滑，所以，在均值滤波对高斯噪声图像的处理效果上优于椒盐噪声图像。

6.4.2　中值滤波

中值滤波也是基于空间域（邻域）操作的，其用一个 $m×n$ 滤波器的中心点滑过一幅图像的机

理,与 6.4.1 节所述的原理一致。然而,均值滤波基于加权求平均值来计算当前像素点的新灰度值,而中值滤波则基于涉及滤波器包围的邻域内像素的中间值代替当前像素点的灰度值。

中值滤波是将像素邻域内灰度的中值来代替中心像素的值,把不同灰度的像素点看起来更接近于邻域内的像素点,优点是可以很好地过滤掉椒盐噪声,缺点是易造成图像出现不连续性。使用均值滤波法,去噪的同时也使得边界变得模糊,而中值滤波是非线性的图像处理方法,在去噪的同时可以兼顾到边界信息的保留。如图 6-15 所示,选一个 3×3 大小(奇数个)的掩模,将这个掩模在图像上扫描,把窗口中所含的像素点按灰度级的升或降序排列,取位于中间的灰度值来代替该点的灰度值。

63	147	216	198	144	225	135
156	255	96	67	232	144	156
234	251	165	78	98	249	214
123	177	198	234	79	134	255
36	135	179	212	154	156	67
211	243	189	60	234	211	156
36	159	96	59	67	187	98
156	67	251	156	93	87	56

图 6-15　中值滤波原理示意图

计算过程如下所示:

1)将掩模内的像素点灰度值按升序或降序排列。

2)排列后得(60,79,154,179,189,198,212,234,234)。

3)选取中值 189 作为该像素点的新值。

在 MATLAB 中,可自定义中值滤波函数,也可利用 medfilt2 函数来实现非线性滤波。medfilt2 函数中的第一个参数必须是二维的,若输入图像为彩色图像,则先要把彩色图像灰度化。medfilt2 函数的使用语法示例如下所示:

　　　　J=medfilt2(I,[m n]);

其中,[m n]表示滤波区域的维数。示例程序见例 6-9。

【例 6-9】　中值滤波。

```
I=imread('toyobjects.png');
I_1=imnoise(I,'salt & pepper',0.05);            %对图像添加椒盐噪声
J=medfilt2(I_1,[3 3]);                          %取 3×3 大小掩模,对噪声图像进行中值滤波
subplot(1,3,1),imshow(I),title('原始图像');
subplot(1,3,2),imshow(I_1),title('添加椒盐噪声图像');
subplot(1,3,3),imshow(J),title('中值滤波处理后图像');
```

如图 6-16 所示,经中值滤波处理后的噪声图像,视觉效果有极大提升,这是因为椒盐噪声的边界灰度值呈两极分布,噪声点的灰度值存在于 0、255 两个值间,中值滤波时,由于该滤波的取中特性,很容易过滤掉这两个灰度值,故中值滤波对椒盐噪声效果好。

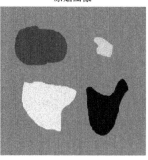
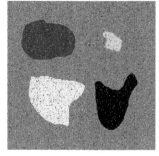

图 6-16　中值滤波

6.4.3 高斯滤波

高斯滤波与均值滤波较为相似，但并非像均值滤波一样，邻域内每个像素的权重都是相等的（1/9）。在高斯滤波中，靠近中心点的像素灰度值权重值加大，远离中心点的像素灰度值权重值减小。按照此种方式（不同权重）计算领域内各个像素点灰度值并生成新值的滤波方式称为高斯滤波。

高斯滤波时，掩模中的值的权重不再都为 1，如图 6-17 所示的两种掩模。其中 271、16 分别为掩模中各值相加而来，1/271、1/16 为图 6-17 两个掩模的卷积核。值得注意的是，同一规格大小的掩模也可能有不同大小的卷积核。卷积核的大小可根据实际需求利用代码设定。

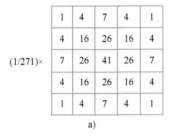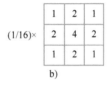

图 6-17　高斯滤波原理示意图

a) 高斯滤波 5×5 掩模　b)高斯滤波 3×3 掩模

MATLAB 示例程序见例 6-10。

【例 6-10】　高斯滤波。

```
I=imread('threads.png');
I_1=imnoise(I,'salt & pepper',0.3);          %对图像添加椒盐噪声
I_2=imnoise(I,'gaussian',0.3);               %对图像添加高斯噪声
W=fspecial('gaussian',[5,5],1);              %创建高斯滤波器
J=imfilter(I_1, W, 'replicate');             %对椒盐噪声进行高斯滤波
K=imfilter(I_2, W, 'replicate');             %对高斯噪声进行高斯滤波
subplot(2,2,1),imshow(I_1),title('添加椒盐噪声图像');
subplot(2,2,2),imshow(I_1),title('添加高斯噪声图像');
subplot(2,2,3),imshow(J),title('高斯滤波处理椒盐噪声');
subplot(2,2,4),imshow(K),title('高斯滤波处理高斯噪声');
```

代码对图像的处理效果如图 6-18 所示。

不难发现，经过高斯滤波处理后的椒盐噪声图像，效果并不理想，这是因为当噪声像素点周围的灰度值呈脉冲分布，噪声像素点灰度值仅为 0 或 255，对其周围像素点的灰度值进行高斯滤波处理，不仅无法滤除椒盐噪声，反而还会污染正常像素点的灰度值。故高斯滤波对椒盐噪声图像几乎无能为力，而高斯滤波是对整幅图像进行加权平均的过程，每一个像素点的值，都由其本身和邻域内的其他像素值经过加权平均后得到，所以每个像素点的灰度值都能得到很好的处理，故高斯滤波器对高斯噪声的处理效果极佳。

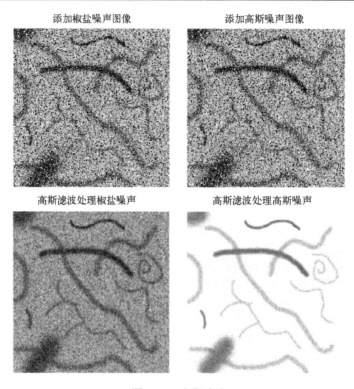

图 6-18　高斯滤波

6.5　频域滤波

　　频域滤波是图像经傅里叶变换以后在频率域实现的，令 $f(x,y)$ 表示一幅大小为 $M \times N$ 像素的数字图像，其中 $x=0,1,2,\cdots,M-1$；$y=0,1,2,\cdots,N-1$。$F(u,v)$ 表示的 $f(x,y)$ 的二维离散傅里叶变换 (DFT) 由下式给出：

$$F(u,v) = \sum_{x=0}^{M-1}\sum_{y=0}^{N-1} f(x,y)e^{-j2\pi\left(\frac{ux}{M}+\frac{vy}{N}\right)} \tag{6-17}$$

式中，$u=0,1,2,\cdots,M-1$；$v=0,1,2,\cdots,N-1$。使用确定频率的变量 u 和 v 可计算出 x 和 y，可将指数项展开为正弦函数和余弦函数。频率域是使用 u 和 v 作为频率变量，由 $F(u,v)$ 构成的坐标系，由 $u=0,1,2,\cdots,M-1$；$v=0,1,2,\cdots,N-1$ 定义的大小为 $M \times N$ 的矩形区域，通常称为频率矩形。很明显，频率矩形的大小和原始输入图像的大小相同。

　　离散傅里叶变换的函数表达式为

$$f(x,y) = \frac{1}{MN}\sum_{x=0}^{M-1}\sum_{y=0}^{N-1} F(u,v)e^{j2\pi\left(\frac{ux}{M}+\frac{vy}{N}\right)} \tag{6-18}$$

式中，$x=0,1,2,\cdots,M-1$；$y=0,1,2,\cdots,N-1$。因此，给定 $F(u,v)$ 就可以借助于离散傅里叶变换 (IDFT) 来得到 $f(x,y)$。$F(u,v)$ 的值有时称为该展开式的傅里叶系数。

频率域滤波和空间域线性滤波的基础都是卷积定理，卷积定理可写为

$$\begin{cases} g(x,y) = f(x,y) * h(x,y) \\ G(u,v) = F(u,v) * H(u,v) \end{cases} \tag{6-19}$$

频域滤波的基本步骤如下：

1）计算原始图像 $f(x,y)$ 的二维离散傅里叶变换（DFT），得到 $F(u,v)$。

2）将频谱 $F(u,v)$ 的零频点移动到频谱图的中心位置。

3）计算滤波器函数 $H(u,v)$ 与 $F(u,v)$ 的乘积 $G(u,v)$。

4）将频谱 $G(u,v)$ 的零频点移回到频谱图的左上角位置。

5）计算步骤 4）的计算结果的傅里叶反变换 $g(u,v)$。

6）取 $g(u,v)$ 的实部作为最终滤波后的结果图像。

按照该步骤，在 MATLAB 中很容易编程实现频域滤波。滤波能否取得理想结果的关键取决于频域滤波函数 $H(u,v)$，$H(u,v)$ 常常称为滤波器，或滤波器传递函数。因为它在滤波中抑制或滤除了频谱中某些频率的分量，而保留其他一些频率不受影响。

在 MATLAB 中，$F(1,1)$ 和 $f(1,1)$ 分别对应于正变换中的数学量 $F(0,0)$ 和反变换中的数学量 $f(0,0)$。

对一幅图像进行傅里叶变换运算量很大，不直接利用以上公式计算，在 MATLAB 中采用傅里叶变换快速算法（MATLAB 内置函数算法），这样可大大减少计算量。为提高傅里叶变换算法的速度，一种途径是从软件角度来讲，要不断改进算法；另一种途径为硬件化，它不但体积小且速度快。

MATLAB 提供了几个和傅里叶变换相关的函数。其说明见表 6-1。

表 6-1 常见傅里叶变换相关的函数

函数	说明
fft2(I);	二维傅里叶变换
abs(I);	获得傅里叶频谱
fftshift(I);	将变换的原点移至频率矩形的中心
ifft2(I);	二维傅里叶反变换
real(ifft2(I));	提取变换后的实部
imag(ifft2(I));	提取变换后的虚部

6.5.1 低通滤波

图像的边缘及噪声干扰在图像的频域上对应于图像傅里叶变换中的高频部分，而图像的背景区则对应于低频部分，因此可以用频域低通滤波法去除或削弱图像的高频成分，以去掉噪声使图像平滑。

1. 理想低通滤波器

理想低通滤波器是指输入信号在通带内所有频率分量完全无损地通过，而在阻带内所有频率分量完全衰减。通俗来说，是使低频率通过而滤掉或衰减高频，过滤掉包含在高频中的噪声。所以低通滤波的效果是图像去噪声平滑增强，但同时也抑制了图像的边界，造成图像不同程度上的模糊。设傅里叶平面上理想低通滤波器离开原点的截止频率为 D_0，则理想低通滤波器的传递函数为

$$H(u,v) = \begin{cases} 1 & D(u,v) \leqslant D_0 \\ 0 & D(u,v) > D_0 \end{cases} \qquad (6\text{-}20)$$

式中，$D(u,v) = \sqrt{u^2 + v^2}$，是点 (u,v) 距频率原点的距离；D_0 为截止频率。如果图像大小为 $M \times N$，其变换亦为 $M \times N$，中心化之后，矩形中心在 $\left(\dfrac{M}{2}, \dfrac{N}{2}\right)$。在半径为 D_0 的圆内，所有频率没有衰减地通过滤波器，而在此半径的圆之外的所有频率完全被衰减掉。虽然这个滤波器不能使电子元件来模拟实现，但可以在计算机中用传递函数实现。由于理想低通滤波器的过渡特性过于急峻，所以会产生振铃现象。振铃现象便是低通滤波器的缺点之一。

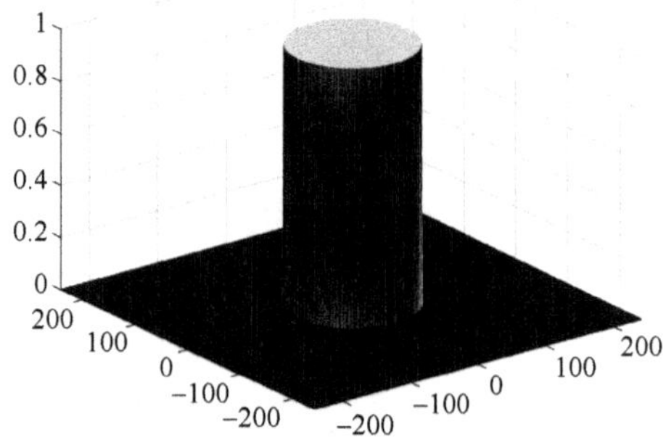

图 6-19　理想低通滤波器传递函数的透视图

以一幅 242×242 大小的图像为例，构建一个大小为 484×484、截止频率 D_0=80 的理想低通滤波器传递函数的透视图如图 6-19 所示。

【例 6-11】　理想低通滤波器。

```
M = 484;                        %滤波器的行数
N = 484;                        %滤波器的列数
U = -M/2:(M/2-1);
v = -N/2:(N/2-1);
[U,V] = meshgrid(u,v);
D = sqrt(U.^2+V.^2);
D0 = 80;                        %截止频率设置为 80
H = double(D<=D0);              %理想低通滤波器
mesh(U,V,H);
```

利用此滤波器对图像进行理想低通滤波，示例代码见例 6-12。

【例 6-12】　理想低通滤波。

```
I = imread('eight.tif');
I = im2double(I);
M = 2*size(I,1);                %滤波器的行数
N = 2*size(I,2);                %滤波器的列数
u = -M/2:(M/2-1);
v = -N/2:(N/2-1);
[U,V] = meshgrid(u,v);
D = sqrt(U.^2+V.^2);
D0 = 80;                        %截止频率设置为 80
H = double(D<=D0);              %理想低通滤波器
J = fftshift(fft2(I,size(H,1),size(H,2)));   %时域图像转换到频域
K = J.*H;                       %滤波处理
L = ifft2(ifftshift(K));        %傅里叶反变换
L = L(1:size(I,1),1:size(I,2));
figure;
subplot(1,2,1);imshow(I);       %显示原始图像
subplot(1,2,2);imshow(L);       %显示滤波后的图像
```

代码对图像的处理效果如图 6-20 所示。

 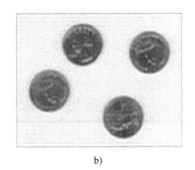

a)   b)

图 6-20　理想低通滤波处理前后对比图

a) 原始图像　b) 理想低通滤波器处理后图像

经理想低通滤波器处理后的输出图像，其灰度值剧烈变化处产生的振荡，即周围伴随着环形波纹，这便是理想低通滤波器因其突变的滤波性质产生的振铃效应。理想低通滤波器作用的不良后果是图像变模糊了。截止频率 D_0 越低，滤除噪声越彻底，高频分量损失越严重，图像就越模糊。

2. 巴特沃斯低通滤波器

巴特沃斯低通滤波器又称作最大平坦滤波器。与理想滤波器不同的是，巴特沃斯低通滤波器的传递函数并没有给出明显截止的尖锐的不连续性。一阶巴特沃斯滤波器没有出现振铃现象，在二阶滤波器中，振铃现象通常很难察觉，只有更高阶数才能产生明显的振铃现象。截止频率位于距原点 D_0 处的 n 阶巴特沃斯低通滤波器的传递函数有如下形式：

$$H(u,v) = \frac{1}{1+\left[\dfrac{D(u,v)}{D_0}\right]^{2n}} \qquad (6\text{-}21)$$

式中，$D(u,v) = \sqrt{u^2+v^2}$，是点 (u,v) 距频率原点的距离；D_0 为巴特沃斯低通滤波器的截止频率；n 为巴特沃斯滤波器的阶数，n 越大，则滤波器的形状越陡峭。

利用输入图像，构建一个截止频率 D_0 为 50、阶数为 6 的巴特沃斯低通滤波器，其传递函数的透视图如图 6-21 所示。

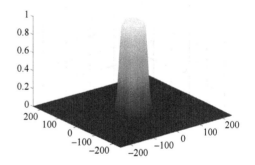

图 6-21　巴特沃斯低通滤波器传递函数的透视图

【例 6-13】 巴特沃斯低通滤波器。

```
M = 2*size(I,1);          %滤波器行数
N = 2*size(I,1);          %滤波器列数
u = -M/2:(M/2-1);
v = -N/2:(N/2-1);
[U,V] = meshgrid(u,v);
D = sqrt(U.^2+V.^2);
D0 = 50;
n = 6;
H = 1./(1+(D./D0).^(2*n));      %构造 6 阶巴特沃斯低通滤波器
figure, mesh(U,V, H);
```

　　巴特沃斯低通滤波器的特性是传递函数比较平滑，连续性衰减，而不像理想滤波器那样
陡峭变化，即具有明显的不连续性，所以巴特沃斯滤波器没有振铃效应。因此采用该滤波器滤
波在抑制噪声时，图像边缘的振铃效应大大减小，几乎没有，利用巴特沃斯低通滤波器处理后
的图像如图 6-22 所示。

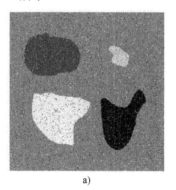 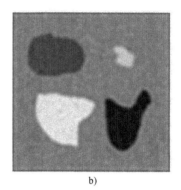

a)　　　　　　　　　　　　　　　b)

图 6-22　巴特沃斯低通滤波器处理前后对比图
a) 添加噪声图像　b) 巴特沃斯低通滤波器处理后图像

3. 高斯低通滤波器

　　除理想低通滤波器和巴特沃斯低通滤波器之外，还有更平滑的一种滤波器——高斯低通
滤波器，高斯低通滤波器完全没有振铃现象，且边缘平滑，其传递函数为

$$H(u,v) = e^{-\frac{D^2(u,v)}{2D_0^2}} \qquad (6-22)$$

式中，$D(u,v) = \sqrt{u^2 + v^2}$，是点 (u,v) 距频率原点的距离；D_0 是截止频率，当 $D=D_0$ 时，高斯低通滤波器下降到其最大值的 60.7% 处。

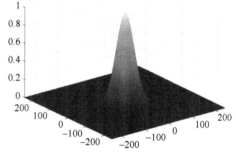

图 6-23　高斯低通滤波器传递函数的透视图

　　利用输入图像，构建一个截止频率为 30 的高斯低通滤波器传递函数的透视图如图 6-23 所示。

【例 6-14】 高斯低通滤波器。

```
M = 2*size(I,1);              %滤波器的行数
N = 2*size(I,2);              %滤波器的列数
u = −M/2:(M/2−1);
v = −N/2:(N/2−1);
[U,V] = meshgrid(u,v);
D = sqrt(U.^2+V.^2);
D0 = 30;
H = exp(− (D.^2)/(2*(D0^2)))   %构建高斯低通滤波器
mesh(U,V, H);
```

6.5.2　高通滤波

　　图像的边缘、细节主要位于高频部分，而图像的模糊是由于高频成分比较弱产生的。高
通滤波就是为了消除模糊，突出边缘，因此采用高通滤波器让高频成分通过，消除低频噪声成

分削弱，再经傅里叶逆变换得到边缘锐化的图像。
常用的高通滤波器有如下几种。

1. 理想高通滤波器

二维理想高通滤波器的传递函数为

$$H(u,v) = \begin{cases} 0 & D(u,v) \leqslant D_0 \\ 1 & D(u,v) > D_0 \end{cases} \qquad (6\text{-}23)$$

式中，$D(u,v) = \sqrt{u^2 + v^2}$，是点 (u,v) 距频率原点的距离；D_0 为截止频率。

利用上述传递函数在 MATLAB 中建立一个截止频率为 80 的理想高通滤波器，其传递函数的透视图如图 6-24 所示。

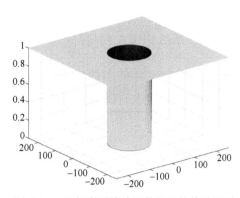

图 6-24　理想高通滤波器传递函数的透视图

【例 6-15】　理想高通滤波器。

```
M = 2*size(I,1);                %滤波器的行数
N = 2*size(I,2);                %滤波器的列数
u = −M/2:(M/2−1);
v = −N/2:(N/2−1);
[U,V] = meshgrid(u,v);
D = sqrt(U.^2+V.^2);
D0 = 80;                        %截止频率设置为80
H = double(D>=D0);             %理想高通滤波器
imshow(H);
figure, mesh(U,V, H);
```

2. 巴特沃斯高通滤波器

截止频率位于距原点 D_0 处的 n 阶巴特沃斯高通滤波器的传递函数有如下形式：

$$H(u,v) = \cfrac{1}{1 + \left[\cfrac{D(u,v)}{D_0}\right]^{2n}} \qquad (6\text{-}24)$$

式中，$D(u,v) = \sqrt{u^2 + v^2}$，是点 (u,v) 距频率原点的距离；D_0 为巴特沃斯高通滤波器的截止频率；n 为巴特沃斯滤波器的阶数，n 越大，则滤波器的形状越陡峭。

利用输入图像 I 的行列像素个数，构建一个截止频率 (u,v) 为 30、阶数为 6 的巴特沃斯高通滤波器，其传递函数的透视图如图 6-25 所示。

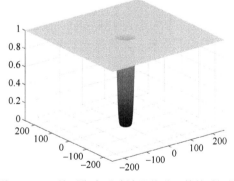

图 6-25　巴特沃斯高通滤波器传递函数的透视图

【例 6-16】　巴特沃斯高通滤波器。

```
M = 2*size(I,1);                %滤波器的行数
N = 2*size(I,2);                %滤波器的列数
u = −M/2:(M/2−1);
v = −N/2:(N/2−1);
[U,V] = meshgrid(u, v);
D = sqrt(U.^2+V.^2);
```

```
D0 = 30;
N = 6;
H = 1./(1+(D0./D).^(2*n));                     %构造巴特沃斯高通滤波器
imshow(H);
figure, mesh(U,V, H)
```

利用上述构建的截止频率 $D_0=30$，6 阶巴特沃斯高通滤波器处理后的图像，其图像中的低频信息被抑制，边缘信息被很好地保留，如图 6-26 所示。

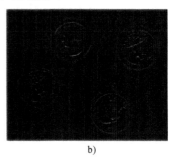

a)   b)

图 6-26   巴特沃斯高通滤波器处理前后对比图

a) 原始图像   b) 巴特沃斯高通滤波器处理后图像

3. 高斯高通滤波器

对微小物体和细线条采用高斯滤波，结果也比较清晰，截止频率处在距频率矩形中心距离为 D_0 的高斯高通滤波器的传递函数为

$$H(u,v) = 1 - e^{-\frac{D^2(u,v)}{2D_0^2}} \qquad (6-25)$$

式中，$D(u,v) = \sqrt{u^2 + v^2}$，是点 (u,v) 距频率原点的距离；D_0 为截止频率。

构建一个大小为 484×484、截止频率为 30 的高斯高通滤波器，其传递函数的透视图如图 6-27 所示。

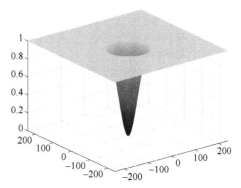

图 6-27   高斯高通滤波器传递函数的透视图

【例 6-17】 高斯高通滤波器。

```
M = 484;                          %滤波器的行数
N = 484;                          %滤波器的列数
u = −M/2:(M/2−1);
v = −N/2:(N/2−1);
[U,V] = meshgrid(u,v);
D = sqrt(U.^2+V.^2);
D0 = 30;
H = 1-exp(- (D.^2)/(2*(D0^2)))    %构建高斯高通滤波器
mesh(U,V, H);
```

6.5.3   同态滤波

对于薄雾和沙尘天气，黎明或黄昏时段的光线不足以及物体的阴影或光线遮挡等情况，

所获取的图像会出现朦胧、模糊不清、光照不均等现象，同态滤波可以用于去除或减轻这些恶劣环境的影响，提高图像的清晰程度。

对于一幅由物理过程产生的图像 $f(x,y)$，可以表示为照射分量 $i(x,y)$ 和反射分量 $r(x,y)$ 的乘积。$0 < i(x,y) < \infty$，$0 < r(x,y) < 1$。$i(x,y)$ 描述景物的照明，变化缓慢，处于低频成分；$r(x,y)$ 描述景物的细节，变化较快，处于高频成分。

因为该性质是乘法性质的，所以不能直接使用傅里叶变换对 $i(x,y)$ 和 $r(x,y)$ 进行控制，因此可以先对 $f(x,y)$ 取对数，分离 $i(x,y)$ 和 $f(x,y)$。令

$$z(x,y) = \ln f(x,y) = \ln i(x,y) + \ln r(x,y) \tag{6-26}$$

在这个过程中，由于 $f(x,y)$ 的取值范围为 $[0, L-1]$，为了避免出现 $\ln(0)$ 的情况，故采用 $\ln(f(x,y)+1)$ 来计算。

取傅里叶变换，得到

$$Z(x,y) = F_i(x,y) + F_r(x,y) \tag{6-27}$$

然后使用一个滤波器，对 $Z(u,v)$ 进行滤波，有

$$S(u,v) = H(u,v)Z(u,v) = H(u,v)F_i(u,v) + H(u,v)F_r(u,v) \tag{6-28}$$

滤波后，进行反傅里叶变换，有

$$s(x,y) = \text{IDFT}(S(u,v)) \tag{6-29}$$

最后，反对数（取指数），得到处理后的图像。

$$g(x,y) = \exp{}^{\wedge}(s(x,y)) = i_0(x,y) + r_0(x,y) \tag{6-30}$$

由于之前使用 $\ln(f(x,y)+1)$，因此此处使用 $\exp{}^{\wedge}(s(x,y)) - 1$。$i_0(x,y)$ 和 $r_0(x,y)$ 分别是处理后图像的照射分量和入射分量。

由于会得到的动态范围很大，但感兴趣的部分很暗，无法辨认图像的细节。这可以认为或者实际上就是由于光照不均所造成的。为了减少光照的影响，增强图像的高频部分的细节，可以使用同态滤波来增强对比度，增强细节。

在此情况下，可以通过衰减低频成分、增强高频成分来达到目的。通常可以采用如下高斯高通滤波器的变形滤波来对图像进行处理。

$$H(u,v) = (\gamma_H - \gamma_L)\left[1 - e^{-c\left(\frac{D^2(u,v)}{D_0^2}\right)}\right] + \gamma_L \tag{6-31}$$

其中，选择 $\gamma_H > 1$，$\gamma_L < 1$ 可以达到衰减低频，增强高频的目的；常数 c 控制函数坡度的锐利度。$D(u,v)$ 和 D_0 与之前说低通滤波的时候意义一样，分别表示和频率中心的距离和截止频率。D_0 越大，对细节的增强越明显，最后归一化之后显示的图像越亮。对于不同的图像，D_0 的取值差别很大。对于特定的 D_0，有的图像显示之后是黑乎乎的一片，而有的图像却是整体白亮。

在使用 MATLAB 代码使用如上所说的滤波器 $H(u,v)$ 进行同态滤波的时候，基本过程和之前介绍使用低通滤波器进行频率域滤波的过程基本一致。只不过，在填充图像之前，先对图像进行对数化。在最后提取左上角的部分之后，对图像进行反对数化（取指数），然后再归一化，得到最终的图像。

利用上述传递函数为在 MATLAB 中建立一个同态滤波器示例程序见例 6-18。

【例 6-18】 同态滤波。

```
function [image_out] = HomoFilter(image_in, rh, rl, c, D0)
%同态滤波器
%输入为需要进行滤波的灰度图像，同态滤波器的参数 rh, rl,c, D0
%输出为进行滤波之后的灰度图像
[m, n] = size(image_in);
P = 2*m;
Q = 2*n;
image1 = log(double(image_in) + 1);          %取对数
fp = zeros(P, Q);          %对图像填充 0,并且乘以(-1)^(x+y) 以移到变换中心
for i = 1 : m
    for j = 1 : n
        fp(i, j) = double(image1(i, j)) * (-1)^(i+j);
    end
end
F1 = fft2(fp);                               %对填充后的图像进行傅里叶变换
Homo = zeros(P, Q);                          %生成同态滤波函数，中心在(m+1,n+1)
a = D0^2;                                     %计算一些不变的中间参数
r = rh-rl;
for u = 1 : P
    for v = 1 : Q
        temp = (u- (m+1.0))^2 + (v- (n+1.0))^2;
        Homo(u, v) = r * (1-exp((-c)*(temp/a))) + rl;
    end
end
G = F1 .* Homo;                              %进行滤波
gp = ifft2(G);                              %反傅里叶变换
image_out = zeros(m, n, 'uint8');           %处理得到的图像
gp = real(gp);
g = zeros(m, n);
for i = 1 : m
    for j = 1 : n
        g(i, j) = gp(i, j) * (-1)^(i+j);
    end
end
ge = exp(g)-1;                              %指数处理
mmax = max(ge(:));                          %归一化到[0, L-1]
mmin = min(ge(:));
range = mmax-mmin;
for i = 1 : m
    for j = 1 : n
        image_out(i,j) = uint8(255 * (ge(i, j)-mmin) / range);
    end
end
end
```

调用此 HomoFilter 函数进行图像同态滤波后的结果如图 6-28b 所示。

```
I = imread('printedtext.png');
[m, n] = size(I);
J = HomoFilter(I, 2, 0.25, 1, 8000);
subplot(1,2,1), imshow(I), title('原始图像');
subplot(1,2,2), imshow(J), title('D0 = 8000');
```

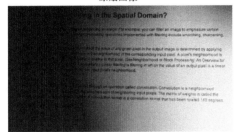 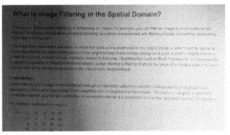

图 6-28　同态滤波处理后图像对比

6.5.4　带阻滤波

带组滤波器常用于处理含有周期性噪声的图像。周期性噪声可能由多种因素引入，如图像获取系统中的电子元件等。下面给出常用的 3 种带阻滤波器的传递函数和它们的透视图，随后的例子用来说明用一种带阻滤波器消减周期噪声。

1. 理想带阻滤波器

理想带阻滤波器为

$$H(u,v) = \begin{cases} 1 & D(u,v) < D_0 - \dfrac{W}{2} \\ 0 & D_0 - \dfrac{W}{2} \leqslant D(u,v) \leqslant D_0 + \dfrac{W}{2} \\ 1 & D(u,v) > D_0 + \dfrac{W}{2} \end{cases} \tag{6-32}$$

式中，$D(u,v) = \sqrt{u^2 + v^2}$，是点 (u,v) 距频率原点的距离；D_0 为截止频率；W 为频带宽度。如果图像大小为 $M \times N$，变换亦为 $M \times N$，中心化之后，矩形中心在 $\left(\dfrac{M}{2}, \dfrac{N}{2}\right)$。

2. 巴特沃斯带阻滤波器

巴特沃斯带阻滤波器为

$$H(u,v) = \frac{1}{1 + \left[\dfrac{D(u,v)W}{D^2(u,v) - D^2}\right]^{2n}} \tag{6-33}$$

式中，n 为阶数。

3. 高斯带阻滤波器

高斯带阻滤波器为

$$H(u,v) = 1 - e^{-\frac{1}{2}\left[\frac{D^2(u,v) - D^2}{D(u,v)W}\right]} \tag{6-34}$$

理想带阻滤波器与巴特沃斯带阻滤波器传递函数的透视图如图 6-29、图 6-30 所示。

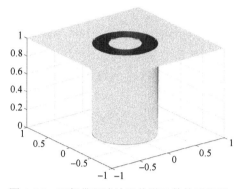

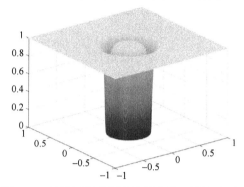

图 6-29 理想带阻滤波器传递函数的透视图　　　图 6-30 巴特沃斯带阻滤波器传递函数的透视图

利用高斯带阻滤波消除噪声示例代码如下：

【例 6-19】 带阻滤波。

```matlab
I = imread('lena.bmp');
imshow(I)
[M,N] = size(I);
P = I;
for i = 1:M
    for j = 1:N
        P(i,j) = P(i,j)+20*sin(20*i)+20*sin(20*j);    %添加周期噪声
    end
end
figure,imshow(P);
Diff_PI = double(P)−double(I);                        %噪声
figure,imshow((P−I),[]);
IF = fftshift(fft2(I));                   %对原始图像作傅里叶变换，并将原点移至中心
IFV = log(1+abs(IF));
PF = fftshift(fft2(P));
PFV = log(1+abs(PF));
figure,imshow(IFV,[]) %
figure,imshow(PFV,[])
freq = 90;                                %设置带阻滤波器中心频率-可调节（要会调参数）
width=5;                                   %设置带阻滤波器频带宽度
ff = ones(M,N);
for i = 1:M
    for j = 1:N
        ff(i,j) = 1−exp(−0.5*((((i−M/2)^2+(j−N/2)^2)−freq^2)/(sqrt(i.^2+j.^2)*width))^2);
    end
end
figure,imshow(ff,[])
out = PF.*ff;                  %加噪后图像的傅里叶变换图像和带阻滤波器进行点乘
out2 = ifftshift(out);         %原点移回左上角
out3 = ifft2(out2);
out_abs = abs(out3)%取绝对值
out_norm = out_abs/max(out_abs(:)); %归一化
figure,imshow(out_norm,[]);
figure,
subplot(2,3,1),imshow(I),title('原始图像');
```

```
subplot(2,3,2),imshow(P),title('添加正弦噪声后的图像');
subplot(2,3,3),imshow(IFV,[]),title('原始图像的傅里叶频谱图');
subplot(2,3,4),imshow(PFV,[]),title('加噪声的傅里叶频谱图');
subplot(2,3,5),imshow(ff,[]),title('高斯带阻滤波器');
subplot(2,3,6),imshow(out_norm,[]),title('消除噪声后的图像');
```

高斯带阻滤波处理效果如图 6-31 所示。

原始图像

添加正弦噪声后的图像

原始图像的傅里叶频谱图

加噪声的傅里叶频谱图

高斯带阻滤波器

消除噪声后的图像

图 6-31　高斯带阻滤波处理效果

本章小结

本章详细地探讨了图像增强的各种方法，主要包括空间域（时域）增强和频域增强。其中，时域图像增强方法，包括线性和非线性滤波增强，以及图像的灰度变换增强和直方图变换等。同时介绍了 3 种代表性的空间滤波的算法：均值滤波、中值滤波、高斯滤波。频域增强是将图像进行傅里叶变换，变换到频域，然后在频域内进行处理，最后再反变换到时域。频域增强主要包括低通滤波、高通滤波、同态滤波等。本章在介绍理论知识的同时辅以大量示例代码，方便读者理解掌握。

习题

6.1　图像增强方法按照自变量的不同可分为哪两大类？

6.2　灰度变换有哪几种方法？

6.3　尝试对"toyobjects.png"图像添加高斯噪声，并利用中值滤波处理，观察结果，并分析原因。

6.4　试以 MATLAB 图像库中的"foosball.jpg"图像为模板图像，以直方图规定化法处理"car_2.jpg"图像。

6.5　试建立一个大小为 500×500、截止频率为 50、阶数为 5 的巴特沃斯低通滤波器，并绘制出其传递函数透视图。

第 7 章　图　像　分　割

7.1　引言

图像分割是图像识别和计算机视觉中至关重要的预处理环节。没有正确分割就不可能正确识别。但是，由计算机基于图像中像素的亮度和颜色进行分割时，会遇到各种困难，从而发生分割错误，例如，光照不均匀、噪声的影响、图像中存在不清晰的部分，以及阴影等。因此图像分割是需要进一步研究的技术。人们希望引入一些人为的知识导向和人工智能的方法，用于纠正某些分割中的错误，这是很有前途的方法，但是这又增加了解决问题的复杂性。

在通信领域中，图像分割技术对可视电话等活动图像的传输很重要，需要把图像中活动部分与静止的背景分开，还要把活动部分中位移量不同的区域分开，对不同运动量的区域用不同的编码传输，以降低传输所需的码率。

在医学领域中，图像分割技术也得到了广泛应用。例如在心脏影像分割的问题中，2017年 Arterys 公司的一份声明中表示，该公司开发的心脏磁共振成像（MRI）医学影像分析系统 Cardio DL，它能够自动采集心室内外轮廓的数据，并提供心室功能的准确计算，耗时短，精度高，一份图像的分析只需 10s 即可完成，远远快于临床医生。它已经进行了数以千计的心脏案例的数据验证，实验证实，该算法产生的结果与经验丰富的临床医生的分析结果是不相上下的。据悉，这款人工智能心脏 MRI 医学影像分析系统不但得到了美国 FDA510(k) 的批准，该系统也于 2017 年 12 月得到了欧洲的 CE 认证和批准，这标志着该软件被允许用于临床。

图像分割技术不仅仅应用在医学领域，还应用在工业等领域，其提取边缘、分割图像的功能，有传统手段难以比拟的直观性，更加易于专业人员学习和分析，并且成熟的图像分割技术出现错误的概率也远远小于人工出现错误的概率。

7.2　图像分割处理

可以把图像分割处理定义为将数字图像划分成互不相交（不重叠）区域的过程。在这里，区域（region）是像素的连通集，也就是说，是一个所有像素都有相邻或相接触像素的集合。连通（connectedness）的正式定义如下：在一个连通集中的任意两个像素之间，存在一条完全由这个集合的元素构成的连通路径。连通路径是一条可在相邻像素间移动的路径，因此，在一个连通集中，能够跟踪在任意两个像素间的连通路径而不离开这个集合。

有两种可供选择的连通性准则，分别为 4 连通和 8 连通。如果只依据旁侧相邻的像素（上、下、左、右）确定连通，就称为 4 连通，物体也就被称为是 4 连通的。因此任意一个像素只有

4 个邻点可以与它相连通。如果再加上对角相邻的（45°邻点）像素也被认为是连通的，那么，就得到 8 连通。于是任意像素有 8 个邻点可以与它相连通。这两种连通性准则的任意一种都可用，只要具有一致性即可。通常 8 连通的结果与人的感觉更接近。

当人观察景物时，在视觉系统中对景物进行分割的过程是必不可少的，这个过程非常有效，以至于使人看到的并不是一个复杂的景物，而只不过是一种物体的集合体。但是，使用数字处理必须设法分离图像中的物体，把图像分裂成像素集合，每个集合代表一个物体的图像。尽管数字图像分割的任务在人类视觉感受中很难找到对照，但在数字图像分析中它也并非是一个轻而易举的任务。

图像分割可以采用 3 种不同的原理（区域方法、边界方法、边缘方法）来实现。

1）区域方法。利用区域分割图像是把各像素划归到各个物体或区域中。

2）边界方法。利用边界分割图像只需确定存在于区域间的边界。

3）边缘方法。利用边缘方法分割图像则先确定边缘像素并把它们连接在一起以构成所需的边界。

在本章中我们要仔细讨论几种分离数字图像中的物体的技术。物体被分离后，我们就可以对其进行下一步处理，包括测量、分类等。

管理信息系统（Management Information Systems，MIS）是一门不断发展的新型学科，MIS 的定义随着计算机技术和通信技术的进步也在不断更新，在现阶段普遍认为 MIS 是人为或计算机设备以及其他信息处理手段组成并用于管理信息的系统。包括以下几个基本概念：

1）MIS 的对象就是信息。信息是经过加工的对决策者有价值的数据。信息的主要特征是来源分散，数量庞大。信息来源于生产第一线、社会环境、市场以及行政管理等部门。信息具有时间性。

2）系统是由相互联系、相互作用的若干要素按一定的规则组成并具有一定功能的整体。系统由输入、处理、输出、反馈、控制 5 个基本要素组成。

3）管理信息由信息的采集、信息的传递、信息的储存、信息的加工、信息的维护和信息的使用 6 个方面组成。

MIS 包括计算机、网络通信设备等硬件成分，也包括操作系统、应用软件包等软件成分，并且随着计算机技术和通信技术的迅速发展，还会出现更多的内容。

7.3　基于阈值的图像处理

使用阈值进行图像分割是一种区域分割技术，其对物体与背景有较强对比的景物的分割特别有用，有着计算简单、总能用封闭而且连通的边界定义不交叠的区域的特点。

当使用阈值规则进行图像分割时，所有灰度值大于或等于某阈值的像素都被判属于物体，所有灰度值小于该阈值的像素都被排除在物体之外。于是，边界就成为这样一些内部点的集合，这些点都至少有一个邻点不属于该物体。

如果感兴趣的物体在其内部具有均匀一致的灰度值并分布在一个具有另一个灰度值的均匀背景上，使用阈值分割图像效果就很好。如果物体同背景的差别在于某些性质而不是灰度值（如纹理等），那么，可以首先把那个性质转化为灰度，然后，利用灰度阈值化技术分割待处理的图像。

7.3.1 全局阈值分割

采用阈值确定边界的最简单做法是在整个图像中将灰度阈值的值设置为常数。如果背景的灰度值在整个图像中可合理地看作恒定，而且所有物体与背景都具有几乎相同的对比度，特别是图像的直方图具有很明显的双峰，那么选择一个合适的、固定的全局阈值一般会有较好的效果。全局阈值分割主要有 4 种：人工选择法、直方图技术选择法、迭代式阈值选择法和最大类间方差阈值选择法。

1. 人工选择法

人工选择法是通过人眼的观察，应用人对图像的直观感受，在分析图像直方图的基础上，人工选出合适的阈值。也可以在人工选出阈值后，根据分割的效果，不断地交互操作，从而选择出最佳的阈值。

2. 直方图技术选择法

一幅含有一个与背景明显对比的物体的灰度图像如图 7-1 所示，包含双峰的直方图如图 7-2 所示。两个尖峰对应于物体内部和外部较多数目的点，两峰尖的谷对应于物体边缘附近相对较少数目的点。在这样的情况下，通常使用直方图来确定灰度阈值。

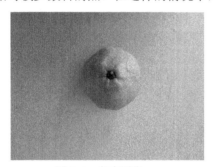

图 7-1　灰度图像

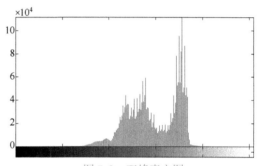

图 7-2　双峰直方图

【例 7-1】　生成直方图。

```
I = imread('orange')%读入图片
figure(1);imshow(I)%在画布一上展示原始图像
figure(2);imhist(I_1)%在画布二上展示原始图像的直方图
```

利用灰度阈值 T 对物体面积进行计算的定义为

$$A = \int_{T}^{+\infty} h(t)\mathrm{d}t \qquad (7\text{-}1)$$

式中，t 为灰度级变量；$h(t)$ 为直方图。显然，如果阈值对应于直方图的谷，阈值从 T 增加到 $T + \Delta T$，只会引起面积略微减少。因此，把阈值设在直方图的谷，可以把阈值选择中的错误对面积测量的影响降到最低。

有些时候，直接利用图像的直方图选择阈值不是非常直观，这时，可以利用图像三个通道的直方图来进行图像分割，操作步骤见例 7-2，图 7-3 为原始图像，图 7-4 为三通道直方图，图 7-5 中将三个通道的直方图绘制到一个图表上，更容易对比选择阈值。

【例 7-2】　生成多通道直方图。

```
Img = imread('fruit1.jpg');
%[M,N] = size(img);%注意：一个陷阱，如果对彩色图像这样表示很可能会引起错误
```

```
[M,N,D] = size(img);%注意：对彩色图像一定要规范引用
img_r = img(:,:,1);%取彩色图像的 r 通道
img_g = img(:,:,2);%取彩色图像的 g 通道
img_b = img(:,:,3);%取彩色图像的 b 通道
subplot(2,1,1);imshow(img), title('原始图像');
line1 = img(1, :);%默认取彩色图像的 r 通道,等同于 line1=img(1,:,1);
line2 = img(2, :);%默认取彩色图像的 g 通道,等同于 line1=img(2,:,2);
line3 = img(3, :);%默认取彩色图像的 b 通道,等同于 line1=img(2,:,2);
subplot(2,1,2);
hold on
plot(line1, 'r');plot(line2, 'g');plot(line3, 'b');
hold off
imtool(img);
figure('Name','绘制彩色图像 fruit1 横穿第 800 行的 r、g、b 通道的灰度值');
line4 = img(800,1:1920,1);
line5 = img(800,1:1920,2);
line6 = img(800,1:1920,3);
plot(line4,'r');
hold on;
plot(line5,'g');
hold on;
plot(line6,'b');
figure,
x = [1,1920];    %注意：起始点的横坐标
y = [800,800]; %注意：起始点的纵坐标
improfile(img,x,y),grid on;
```

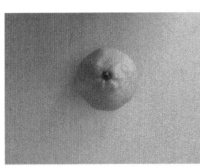

图 7-3　原始图像

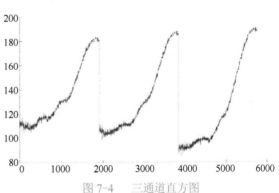

图 7-4　三通道直方图

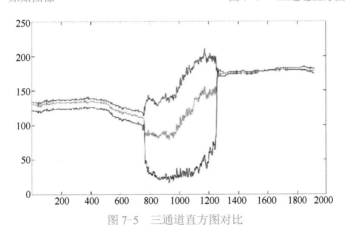

图 7-5　三通道直方图对比

如果图像或包含物体图像的区域面积不大且有噪声，那么，直方图本身就会有噪声。除了凹谷特别尖锐的情况外，噪声会使直方图中谷的定位难以辨认，或至少使图像分割得到的结果不稳定可靠。这个问题在一定程度上可以通过用卷积或曲线拟合过程对直方图进行平滑加以改善。如果两峰大小不一样，那么平滑化可能会导致最小值的位置发生移动。但是，在平滑化程度适当的情况下，峰值还是容易定位并且也是相对稳定的。一种更可靠的方法是把阈值设在相对于两峰的某个固定位置，如中间位置上，这两个峰分别代表物体内部点和外部点典型（出现最频繁）的灰度值。一般情况下，对这些参数的估计比对最少出现的灰度值，即直方图的谷的估计更加可靠。

可以构造一个只包含具有较大的梯度幅值的像素的直方图，例如，取最高的 10%。这种方法排除了大量的内部和外部像素，而且可能会使直方图的谷底更容易检测到。还能用灰度级像素的平均梯度值除以直方图来增强凹谷，或用高梯度像素的灰度平均值来确定阈值。

拉普拉斯滤波是一个二维的二阶导数算子。使用拉普拉斯滤波，并随之进行平滑，然后将阈值设在值为 0 或略偏正，可以在二阶导数的过零点处分割物体。这些过零点对应于物体边缘上的拐点。由灰度-梯度组成的二维直方图也可以用来确定分割准则。

3．迭代式阈值选择法

迭代式阈值选择法的基本思想是：开始时，选择一个阈值作为初始估计值，然后按某种策略不断地改进这一估计值，直到满足给定的准则为止。在迭代过程中，关键之处在于选择什么样的阈值改进策略。好的阈值改进策略应该具备两个特征：一是能够快速收敛，二是在每一个迭代过程中，新产生的阈值优于上一次的阈值。其算法步骤如下：

1）选择图像灰度的中间值作为初始阈值 T_0，即

$$T_0 = \frac{1}{2}(T_{\max} + T_{\min}) \tag{7-2}$$

2）利用阈值 T_i 将图像分割成两个区域——R_1 和 R_2。用式（7-3）计算区域 R_1 和 R_2 的灰度均值 μ_1 和 μ_2：

$$\mu_1 = \frac{\sum\limits_{i=0}^{T_i} i p_i}{\sum\limits_{i=0}^{T_i} p_i} \qquad\qquad \mu_2 = \frac{\sum\limits_{i=T_i}^{L-1} i p_i}{\sum\limits_{i=T_i}^{L-1} p_i} \tag{7-3}$$

式中，L 是图像的灰度级；p_i 是第 i 个灰度级在图像中出现的次数。

3）计算出 μ_1 和 μ_2 后，用下式计算出新的阈值 T_{i+1}：

$$T_{i+1} = \frac{1}{2}(\mu_1 + \mu_2) \tag{7-4}$$

4）重复步骤 2）~3），直到 T_{i+1} 和 T_i 的差小于某个给定值。

利用迭代式阈值分割的例子见例 7-3，该例将图 7-6 所示的原始图像分割为图 7-7 迭代处理后图像。

【例 7-3】 使用迭代式阈值选择法分割图像。

```
A = imread('rice.png');
figure(1);imshow(A);
T = mean2(A);%取均值作为初始阈值
done = false ;%定义跳出循环的理由
```

```
    i= 0;
        %while 循环进行迭代
    while ~done
        r1 = find(A<=T);%小于阈值的部分
        r2 = find(A>T);%大于阈值的部分
        Tnew = (mean(A(r1)) + mean(A(r2))) / 2;%计算分割后两部分阈值均值的均值
        done = abs(Tnew - T)<1;%判断迭代是否收敛
        T= Tnew;%如不收敛，则将分割后两部分阀值均值的均值作为新的阈值进行循环计算
        i = i+1;
    end
    A(r1) = 0;%将小于阈值的部分赋值为 0
    A(r2) = 1:%将大于阈值的部分赋值为 1，这两步是将图像转换成二值图像
    figure,imshow(A,[]);
```

图 7-6   原始图像

图 7-7   迭代处理后图像

4.最大类间方差阈值选择法（Otsu 算法）

最大类间方差阈值选择法又称为 Otsu 算法，该算法是在直方图的基础上用最小二乘法原理推导出来的，具有统计意义上的最佳分割阈值。它的基本原理是以最佳阈值将图像的直方图分割成两部分，使两部分之间的方差取得最大值，即分离性最大。

设 X 是一幅具有 L 级灰度级的图像，其中第 i 级像素为 n_i 个，其中 i 的值在 $0 \sim L\text{-}1$ 之间，图像的总像素点个数为

$$N = \sum_{i=0}^{L-1} n_i \tag{7-5}$$

第 i 级出现的概率为

$$p_i = \frac{n_i}{N} \tag{7-6}$$

在 Otsu 算法中，以阈值 k 将所有的像素分为目标 C_0 和背景 C_1 两类。其中，C_0 类的像素灰度级为 $0 \sim k\text{-}1$，C_1 类的像素灰度级为 $k \sim L\text{-}1$。

图像的总平均灰度级为

$$\mu = \sum_{i=0}^{L-1} i p_i \tag{7-7}$$

C_0 类像素所占面积的比例为

$$w_0 = \sum_{i=0}^{k-1} p_i \tag{7-8}$$

C_1 类像素所占面积的比例为

$$w_1 = \sum_{i=k}^{L-1} p_i = 1 - w_0 \qquad (7\text{-}9)$$

C_0 类像素的平局灰度为

$$\mu_0 = \mu_0(k) / w_0 \qquad (7\text{-}10)$$

C_1 类像素的平局灰度为

$$\mu_1 = \mu_1(k) / w_1 \qquad (7\text{-}11)$$

其中

$$\mu_0(k) = \sum_{i=0}^{k-1} i p_i \qquad (7\text{-}12)$$

$$\mu_1(k) = \sum_{i=k}^{L-1} i p_i = 1 - \mu_0(k) \qquad (7\text{-}13)$$

由上面几个式子可得

$$\mu = w_0 \mu_0 + w_1 \mu_1 \qquad (7\text{-}14)$$

则类间方差公式为

$$\sigma^2(k) = w_0(\mu_0 - \mu)^2 + w_1(\mu_1 - \mu)^2 \qquad (7\text{-}15)$$

令 k 从 0~L-1 变化取值，计算在不同 k 值下的类间方差 $\sigma^2(k)$，使得 $\sigma^2(k)$ 最大时的那个 k 值就是所要求的最佳阈值。MATLAB 工具箱提供的 graythresh 函数求取阈值采用的就是 Otsu 算法。如例 7-4 所示，利用最大类间方差法能够将图 7-8 所示的原始图像转化为图 7-9 所示的 Otsu 算法阈值分割图像。

【例 7-4】　最大类间方差法。

```
I = imread('rice.png')
figure(1),imshow(I);              %显示原始图像
O = graythresh(I)                 %计算得到最大类间方差的阈值
BW1 = im2bw(I,O);                 %使用得到的最大类间方差得到的阈值进行图像分割
figure(2),imshow(BW1);           %显示阈值分割后的图像
```

图 7-8　原始图像

图 7-9　Otsu 算法阈值分割图像

7.3.2　多阈值分割

在 7.3.1 节中，我们使用了 4 种全局阈值分割方法来实现图像的分割，在某些时候，图像

使用单独的阈值不能够对其实现有效的分割,例如在直方图中有明显的 3 个峰时,我们需要提取中间峰,这时使用双阈值分割会得到较好的分割效果。如例 7-5 所示,将图 7-10 所示的原始图像进行灰度处理后,生成如图 7-11 的直方图,可见直方图中有 3 个峰,选择合适的两个阈值进行多阈值分割后可生成如图 7-12 所示的分割图像。

【例 7-5】 全局双阈值分割。

```
I = imread('rice.png')        %读取原始图片
figure(1),imshow(I)            %在画布一上展示原始图片
figure(2),imhist(I)            %在画布二上展示直方图
I_1 = roicolor(I,70,150)       %根据直方图采用双阈值分割
figure(3),imshow(I_1)          %在画布三上展示双阈值分割后的图像
```

图 7-10　原始图像

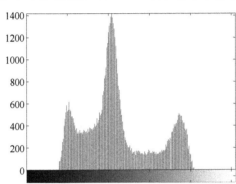

图 7-11　进行灰度处理后的
直方图

图 7-12　采取双阈值
分割后的图像

除了用双阈值分割的方法,若在直方图中遇见如图 7-13 有很多峰的情况,并想提取位于中间位置的峰,我们可以采用多阈值分割方法处理。

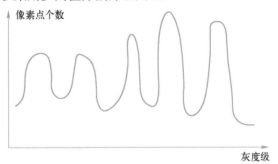

图 7-13　多阈值情况

7.3.3　自适应阈值

在许多的情况下,背景的灰度值并不是常数,物体和背景的对比度在图像中也有变化。这时,一个在图像中某一区域效果良好的阈值在其他区域却可能效果很差。在这种情况下,把灰度阈值取成一个随图像中位置缓慢变化的函数值是适宜的。

一种处理这种情况的方法就是将图像进一步细分为子图像,并对不同的子图像使用不同的阈值进行分割。这种方法的关键问题是如何将图像进行细分和如何为得到的子图像估计阈值。将图 7-14 所示的原始图像分别利用自适应阈值分割法、最大类间方差阀值选择法、直方

图技术选择法进行处理，最后得到如图 7-15～图 7-17 所示的处理结果，可以根据目标要求选择合适的图像分割方法。例 7-6 给出了利用自适应阈值分割法处理的示例。

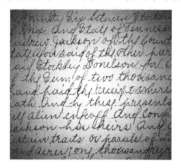

图 7-14　原始图像

图 7-15　自适应阈值分割法处理结果

图 7-16　最大类间方差阈值选择法处理结果

图 7-17　直方图技术选择法处理结果

【例 7-6】　自适应阈值分割。

```matlab
clc,clear all, close all;
img = imread('shouxieyingyu.png');        %原始图像
I_gray = rgb2gray(img);                    %转换为灰度图
subplot(1,2,1),imshow(img);
I_double = double(I_gray);                  %转换为双精度
[wid,len] = size(I_gray);                   %图像的大小
colorLevel = 256;                          %灰度级
hist=zeros(colorLevel,1);                   %直方图
%计算直方图
for I =1:wid
    for j =1:len
        m = I_gray(i,j)+1;                 %图像的灰度级 m
        hist(m) = hist(m)+1;               %灰度值为 i 的像素和
    end
end
 %直方图归一化
hist = hist/(wid*len);                      %各灰度值概率 Pi
miuT = 0;%定义总体均值
for m = 1:colorLevel
    miuT = miuT+(m-1)*hist(m);             %总体均值
end
xigmaB2 = 0;
for mindex = 1:colorLevel
```

```
        threshold = mindex-1;              %设定阈值
        omega1 = 0;                        %目标概率
        omega2 = 0;                        %背景概率
        for m = 1:threshold-1
            omega1 = omega1+hist(m);       % 目标概率 W0
        end
        omega2 = 1-omega1;                 %背景概率 W1
        miu1=0;                            %目标的平均灰度值
        miu2=0;                            %背景的平均灰度值
        for m=1:colorLevel
            if m<threshold
                miu1=miu1+(m-1)*hist(m);%目标 i*pi 的累加值[1 threshold]
            else
                miu2=miu2+(m-1)*hist(m);%背景 i*pi 的累加值[threshold m]
            end
        end
        miu1 = miu1/omega1;                %目标的平均灰度值
        miu2 = miu2/omega2;                %背景的平均灰度值
        xigmaB21 = omega1*(miu1-miuT)^2+omega2*(miu2-miuT)^2;%最大方差
        xigma(mindex) = xigmaB21;          %先设定一个值，再遍历所有灰度级
        %找到 xigmaB21 的值最大
        if xigmaB21>xigmaB2
            finalT = threshold;            %找到阈值、灰度级
            xigmaB2 = xigmaB21;            %方差为最大
        end
    end
    %阈值归一化
    fT = finalT/255;
    for i = 1:wid
        for j = 1:len
            if I_double(i,j)>finalT        %大于所设定的均值，则为目标
                bin(i,j) = 1;
            else
                bin(i,j) = 0;
            end
        end
    end

    subplot(1,2,2),imshow(bin);
```

7.3.4 最佳阈值的选择法

除非图像中的物体有陡峭的边沿，否则灰度阈值的取值对所抽取物体的边界的定位和整体的尺寸都有很大的影响。这意味着后续的尺寸（特别是面积）的测量对于灰度阈值的选择很敏感。由于这个原因，我们需要一种最佳的，或至少是具有一致性的方法确定阈值。

下面讨论一种最佳阈值——最小误差阈值选择法。该方法以图像中的灰度为模式特征，假设各模式的灰度是独立同分布的随机变量，并假设图像中待分割的模式服从一定的概率分布，此时可以得到满足最小误差分类准则的分割阈值。

假设图像中只有目标和背景两种模式，先验概率分别是 $p_1(z)$ 和 $p_2(z)$，均值为 μ_1 和 μ_2，如图 7-18 所示。设目标的像素点数占图像总像素点数的百分比为 w_1，背景像素点占 $w_2 = 1 - w_1$，混合概率密度为

$$p(z) = w_1 p_1(z) + w_2 p_2(z) \tag{7-16}$$

当选定阈值 T 时，目标像素点错划为背景像素点的概率为

$$e_1(T) = \int_T^\infty p_1(z)\mathrm{d}z \tag{7-17}$$

把背景像素点错划为目标像素点的概率为

$$e_2(T) = \int_{-\infty}^T p_2(T)\mathrm{d}z \tag{7-18}$$

则总错误概率为

$$e(T) = w_1 e_1(T) + w_2 e_2(T) = w_1 e_1(T) + (1 - w_1)e_2(T) \tag{7-19}$$

最佳阈值就是使总错误概率最小的阈值，对 T 求导，并令其为 0，得

$$w_1 p_1(T) = (1 - w_1)p_2(T) \tag{7-20}$$

利用这个等式解出 T，即为最佳阈值。

注意：如果 $w_1 = w_2$，则最佳阈值位于曲线 $p_1(z)$ 和 $p_2(z)$ 的交点处，如图 7-18 所示。

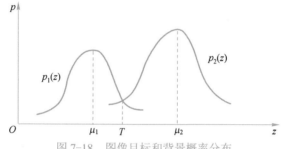

图 7-18　图像目标和背景概率分布

得到一个 T 的分析表达式，需要知道两个概率密度函数，在实践中并不是总可以对这两个密度进行估计。通常做法是利用参数比较容易得到的密度，此时使用的主要密度之一是高斯密度。高斯密度可以用两个参数均值和方差完全描述。对于正态分布，有

$$p_1(z) = \frac{1}{\sqrt{2\pi}\sigma_1} \mathrm{e}^{-\frac{(z-\mu_1)^2}{2\sigma_1^2}} \tag{7-21}$$

$$p_2(z) = \frac{1}{\sqrt{2\pi}\sigma_2} \mathrm{e}^{-\frac{(z-\mu_2)^2}{2\sigma_2^2}} \tag{7-22}$$

将式（7-21）和式（7-22）分别代入式（7-20），且两边同时取对数得

$$\ln \frac{w_1\sigma_2}{(1-w_1)\sigma_1} - \frac{(T-\mu_1)^2}{2\sigma_1^2} = -\frac{(T-\mu_2)^2}{2\sigma_2^2} \tag{7-23}$$

当 $\sigma_1^2 = \sigma_2^2 = \sigma^2$ 时，得

$$T = \frac{\mu_1 + \mu_2}{2} + \frac{\sigma^2}{\mu_1 - \mu_2} \ln \frac{1 - w_1}{w_1} \tag{7-24}$$

当 $w_1 = w_2 = \frac{1}{2}$ 时，得

$$T = \frac{\mu_1 + \mu_2}{2} \tag{7-25}$$

可见，当图像中目标和背景像素灰度呈现正态分布，并且方差相等、目标和背景的像素比例相等时，最佳分割阈值就是目标和背景像素灰度均值的平均值。对于其他形式的密度函数，可以用类似的方法得到阈值。用最小误差法自动选取阈值的困难在于待分割的模式的概率分布难以获得。

7.3.5 分水岭算法

最常用的分水岭算法是 F.Meyer 在 20 世纪 90 年代初提出的基于灰度图像的分割算法，它是一种基于拓扑理论的数学形态学的分割方法，其基本思想是把图像看作是测地学上的拓扑地貌，图像中每一点像素的灰度值表示该点的海拔，每一个局部极小值及其影响区域称为集水盆，而集水盆的边界则形成分水岭。分水岭的概念和形成可以通过模拟浸入过程来说明。在每一个局部极小值表面，刺穿一个小孔，然后把整个模型慢慢浸入水中，随着浸入的加深，每一个局部极小值的影响域慢慢向外扩展，在两个集水盆汇合处构筑大坝，即形成分水岭。如例 7-7 所示，利用分水岭算法能够将图 7-19 所示的原始图像转化为图 7-20。

图 7-19 原始图像

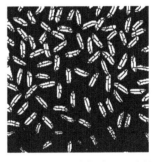

图 7-20 分水岭算法处理结果

【例 7-7】 用分水岭算法分割图像。

```
filename = 'rice.png';%filename = 'g:\pear1.jpg'
f = imread(filename);%f = imread('g:\rice.png');
figure(1),imshow(f)
info = imfinfo(filename);
if info.BitDepth>8
    f = rgb2gray(f);
end
b = im2bw(f,graythresh(f));    %二值化，注意应保证集水盆地的值较低（为 0），否则就要对 b 取反
d = bwdist(b);                 %求零值到最近非零值的距离，即集水盆地到分水岭的距离
I = watershed(-d);             %MATLAB 自带的分水岭算法，I 中的零值即为分水岭
w = (I == 0);                  %取出边缘
g = b&(~w);                    %用 w 作为 mask 从二值图像中取值
figure,imshow(g);
```

7.4 基于梯度的图像分割

先前的区域分割方法通过将图像划分为内部点集和外部点集来实现分割。与此相反，边

界方法利用边界具有高梯度值的性质直接把边界找出来。

7.4.1 边界跟踪

假定我们着手进行处理一个梯度幅值图像，这个图像是从一幅处于和物体具有反差的背景中的单物体的图像进行计算得来的。因为灰度级最高的点（即在原始图像中梯度值最高的点）必然在边界上，所以我们可以把这一点作为边界跟踪过程的起始点。如果有几个点都具有最高灰度级，我们可以任选一个。

接着，搜索以边界起始点为中心的 3×3 邻域，找出具有最大灰度级的邻域点作为第 1 个边界点。如果有两个邻域点具有相同的最大灰度级，就任选一个。从这一点开始，我们启动了一个在给定当前和前一个边界点的条件下寻找下一个边界点的迭代过程。在以当前边界点为中心的 3×3 邻域内，我们考察前一个边界点位置相对的邻点和这个邻点两旁的两个点（见图 7-21）。下一个边界点就是上述 3 点中具有最高灰度级的那个点。如果所有 3 个或两个相邻边界点具有同样的最高灰度级，我们就选择中间的那个点。如果两个非邻接点具有同样的最高灰度级，我们可以任选其一。

在一个无噪声的单调点状物图像中，这种算法将描画出最大梯度边界；但是，即使少量的噪声也可能使跟踪暂时或永远偏离边界。噪声的影响可以通过跟踪前对梯度图像进行平滑或采用"跟踪虫"（tracking bug）的方法来降低。即使这样，边界跟踪也不能保证产生闭合的边界，并且算法也可能失控并走到图像边界外面。

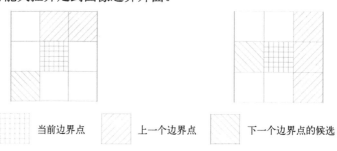

　　　　　当前边界点　　　　　上一个边界点　　　　　下一个边界点的候选

图 7-21　边界跟踪

7.4.2 梯度图像二值化

如果用适中的阈值对一幅梯度图像进行二值化，那么，我们将发现物体和背景内部的点低于阈值而大多数边缘点高于它。如图 7-22 所示，Kirsch 分割法利用了这种现象。这种技术首先用一个中偏低的灰度阈值对梯度图像进行二值化从而检测出物体和背景，物体与背景被处于阈值之上的边界点带分开。随着阈值逐渐提高，就引起物体和背景的同时增长。当它们接触上而又不至于合并时，可用接触点来定义边界，这是分水岭算法在梯度图像中的应用。

虽然 Kirsch 分割法比二值化的计算开销大，但它可以产生最大梯度边界，并且避免了使用只有梯度跟踪虫时存在的许多麻烦。对包含多个物体的图像，在初始二值化步骤中分割正确的情况下，才能保证该分割的正确。预先对梯度图像进行平滑会产生较平滑的边界。

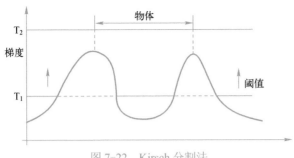

图 7-22   Kirsch 分割法

7.5   边缘检测与连接

确定图像中的物体边界的另一种方法是先检测每个像素和其直接邻域的状态，以决定该像素是否确实处于一个物体的边界上。具有所需特性的像素被标为边缘点。当图像中各个像素的灰度级用来反映各像素符合边缘像素要求的程度时，这种图像被称为边缘图像或边缘图（edge map）。它也可以用仅标识了边缘点的位置而没有标识强弱程度的二值图像来表示。对边缘方向而不是（或附加于）幅度进行编码的图像称为含方向边缘图。

一幅边缘图通常用边缘点勾画出各个物体的轮廓，但很少能形成图像分割所需的闭合且连通的边界。因此需要另一个步骤才能完成物体的检测过程。边缘点连接就是一个将邻近的边缘点连接起来从而产生一条闭合的连通边界的过程。这个过程填补了因为噪声和阴影的影响所产生的间隙。

7.5.1   边缘检测

如果一个像素落在图像中某一个物体的边界上，那么它的邻域将成为一个灰度级变化的带。对这种变化最有用的两个特征是灰度的变化率和方向，它们分别以梯度向量的幅度和方向来表示。

1. 边缘检测算子

边缘检测算子检查每一个像素的邻域并对灰度变化率进行量化，通常也包括方向的确定。有若干种方法可以使用，其中大多数是基于方向导数掩模求卷积的方法。

1）水平边缘算子。利用它可以检测出图像在水平方向上两侧是否存在差异，当核大小为 3 时，如图 7-23 所示。

2）垂直边缘算子。利用它可以检测出图像在垂直方向上两侧是否存在差异，当核大小为 3 时，如图 7-24 所示。

-1	0	1
-2	0	2
-1	0	1

图 7-23   水平边缘算子

-1	-2	-1
0	0	0
1	2	1

图 7-24   垂直边缘算子

下面介绍 4 种常用边缘检测算子。

（1）Roberts 算子

Roberts 算子是一种利用局部差分算子寻找边缘的算子。它由式（7-26）给出：

$$g(x,y) = \left[\left(\sqrt{f(x,y)} - \sqrt{f(x+1,y+1)} \right)^2 + \left(\sqrt{f(x+1,y)} - \sqrt{f(x,y+1)} \right)^2 \right]^{\frac{1}{2}} \qquad (7\text{-}26)$$

式中，$f(x,y)$ 是具有整数像素坐标的输入图像。其中的二次方根运算使该处理类似于人类视觉系统中发生的过程。

（2）Sobel 算子

图 7-25 所示的两个卷积核形成了 Sobel 算子。图像中的每个点都用这两个核进行卷积。一个核对通常的垂直边缘响应最大，而另一个对水平边缘响应最大。两个卷积的最大值作为该点的输出值。运算结果是一幅边缘幅度图像。

-1	-2	-1
0	0	0
1	2	1

-1	0	1
-2	0	2
-1	0	1

图 7-25　Sobel 算子

（3）Prewitt 算子

图 7-26 所示的两个卷积核形成了 Prewitt 算子。与使用 Sobel 算子的方法一样，图像中的每个点都用这两个核进行卷积，取最大值作为输出 Prewitt 算子也产生一幅边缘幅度图像。

-1	-1	-1
0	0	0
1	1	1

1	0	-1
1	0	-1
1	0	-1

图 7-26　Prewitt 算子

（4）Kirsch 算子

图 7-27 所示的 8 个卷积核组成了 Kirsch 算子。图像中的每个点都用 8 个掩模进行卷积，每个掩模对某个特定边缘方向做出最大响应。所有 8 个方向中的最大值作为边缘幅度图像的输出。最大响应掩模的序号构成了对边缘方向的编码。

【例 7-8】　利用边缘检测算子对图像进行处理。

```
%生成图片
I=180*ones(256,256);
I(100:200,100:200) = 128;
I(120:180,120:180) = 220;
IedgeSobel = edge(I,'sobel');              %Sobel 算子分割
IedgeSobel_v = edge(I,'sobel','vertical');    %垂直边缘算子分割
IedgeSobel_h = edge(I,'sobel','horizontal');  %水平边缘算子分割
```

```
figure(1),imshow(uint8(I);
figure(2),imshow(IedgeSobel);
figure(3),imshow(IedgeSobel_v);
figure(4),imshow(IedgeSobel_h);
```

+5	+5	+5
-3	0	-3
-3	3	-3

-3	+5	+5
-3	0	+5
-3	-3	-3

-3	-3	+5
-3	0	+5
-3	3	+5

-3	-3	-3
-3	0	+5
-3	+5	+5

-3	-3	-3
-3	0	-3
+5	+5	+5

-3	-3	-3
+5	0	-3
+5	+5	-3

+5	-3	-3
+5	0	-3
+5	-3	3

-5	+5	-3
+5	0	-3
-3	-3	3

图 7-27　Kirsch 算子

如例 7-8 所示，在背景中生成一个有颜色差异的矩形框后，利用垂直边缘算子和水平边缘算子进行分割，可以得到如图 7-28 的处理结果图。

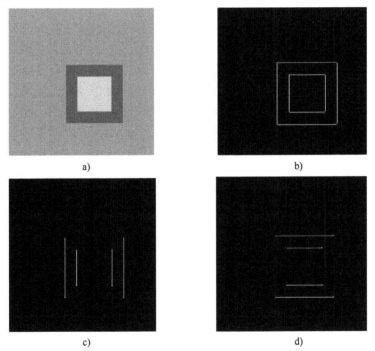

图 7-28　边缘检测算子处理结果图

a) 原始图像　b) 边缘图像　c) 垂直边缘图像　d) 水平边缘图像

2. 边缘检测器性能

由上述边缘检测算子产生的边缘图像看起来很相似，像一个绘画者从图片中做出的线条画。Roberts 算子是 2×2 算子，对具有陡峭的低噪声图像响应最好。其他 3 个算子，都是 3×3 算子，对灰度渐变和噪声较多的图像处理得较好。

使用两个掩模板组成边缘检测器时，通常取较大的幅度作为输出值，这使得它们对边缘的走向有些敏感。取它们的平方和的开方可以获得性能更一致的全方位响应。这与真实的梯度值更接近。

值得注意的是，3×3 的 Sobel 和 Prewitt 算子可扩展成 8 个方向，并且可以像使用 Kirsch 算子一样获得边缘方向图。

7.5.2　边缘连接

如果边缘很明显，而且噪声级低，那么可以将边缘图像二值化并将其细化为单像素宽的闭合连通边界图。然而在非理想条件下，这种边缘图像会有间隙出现，需要加以填充。

填充小的间隙可以简单实现。通过搜索一个以某端点为中心的 5×5 或更大的邻域，在邻域中找出其他端点并填充上必要的边界像素，从而将它们连接起来。但对具有许多边缘点的复杂场景，这种方法可能会对图像过度分削。为了避免过度的分削，可以规定：两个端点只有在边缘强度和走向相近的情况下才能连接。

7.6　区域分割

分割的目的是将图像划分为不同区域。阈值分割法由于没有或很少考虑空间关系，应用受限。基于区域的分割方法可以弥补这点不足。该方法利用的是图像的空间性质，认为分割出来的属于同一区域的像素应具有相似的性质。传统的区域分割法主要有区域生长法和区域分裂合并法，该类方法在没有先验知识可以利用时，对含有复杂场景或自然场景等先验知识不足的图像进行分割，也可以取得较好的性能。但是，该类方法是一种迭代的方法，空间和时间开销都比较大。

7.6.1　区域生长法

区域生长法是一种被人工智能领域中的计算机视觉界关注的图像分割方法。这种方法是从把一幅图像分成许多小区域开始的。这些初始的区域可能是小的邻域甚至是单个像素。在每个区域中，对经过适当定义的能反映一个物体内成员隶属程度的性质（度量）进行计算，用于区分不同物体内像素的性质（度量），包括平均灰度值、纹理，或颜色信息。因此，第一步是赋给每个区域一组参数，这些参数的值能够反映区域属于哪个物体。接下来，对相邻区域的所有边界进行考查，相邻区域的平均度量之间的差异是计算边界强度的一个尺度。如果给定边界两侧的度量差异明显，那么这个边界很强，反之则弱。强边界允许继续存在，而弱边界被消除，相邻区域被合并。

这是一个迭代过程，每一步重新计算被扩大区域的物体成员隶属关系并消除弱边界，当没有可消除的弱边界时，区域合并过程结束。这时，图像分割也就完成。检查这个过程会使人感觉这是一个物体内部的区域不断增长直到其边界对应于物体的真正边界为止的过程。

区域生长法比一些较简单技术的计算开销大，但它能够直接和同时利用图像的若干种性质来决定最终边界的位置。在得不到足够的先验知识的情况下，它在自然景物的分割方面能显示最佳性能。

图 7-29 为区域生长法示例。图 7-29a 是从一幅图像中取出的一个块，数字代表像素点的灰度值，其中带阴影的两个像素为初始种子点，灰度值分别为 1 和 5，假设生长准则为所考虑的像素点和种子点的灰度值的差的绝对值小于或等于某个阈值 T，如果满足这一准则，就将该像素点归入种子点所在的区域。图 7-29b 为 $T=1$ 时的区域生长结果，每个种子点生长得到一个区域，图像块被分成 4 个小区域。图 7-29c 为 $T=2$ 时的区域生长结果，每个种子点生长得到一个区域，图像块被分成两个小区域。

可见，区域生长法主要由以下 3 个步骤组成：

1）选择合适的种子点。

2）确定相似性准则（生长准则）。

3）确定生长停止条件。

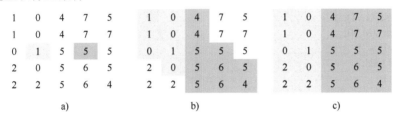

图 7-29　区域生长法示例

a) 初始情况　b) $T=1$　c) $T=2$

下面举例子说明用 MATLAB 程序实现区域生长的过程。首先指定几个种子点，然后以种子点为中心，如果邻域中各像素点与种子点的灰度值的差不超过某个阈值时，则认为该像素点和种子点具有相似性质，并将该像素点加入种子点的生长区域。区域生长是通过 MATLAB 图像处理工具箱中的函数 imreconstruct 完成的，该函数的调用语法为：

> outim=imreconstruct(markerim,maskim)

其中，markerim 为标记图像，maskim 为模板图像，outim 为输出图像。imreconstruct 函数的工作过程是一个迭代过程，大致过程如下：

1）把 f_1 初始化为标记图像 markerim。

2）创建一个结构元素 $\boldsymbol{B} = \begin{bmatrix} 1 & 1 & 1 \\ 1 & 1 & 1 \\ 1 & 1 & 1 \end{bmatrix}$。

3）计算 $f_{k+1} = (f_k \oplus \boldsymbol{B}) \cap \mathrm{maskim}$，其中 $\oplus$ 为数学形态学中的膨胀算子。

4）重复步骤 3），直到 $f_{k+1} = f_k$。

当 imreconstruct 函数完成图像的生长后，用 MATLAB 图像处理工具箱中的函数 bwlabel 把 8 连通的区域连接起来完成图像的分割。bwlabel 函数的调用语法为

> [L,NUM]=bwlabel(BW,N)

其中，BW 为输入图像；N 可取值为 4 或 8（默认为 8），分别表示 4 连通或 8 连通；NUM 为找到的连通区域数目；L 为输出矩阵，其元素值为整数值，背景被标记为 0，第一个连通区域

被标记为 1，第二个连通区域被标记为 2，依次类推。

利用 MATLAB 函数 imreconstruct 和 bwlabel 进行区域生长的图像分割比较简单，相关的例子可以在一些教材中找到。我们这里给出一个不用这两个 MATLAB 函数，而是直接按照区域生长的思想对图像进行区域分割的例子，如例 7-9 所示，处理过程如图 7-30 所示。

【例 7-9】 区域生长法分割图像。

```
I = imread('coins.png');              %读取图像
if isinteger(I)
    I = im2double(I);                 %将 uint 类型转换成 double 类型
end
figure,imshow(I);                     %显示原始图像
[M,N] = size(I);                      %获取图像大小
[y,x] = getpts;                       %选取种子点
x1 = round(x);
y1 = round(y);
seed = I(x1,y1);
J = zeros(M,N);
J(x1,y1) = 1;
sum = seed;
suit = 1;
count = 1;
threshold = 0.15;
while count>0
    s = 0;                            %记录判断一点周围 8 个点，符合条件的新点的灰度值之和
    count = 0;
    for i = 1:M
        for j = 1:N
            if J(i,j) == 1            %判断此点是否为目标点，下面判断该点的邻域点是否越界
                if(i-1)>0 & (i+1)<(M+1) & (j-1)>0 & (j+1)<(N+1)
                    for u = -1:1      %判断点周围 8 个点是否符合生长规则
                        for v = -1:1
                            if J(i+u,j+v) == 0 & abs(I(i+u,j+v) -seed)<=threshold&1/(1+1/15*abs
(I(i+u,j+v)-seed))>0.8%判断符合尚未标记，且满足条件的点
                                J(i+u, j+v) = 1;%将满足条件的点其在 J 中对应位置设置为白
                                count = count+1;
                                s = s+I(i+u,j+v);%此点的灰度值加入 s 中
                            end
                        end
                    end
                end
            end
        end
    end
    suit = suit+count;                %将 count 加入符合点数计数器中
    sum = sum+s;                      %将 s 加入符合点的灰度值总和中
    seed = sum/suit;                  %计算新的灰度平均值
end
figure,imshow(J);                     %显示区域生长结果图
A = I.*J
imshow(A)
```

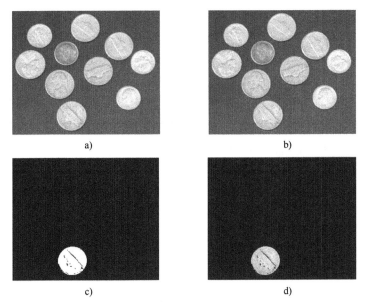

图 7-30 区域生长处理过程图

a) 原始图像　b) 选取区域生长点　c) 区域生长结果　d) 区域生长结果与原始图像点乘结果

例 7-9 是用人工方法选择种子点进行区域生长。实际问题中，我们可以根据图像像素点的灰度值的特性自动选择种子点来进行区域生长，一般种子点应该选在区域的内部（非边界）且种子点所在的邻域应该比较光滑。

7.6.2　区域分裂合并法

1. 区域分裂法

如果区域的特性差别比较大，即不满足一致性准则时，需要采用区域分裂法。分类过程是从图像的最大区域开始，一般情况下，是从整幅图像开始。区域分裂要注意的两大问题是：①确定分裂准则（一致性准则）；②确定分类方法，即如何分裂区域，使得分裂后的子区域的特性尽可能都满足一致性准则。

如果用一个阈值运算 T(x) 来表示区域的一致性准则，其算法步骤如下：

1）形成初始区域。

2）对图像的每个区域 R1，计算 T(Ri)，如果 T(Ri)=False，则沿着某一合适的边界分类区域。

3）重复步骤 2），当没有区域需要分裂时，算法结束。

2. 区域合并法

区域分裂法存在的问题是，将整体区域分裂成不同子区域，每个子区域由于区域分类规则不同，导致其区域分裂法结果不同，可能存在某些相连子区域满足一致性准则。因此，需要采用区域合并的方法将这些子区域再合并在一起。

这里假设同样的一致性阈值规则 T(x)，进行区域合并，其算法过程如下：

1）获得区域分裂法的分割区域。

2）对图像中相邻的区域，计算是否满足一致性阈值规则 T(x)，满足则合并为一个区域。

3）重复步骤 2），直到没有区域可以合并时算法结束。

3. 区域分裂合并法

区域生长法通常需要人工交互以获得种子点，这样使用者必须在每个需要抽取出的区域中植入一个种子点。区域分裂合并法不需要预先指定种子点，它按照某种一致性准则分裂或合并区域，当一个区域不满足一致性准则时被分裂成几个小的区域，当相邻区域性质相似时合并成一个大区域。

区域分裂合并法可以先进行分裂运算，再进行合并运算；也可以分裂和合并同时进行，经过连续的分裂和合并，最后得到图像的精确分割结果。

具体实现时，区域分裂合并法通常是基于四叉树数据表示方式进行的。如图 7-31 所示，用 R 表示整个图像，T(x)表示一致性准则，对某一区域 R，如果 T(Ri)=False，则将 Ri 分割成为 4 个正方形子区域。这种分割从整幅图像区域开始，直到 T(Ri)=True 或 Ri 为单个像素结束。图 7-32a 中阴影部分为目标图像，对整个图像 R，T(R)=False，所以先将其分裂成 4 个正方形区域，由于左上角区域满足 T，所以不必继续分裂，其他 3 个区域继续分（见图 7-32b），此时除包括目标下部的两个子区域外，其他区域都满足 T，不再分裂，对下面的两个子区域继续分裂可得到图 7-32c，因为此时所有区域都已满足 T，再经过合并可得到图 7-32d 所示的结果。

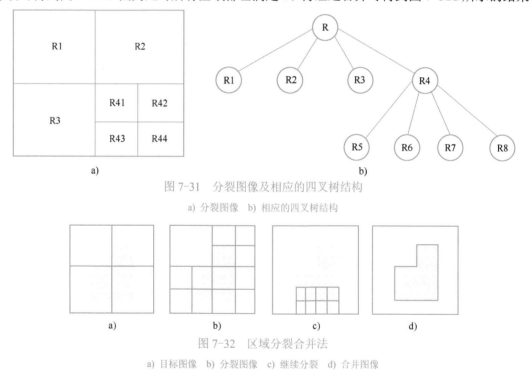

图 7-31　分裂图像及相应的四叉树结构

a) 分裂图像　b) 相应的四叉树结构

图 7-32　区域分裂合并法

a) 目标图像　b) 分裂图像　c) 继续分裂　d) 合并图像

基于四叉树数据的区域分裂合并法可表述如下：

1）设整幅图像为初始区域。

2）对每个区域 Ri，如果 T(Ri)=False，则把该区域分裂成 4 个子区域。

3）重复步骤 2），直到没有区域可以分裂。

4）对图像中任意两个相邻的区域 Ri 和 Rj，如果 T(Ri∪Rj)=True，则把这两个区域合并成一个区域。

5）重复步骤 4），直到没有相邻区域可以合并时算法结束。

区域分裂合并法是针对区域的分割算法，这种算法能够较好地将图像中的相似区域分割出来，但是由于该类方法存在对一致性准则的设定，使算法结果存在一定的可变性。而且该类算法是一个迭代过程，因此算法需要的时间较长。

7.7 数学形态学图像处理

二值图像也就是只具有两个灰度级的图像，它是数字图像的一个重要子集。一个二值图像（如一个剪影像或一个轮廓图）通常是对一个图像进行分割操作产生的。如果初始的分割不够令人满意，还可以对二值图像进行处理提高其质量。

如前所述，图像处理有两种连通性准则（4 连通和 8 连通）。4 连通方法只把垂直和水平方向的邻接点算作邻域，而 8 连通把距离最近的 8 个点看作邻域。8 连通方法在许多应用中更加有效。

这一节讨论的许多过程都可以作为 3×3 邻域运算执行。在一幅二值图像中，任一点加上其 8 个邻域点代表了 9 位信息。因此在一幅二值图像中，一个 3×3 邻域只有 2^9=512 种可能的配置。

【例 7-10】 二值图像的 4 连通和 8 连通区域标记。

```
BW = [1 1 1 0 0 0 1 0 1 0 1 1
      1 0 1 0 1 1 0 1 0 1 0 1
      0 1 0 1 0 1 0 1 1 1 1 1
      1 1 0 1 0 1 1 0 0 1 1 1
      0 0 0 1 0 0 1 0 1 0 1 1]
[L4 num]=bwlabel(BW,4)
[L8 num]=bwlabel(BW,4)
```

例 7-10 得到的 4 连通和 8 连通结果如图 7-33、图 7-34 所示。从图 7-33 可以看出，按照 4 连通，该二值图像被分成了 8 个不同的连通区域,这 8 个不同的连通区域被分别标记为 1~8，标记为同一个数字的像素点属于同一个连通区域。从图 7-34 可以看出，按照 8 连通，该二值图像的所有目标点都属于同一个连通区域，即图像只有一个连通区域，标记为 1。

L4=

列1至9

1	1	1	0	0	0	5	0	7
1	0	1	0	4	4	0	6	0
0	2	0	3	0	4	0	6	6
2	2	0	3	0	4	4	0	0
0	0	0	3	0	0	4	0	8

列10至12

0	6	6
6	0	6
6	6	6
6	6	6
0	6	6

num=

8

图 7-33　4 连通结果

L8=

列1至9

```
1   1   1   0   0   0   1   0   1
1   0   1   0   1   1   0   1   0
0   1   0   1   0   1   0   1   1
1   1   0   1   0   1   1   0   0
0   0   0   1   0   0   1   0   1
```

列10至12

```
0   1   1
1   0   1
1   1   1
1   1   1
0   1   1
```

num=

1

图 7-34　8 连通结果

　　用图 7-35 中的 3×3 算子对一幅二值图像做卷积产生一个 9bit（512 级灰度）图像，其中每个像素的灰度级确定了以该点为中心的 3×3 二值邻域的配置。因此，邻域运算可以用一个有 512 个输入口及一位输出的查找表来实现。不管该运算用软件还是专门的硬件实现，用查找表比其他实现方法都远远有效得多。

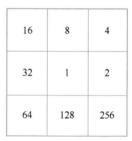

16	8	4
32	1	2
64	128	256

图 7-35　值邻域编码

　　这种方法可用一个叫击中-击不中变换（HMT）的逻辑运算来实现。此时，查找表用来寻找一种特定的模式，例如，一个所有像素都是黑色的模式，输出是 1 还是 0 则取决于图像中当前邻域是否匹配这个模式。如果模式被匹配（击中），那么该邻域的中心像素置成白色，否则该中心像素保持不变（未击中），这个操作消除了实心物体的内部点，把它变为轮廓图。

7.7.1　腐蚀与膨胀

　　形态学（Morphology）一词通常代表生物学的一个分支，它是研究动物和植物的形态和结构的学科。我们在这里使用同一词语表示数学形态学的内容，将数学形态学（Mathematical Morphology）作为工具，从图像中提取对于表达和描述区域形状有用的图像分量，如边界、骨架以及凸壳等。同时在图像预处理和后处理中，数学形态学所起的作用非常大，比如形态学过滤、细化、修剪、填充等。

1. 腐蚀

简单的腐蚀是消除物体的所有边界点的一种过程，其结果使剩下的物体沿其周边比原物体小一个像素的面积。如果物体是圆的，它的直径在每次腐蚀后将减少 2 个像素。如果物体任一点的宽度小于 3 个像素，那么它在该点将变为非连通的（变为两个物体）。在任何方向的宽度不大于 2 个像素的物体将被除去。腐蚀对从一幅分割图像中去除小且无意义的物体来说是很有用的。

一般意义的腐蚀概念定义为

$$E = B \otimes S = \{x, y \mid S_{xy} \subseteq B\} \tag{7-27}$$

也就是说，由 S 对 B 腐蚀所产生的二值图像 E 是这样的点 (x,y) 的集合：如果 S 的原点位移到点 (x,y)，那么 S 将完全包含于 B 中。使用基本的 3×3 结构元素时，一般意义的腐蚀简化为简单腐蚀。

一般来说，在 MATLAB 中，我们使用 ierode 函数对图像进行腐蚀处理。如例 7-11 所示，将原始的图像矩阵（见图 7-36b）进行腐蚀处理，可以得到如图 7-36d 所示的腐蚀后图像矩阵，图 7-36e、f 展示了腐蚀处理前后的图像。

【例 7-11】　对图像进行腐蚀。

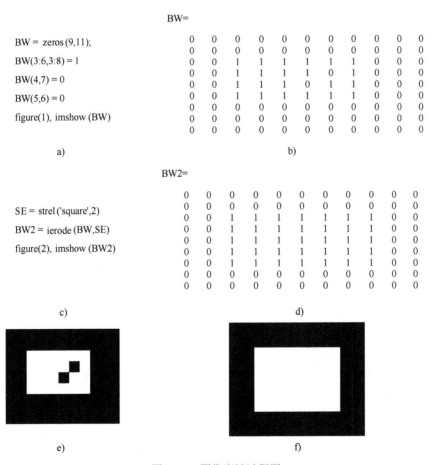

图 7-36　图像腐蚀过程图

a) 原始图像代码　b) 原始图像矩阵　c) 腐蚀代码　d) 腐蚀后图像矩阵　e) 原始图像　f) 腐蚀后图像

2. 膨胀

简单膨胀是将与某物体接触的所有背景点合并到该物体中的过程。过程的结果是使物体的面积增大了相应数量的点。如果物体是圆的，它的直径在每次膨胀后增大 2 个像素。如果两个物体在某点相隔少于 3 个像素，它们将在该点连通起来（合并成一个物体）。膨胀在填补分割后物体中的空洞很有用。

一般膨胀定义为

$$D = B \oplus S = \left\{ x, y \mid S_{xy} \cap B \neq \varnothing \right\} \tag{7-28}$$

也就是说，S 对 B 膨胀产生的二值图像 D 是由这样的点(x, y)组成的集合，如果 S 的原点位移到(x, y)，那么它与 B 的交集非空。采用基本的 3×3 结构造元素时，一般膨胀简化为简单膨胀。

一般来说，在 MATLAB 中，我们使用 imdilate 函数对图像进行膨胀处理。

如例 7-11 所示，将原始的图像矩阵（见图 7-37b）进行膨胀处理，可以得到如图 7-37d 所示的膨胀后图像矩阵，图 7-37e、f 展示了膨胀处理前、后的图像。

【例 7-12】 对图像进行膨胀。

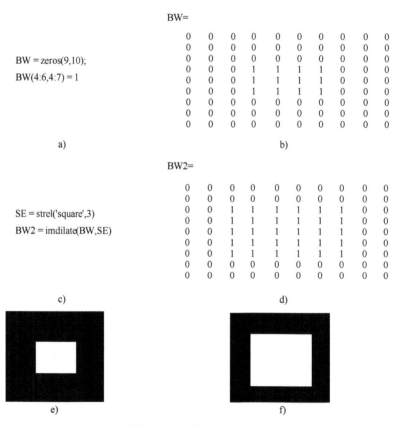

图 7-37 图像膨胀过程图

a) 图像代码   b) 图像矩阵   c) 膨胀代码   d) 膨胀后图像矩阵   e) 原始图像   f) 膨胀后图像

注意：在使用腐蚀膨胀函数时，需要使用 strel 函数创建结构元素 SE，其包括圆形、矩形、方形等，如要查看具体的 strel 种类，可以在 MATLAB 命令行中使用 help strel 进行查看。

7.7.2 开运算与闭运算

1. 开运算

先腐蚀后膨胀的过程称为开运算。它具有消除细小物体、在纤细点处分离物体，和平滑较大物体的边界时又不明显改变其面积的作用。开运算定义为

$$B \cdot S = (B \otimes S) \oplus S \qquad (7\text{-}29)$$

一般来说，在 MATLAB 中，我们使用 imopen 函数对图像进行开运算。如例 7-13 所示，对图像进行开运算可以将图 7-38a 所示的原始图像转化为图 7-38b。

【例 7-13】 对图像进行开运算。

```
imread('caodui.jpg')        %读取图像
figure(1),imshow(I2)
SE = strel('square',50);
I3 = imopen(I2,SE);         %进行开运算
figure(2),imshow(I3)
```

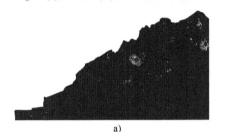
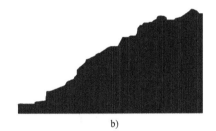

a)   b)

图 7-38 图像开运算过程图

a) 原始图像   b) 进行开运算后图像

2. 闭运算

先膨胀后腐蚀的过程称为闭运算。它具有填充物体内细小空洞、连接邻近物体、在不明显改变物体面积的情况下平滑其边界的作用。闭运算定义为

$$B \cdot S = (B \oplus S) \otimes S \qquad (7\text{-}30)$$

通常，当有噪声的图像用阈值二值化时，所得到的边界往往是很不平滑的，物体区域具有一些错判的孔，背景区域上则散布着一些小的噪声物体。连续的开和闭运算可以显著地改善这种情况。有时连接几次腐蚀迭代之后，加上相同次数的膨胀，才可以产生所期望的效果。

一般来说，在 MATLAB 中，我们使用 imclose 函数对图像进行闭运算。如例 7-14 所示，对图像进行闭运算可以将图 7-39a 所示的原始图像转化为图 7-39b。

【例 7-14】 对图像进行闭运算。

```
I2 = imread('yichuxiaoduixiang.jpg')    %读取图像
figure(1),imshow(I2)
SE = strel('disk',360,0);
I3 = imclose(I2,SE); %进行闭运算
figure(2),imshow(I3)
```

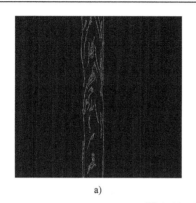
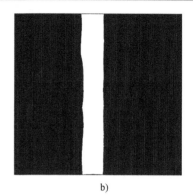

a)   b)

图 7-39　图像闭运算过程图

a)原始图像　b) 进行闭运算后图像

7.8　图像分割综合应用

本节给出一个图像分割的综合应用。

1. 读入图像

```
I = imread('cell.tif');
figure,imshow(I);                %将图像读入 MATLAB，如图 7-40 所示
```

2. 检测完整的细胞

如图 7-41 所示，图像中存在两个细胞，只有一个是完整的，需要将这个完整的细胞分割出来。由于目标图像与背景有较大的区别，可以利用灰度的梯度信息来实现图像分割。为此，采用 Sobel 算子来实现边缘提取，提取边缘效果如图 7-42 所示。

```
BWs0 = edge(I,'sobel');
figure,imshow(BWs0);
BWs = edge(I,'sobel',(graythresh(I)*.1));
figure,imshow(BWs);
```

图 7-40　原始图像　　　　图 7-41　Sobel 算子　　　　图 7-42　利用 graythresh 函数获得
　　　　　　　　　　　　　　　　提取边缘　　　　　　　最佳阈值后再用 Sobel 算子提取边缘

3. 构造结构函数

如图 7-42 所示，虽然 edge 函数提取了图像的大概轮廓，但是边缘线存在断裂的情况，没有完整而精确地描绘出细胞的轮廓，在这里，可以通过 strel 函数构造线性的结构函数。

```
se90 = strel('line',3,90);
se0 = strel('line',3,0);
```

4．膨胀操作

用 imdilate 函数对图像进行膨胀操作，膨胀结果如图 7-43 所示。

```
BWsdill = imdilate(BWs, [se90 se0]);
figure,imshow(BWsDil);
```

5．填充

膨胀后的灰度图精确显示了细胞的外围轮廓，但是在细胞内部还有一些空隙，可以利用 imfill 函数对这些空隙进行填充，填充结果如图 7-44 所示。

图 7-43　膨胀操作

图 7-44　填充空隙

```
BWDfill = imfill(BWsDil,'holes');
figure,imshow(BWDfill);
```

6．移除与边界连通的目标

至此，可以对感兴趣的细胞进行成功分割，但是画面上还有其他物体，可以通过 imclearborder 函数来清除与边界连通的物体，得到如图 7-45 所示的分割结果。

```
BWnobord = imclearborder(BWDfill,4);
figure,imshow(BWnobord);
```

7．平滑

对于分割结果，边缘不是很光滑，需要利用菱形结构元素对图像进行平滑处理，得到如图 7-46 所示的平滑处理图。

```
Sed=strel('diamond',1); % Think:Why choose 'diamond'as strel?
BWfinal = imerode(BWnobord,seD);
BWfinal = imerode(BWfinal,seD);
figure,imshow(BWfinal);
```

然后在原图上以轮廓线标出细胞的轮廓，至此，细胞的检测就完成了，得到如图 7-47 所示的标识结果。

```
BWoutline = bwperim(BWfinal);
Segout = I;
Segout(BWoutline) = 255;
figure,imshow(Segout);
```

图 7-45　分割

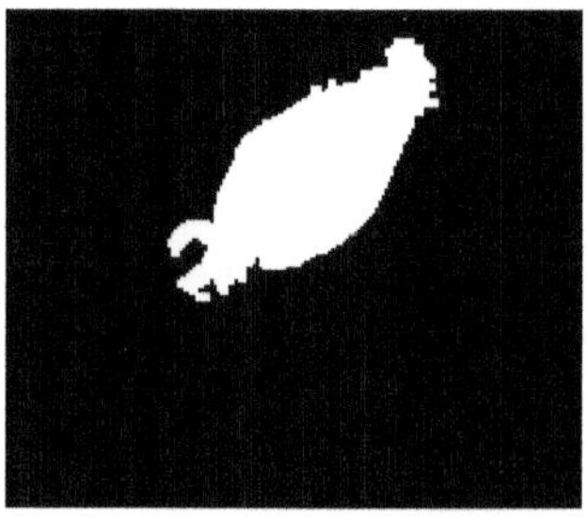

图 7-46　平滑

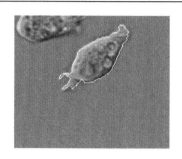
图 7-47　分割结果标识

本章小结

本章讲解了基于MATLAB 的数字图像处理技术。首先介绍了基于阈值的图像处理技术，包括全局阈值分割、多阈值分割、自适应阈值分割、最佳阈值选择法、分水岭算法；依次介绍了基于梯度的图像分割，区域生长法和区域分裂合并法两种区域分割方法，几种边缘检测算子，基于腐蚀与膨胀的数学形态学图像处理方法；最后，以一个案例综合应用了本章各小节知识。同时，本章在撰写时，为方便读者理解和学习，列举了大量的应用实例和MATLAB 的源程序。

习题

7.1　设一幅 7×7 大小的二值图像中心处有一个值为 0 的 3×3 大小的正方形区域，其余区域的值为1，如图 7-48 所示。使用 Sobel 算子来计算这幅图的梯度，并画出梯度幅度图（需要给出梯度幅度图中所有像素的值）。

1	1	1	1	1	1	1
1	1	1	1	1	1	1
1	1	0	0	0	1	1
1	1	0	0	0	1	1
1	1	0	0	0	1	1
1	1	1	1	1	1	1
1	1	1	1	1	1	1

图 7-48　习题 7.1 图

7.2　噪声对利用直方图取阈值进行图像分割的算法会有哪些影响？

7.3 选择一幅灰度图像，用迭代阈值法进行分割，试写出 MATLAB 程序，并给出分割结果。

7.4 选择一幅灰度图像，用最大类间方差法进行分割，试写出 MATLAB 程序，并给出分割结果。

7.5 选择一幅灰度图像，将其转换成二值图像，试用 3×3 方形模板和 3×4 矩形模板分别对它进行膨胀和腐蚀操作，写出 MATLAB 程序，并给出结果。

7.6 选择一幅灰度图像，将其转换成二值图像，试用形态学运算，对图像中物体内部的孔洞进行填充。

第8章 彩色图像处理

在预防疫情时，人们遇见最频繁的事莫过于测量体温。在人流量大的公共场所入口，对每个人进行体温检测时，会存在工作量大、耗费时间长的问题。而红外热成像结合伪彩色图像处理在面对人流量大的情况时可以很好地解决快速测体温和实时监测人员体温的难题。这为防疫工作提供了很大帮助。

本章将探究 MATLAB 所带的图像处理工具箱进行彩色图像处理的基本原理，并将工具箱的某些功能通过使用所开发的彩色生成和变换函数来进行拓展。本章的内容建立在假定部分读者已基本熟悉彩色图像处理的术语和原理的基础上。

8.1 彩色图像基础

世界充满了色彩。而如何定义肉眼见到的色彩，它又有哪些特点，本章将会介绍。

在 17 世纪 60 年代，人们普遍认为阳光是一种没有其他颜色的纯色光，而彩色光是因某种缘故发生变化的光。为了验证这个假设，牛顿让一束阳光通过一个三棱镜，照在墙上的光线显示出了按顺序排列的不同颜色，即红、橙、黄、绿、青、蓝、紫，如图 8-1 所示，后来人们称之为光谱。

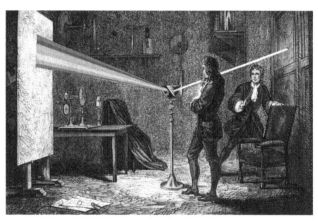

图 8-1　牛顿发现光谱现象

正是因为红、橙、黄、绿、青、蓝、紫这些基本颜色具有不同的色谱，才形成了表面上颜色单一的白光。尽管人类大脑感知和理解颜色所遵循的生理和心理过程还很不彻底，但许多实验和理论结果都支持颜色的物理特性。

8.1.1　彩色的定义

彩色是物体的一种属性，就像纹理、形状和质量一样。一般来说，它取决于 3 个方面的因素：

1）光源：照射光的光谱特性或光谱能量分布。

2）物体：被照射物体的反射特性。

3）成像接收器（眼睛或成像传感器）：光谱能量吸收性质。

其中，光谱特性是彩色科学的核心。如果光没有颜色（比如观察者看到的黑白电视的光），那么它的属性只是亮度或数值。亮度可以用灰度值来描述，灰度值范围从黑色到灰色，最后到白色。

对于有色光，我们通常用 3 个基本量来描述其光源的质量：辐射率、光通量和亮度。

1）辐射率是从光源流出的总能量，通常以瓦特（W）为单位。

2）光通量以流明（lm）为单位度量，它给出了观察者从光源接收到的能量总和的度量。

3）亮度是色彩强度概念的体现，它实际上是一个无法估量的主观写照。

同样作为能量的量度，辐射率和光通量通常没有必然的联系。例如，在 X 光检查中，光从 X 射线源发出，它是具有实际意义上的能量的。但由于它在可见光范围之外，观察者很难感觉到。所以对人们来说，它的光通量几乎为零。

8.1.2　彩色的物理认识

人类能够感知的物体的颜色是由物体反射的光的性质决定的。如图 8-2 所示，可见光是由电磁波谱中较窄的波段组成。如果物体反射的光在所有可见光波长范围内都是平衡的，那么从观察者的角度来看，它是白色的；如果物体只反射有限的可见光谱范围，则物体看起来是某种颜色。例如，反射波长范围为 450～500nm 之间的物体呈现蓝色，它吸收了其他波长光的大部分能量；而如果物体吸收了所有的入射光，它就会呈现黑色。

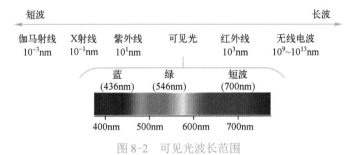

图 8-2　可见光波长范围

8.1.3　三原色

根据详细的实验结果，人眼中负责颜色感知的细胞中约有 65%对红光敏感，33%对绿光敏感，只有 2%对蓝光敏感。正是人眼的这些吸收特性决定了所看到的彩色是一般所谓的原色红（R）、绿（G）和蓝（B）的各种组合。国际照明委员会（CIE）规定蓝色（波长为 435.8nm）、绿色（波长为 546.1nm）、红色（波长为 700nm）作为主原色。因此，红（R）、绿（G）和蓝（B）被称为三原色。

在图 8-3 所示的 CIE 色度图中，最外层轮廓对应于所有可见光谱颜色，并标记在边缘。

我们看到图 8-3 中，R、G、B 三原色连接的三角形并没有覆盖整个可见色区域，也就是说，只使用三原色并不能得到所有的可见颜色。实际上，图 8-3 中的三角形区域对应的是典型的 RGB 显示器所能产生的色彩范围，称为彩色全域；而三角形内的不规则区域代表高品质彩色打印设备的色域。

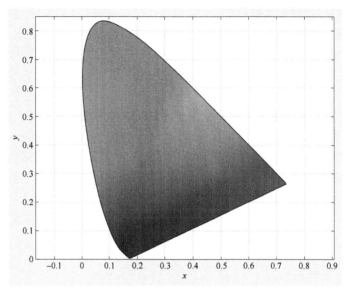

图 8-3　CIE 色度图

8.1.4　计算机中的颜色表示

在计算机中，显示器的任何颜色（全色域）都可以由红、绿、蓝 3 种颜色组成，称为三原色。各原色的取值范围为 0~255。任何颜色都可以与这 3 种颜色以不同的比例混合获得，这就是三原色的原理。在计算机中，三原色的原理可以解释如下：

1）计算机中的任何一种颜色都可以由不同比例的 3 种颜色混合而成；并且每种颜色都可以分解为 3 种基本颜色。

2）三原色是相互独立的，任何一种颜色都不能由另外两种颜色组成。

3）混合色的饱和度由 3 种颜色的比例决定，混合色的亮度是 3 种颜色的亮度之和。

形成任何特定颜色所需的红、绿、蓝颜色分量称为三色值，可以分别用 X、Y 和 Z 表示。此时，一种颜色可以由三色值系数定义为

$$\begin{cases} x = \dfrac{X}{X+Y+Z} \\ y = \dfrac{Y}{X+Y+Z} \\ z = \dfrac{Z}{X+Y+Z} \end{cases}$$

显然

$$x + y + z = 1$$

8.2 彩色图像的表示

自然界中的所有颜色都可以由红（R）、绿（G）、蓝（B）3 种颜色合成，数字图像也是如此。关于红（绿、蓝）成分的量，人为将 0～255 分为 256 个等级。0 表示没有红（绿、蓝）成分，255 表示 100%的红（绿、蓝）成分。根据红、绿、蓝的各种组合，可以表现出 256×256×256 种颜色。例如，当像素的红色、绿色和蓝色分量分别为 255、0、255 时，它会显示紫色。对于灰度图像中的一个像素，该像素的红、绿、蓝分量是相等的，但是随着这 3 个分量的值的增加，像素的颜色会由黑色变为白色。

可以看出，彩色数字图像可以用 RGB（红、绿、蓝）色彩空间来表示。彩色模型是用来表示彩色的数学模型。RGB 彩色模型是最常用的一种彩色模型，但在计算机系统中表达色彩信息的模型不止一种。以下是 4 种最常用的色彩模型。

8.2.1 RGB 模型

RGB 彩色空间对应的坐标系统是一个立方体，如图 8-4 所示。红色、绿色和蓝色位于立方体的 3 个顶点上；青色、深红色和黄色位于另外 3 个顶点上；黑色在原点处，而白色在离原点最远的顶点，灰度级沿着这两个点连线分布；立方体的外部和内部有不同的颜色，所以它可以用一个三维向量来表示。例如，在所有颜色均已归一化为[0, 1]的情况下，蓝色可以表示为（0, 0, 1），而灰色可以表示为（0.5, 0.5, 0.5）。

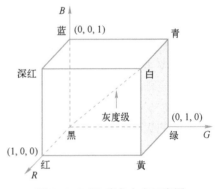

图 8-4 RGB 彩色立方示意图

在 RGB 模型中，3 个图像分量构成要表示的图像，每个分量图像为其原色图像。当发送到 RGB 监视器时，这 3 个分量图像在屏幕上混合以产生复合彩色图像。

在 RGB 空间中，用来表示每个像素的比特数称为像素深度。RGB 图像的 3 个红、绿、蓝分量图像都是一幅 8bit 图像，每个颜色像素都有 24bit 深度。因此，常使用全彩色图像来定义 24bit 的彩色图像，颜色总数为 $(2^8)^3 = 16777216$ 种。

RGB 模型常用于显示系统。彩色阴极射线管和彩色光栅图形显示器均利用 R、G、B 数值来驱动 R、G、B 电子枪发射电子，分别激发荧光屏幕上的 R、G、B 三色荧光粉末。粉末通过添加和混合发出不同亮度的光并产生各种颜色。扫描仪通过吸收原稿经反射或透射发出的光中的 R、G、B 成分，并用它来表现原稿的颜色。RGB 色彩空间是与设备相关的色彩空间。因此，不同的扫描仪扫描同一幅图像会得到不同的彩色图像数据，不同型号的显示器显示相同的图像也会有不同的彩色显示结果。

8.2.2 MATLAB 实现

在 MATLAB 中，RGB 图像可以表示为 $M \times N \times 3$ 的三维矩阵。每个彩色像素对应于彩色图像中特定空间位置的红、绿、蓝 3 个分量。组件图像的数据类型决定了它们的取值范围。如果 RGB 图像的数据类型为 double，则每个分量图像的取值范围为[0, 1]，如果数据类型为 uint8 或 uint16，则每个分量图像的取值范围分别为[0, 255]或[0, 65535]。

1. 图像合成

如果 PR、PG、PB 分别代表 3 种 RGB 分量，那么一幅 RGB 图像就是利用 cat（级联）算子将这些分量图像组合成彩色图像。

　　　　RGB_image=cat(3,PR,PG,PB);　　　　　%将 PR、PG、PB 3 个矩阵在第 3 个维度上进行级联。

注意：在 cat 操作中，图像应该按照 R、G、B 的顺序排列。如果所有的分量图像都相等，那么结果将是一张灰度图像。

2. 分量提取

让 RGB_image 代表一个 RGB 图像，下面的命令可以提取 3 个分量图像：

　　　　PR=RGB_image(:,:,1);
　　　　PG=RGB_image(:,:,2);
　　　　PB=RGB_image(:,:,3);

8.2.3　HSV 彩色模型

HSV（色调、饱和度、数值）是人们从颜色轮或调色板中挑选颜色（即颜料或油墨）时所用的几种彩色系统之一。这种彩色系统与 RGB 系统相比，更加接近于人们的经验和描述彩色感觉时所用的方式。在艺术领域，色调、饱和度和数值分别称为色泽、明暗和调色。

HSV 彩色空间可以沿 RGB 彩色立方体的灰度轴（这些轴连接黑色和白色顶点）明确表达，得出图 8-5 所示。当沿图 8-5 中的垂直（灰）轴移动时，与该轴垂直的六边形平面的大小是变化的，产生图中所描述的锥体。色调表示为围绕彩色六边形的角度，通常使用其红轴作为参考（0°）轴。值分量是沿该锥体的轴度量的。

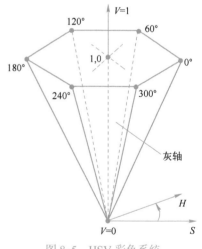

图 8-5　HSV 彩色系统

轴的 V=0 端为黑色，V=1 端为白色，位于图 8-5 中全彩色六边形的中心。这样，该轴就表示了灰度的所有深浅。饱和度（颜色的纯度）由距 V 轴的距离来度量。

HSV 彩色系统基于圆柱坐标系。从 RGB 转换为 HSV 需要开发将笛卡儿坐标系中的 RGB 值映射到圆柱坐标系的公式。多数计算机图形学教材中已详细推导了这一公式，故此处从略。

从 RGB 转换为 HSV 的 MATLAB 函数是 rgb2hsv，其语法为

　　　　hsv_image = rgb2hsv (rgb_image)

输入的 RGB 图像可以是 uint8 类、uint16 类或 double 类，输出图像是 double 类。将 HSV 转换回 RGB 的函数为 hsv2rgb，其语法为

　　　　rgb_image = hsv2rgb(hsv_image)

输入图像必须是 double 类，输出也是 double 类。

8.2.4　HSI 模型

HSI 模型是从人的视觉系统出发，直接使用颜色三要素色调（Hue）、饱和度（Saturation）

和亮度（Intensity）来描述颜色。

　　1）亮度是指人眼感知光线的明暗程度。光的能量越大，亮度就越大。

　　2）色调是颜色最重要的属性。它决定了颜色的本质，由物体反射的光的主波长决定。不同的波长会产生不同的颜色感知。人们称一种颜色为红色、橙色和黄色，这意味着人们正在规定一种色调。

　　3）饱和度是指颜色的深浅和浓淡程度。饱和度越高，颜色越深，饱和度的深浅与白色的比例有关，白色的比例越高，饱和度越低。

　　HSI 彩色空间可以用圆锥空间模型来描述，如图 8-6 所示。人们通常将色调和饱和度统称为色度，用于表示颜色的类型和深度。图中锥体中间的截面圆为色度圆，向上或向下延伸的锥体是亮度分量的表示。

　　由于人类视觉对亮度要比对色度更敏感，为了便于色彩处理和识别，人类视觉系统经常使用 HSI 彩色空间，它比 RGB 彩色空间更符合人类视觉特征。此外，由于 HSI 空间中亮度和色度的可分离特性，图像处理和机器视觉中的大量灰度处理算法可以方便地用于 HSI 彩色空间中。

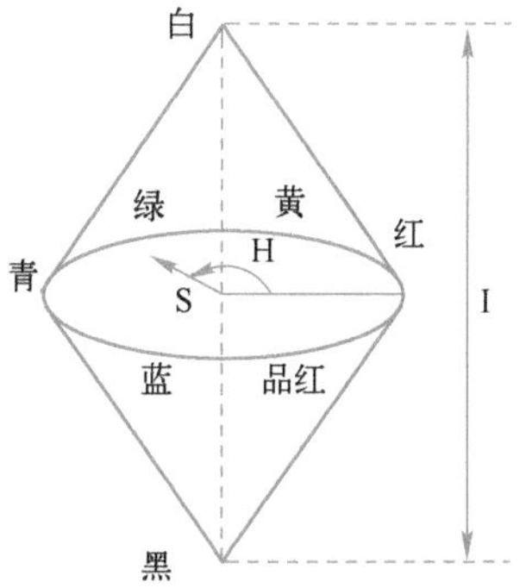

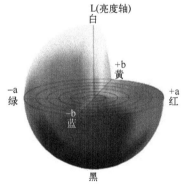

图 8-6　HSI 模型示意图

　　HSI 彩色空间和 RGB 彩色空间只是同一个物理量的不同表示。

8.2.5　Lab 模型

　　Lab 模型是由 CIE 制定的一种彩色模型。该模型与设备无关，弥补了 RGB 模型和 CMYK 模型必须依赖于设备颜色特性的不足；另外，自然界中的任何颜色都可以在 Lab 空间中表现出来，也就是说，RGB 和 CMYK 能够描述的颜色信息在 Lab 空间中都可以被提及。

　　Lab 模型如图 8-7 所示。其中，L 代表亮度，取值为 0～100；a 从绿色到红色的分量，取值为-128～127；b 代表从蓝色到黄色的分量，取值为-128～127。

　　由于 Lab 模型与设备无关，因此广泛用于彩色图像检索。另外，如果想在图像处理中保持尽可能宽的色域和丰富的色彩，可以选择在 Lab 模式下工作，然后根据输出需要转换为 RGB 模式（用于显示）或 CMYK 模式（用于打印或印刷）。这样做的最大好处是在最终的设计成果中可以获得比任何颜色模型都优质的彩色。

图 8-7　Lab 模型示意图

8.3　彩色图处理基础

8.3.1　图像的伪彩色处理

　　在遥感、医学、安检等图像处理中，为了直观地观察和分析图像数据，常采用将灰度图像映射到彩色模型的方法来突出感兴趣区域或待分析的数据段。这种显示方法称为伪彩色处理。伪彩色处理不会改变像素的位置，只会改变其显示的颜色。伪彩色处理是一种非常实用的图像增强技术，主要用于提高人眼分辨图像的能力。这种处理可以通过计算机或专用硬件设备来完成。

1. 背景

在 X 光行李扫描中，提高危险品的检出率是安检工作人员非常迫切和希望得到的结果。由于获知每个行李内容的复杂性和恐怖分子不断使用越来越复杂的方法来隐藏危险物品，直接从主要的行李检查机获得的 X 光行李扫描还无法 100%揭示感兴趣的目标，特别是那些潜在的低密度危险目标。

对于 X 光图像，低密度危险目标是指目标的组成、厚度和彩色吸收系数都非常低，因此输出图像中只有非常低的灰度值（接近于 0）。例如玻璃、有机玻璃、各种等级的木材、陶瓷、铝、碳或环氧树脂和塑料被用来制造致命武器，这些不像传统金属武器（高密度）那样在 X 光图像中显现出来。大多数现有的 X 光系统主要针对金属制成的物体（刀和枪），而非传统武器很容易被遗漏。

已知人类只能分辨几十级灰度值，但可以分辨出数千种颜色。因此，可以通过使用颜色来增加人类可以识别的目标类型。最重要的是，彩色还可以增强图像的生动性，减少厌倦感，提升安全人员的注意力。灰度图像的伪彩色化是一种典型的处理方法，用于许多领域的图像信息增强，例如医学、监控、军事和数据显示应用。这种方法可以通过提供原来不容易注意到的细节来显著改变检测图像中弱特征、结构和模式的检测能力。彩色编码的主要功能是利用人类视觉系统的感知能力，从图像中提取更多的信息，这也将提供对复杂数据集更好的定性综合观察，并可以帮助场景中相邻的相似区域识别感兴趣的区域进行更详细的定量分析。通过帮助区分不同密度的目标，彩色编码还可以最大限度地减少操作人员在监控和检查中的作用，减少执行检查所需的时间，同时减少因疲劳而出错的情况。

伪彩色（Pseudocoloring）处理是指将灰度图像转换为彩色图像，或将单色图像转换为具有给定颜色分布的图像，主要是提高人眼分辨图像细节的能力，以达到图像增强的目的。伪彩色处理的基本原理是将灰度图像或单色图像的每个灰度值与色彩空间中的一个点进行匹配，从而将单色图像映射为彩色图像。在处理中，需要为灰度图像中的不同灰度值分配不同的颜色。

设 $f(x,y)$ 为一幅灰度图像，$R(x,y)$、$G(x,y)$、$B(x,y)$ 为 $f(x,y)$ 映射到 RGB 空间的 3 个颜色分量，则伪彩色处理可以表示为

$$\begin{cases} R(x,y)=f_R(f(x,y)) \\ G(x,y)=f_G(f(x,y)) \\ B(x,y)=f_B(f(x,y)) \end{cases} \tag{8-1}$$

式中，f_R、f_G、f_B 是某种映射函数。给定不同的映射函数，可以将灰度图像转换成不同的伪彩色图像。虽然伪彩色处理可以将灰度转换为彩色，但这种彩色并不能真正代表图像的原始颜色，而只是一种便于识别的伪彩色。在实际应用中，通常会进行伪彩色处理以提高图像分辨率，因此应使用分辨率效果最好的映射函数。

伪彩色处理方法主要有强度分层法和灰度值到彩色变换法，下面分别予以介绍。

2. 强度分层法

强度分层法是最简单的伪彩色图像处理方法之一。如果将一幅图像被描述为空间坐标

(x, y) 的强度函数 $f(x, y)$，则分层的方法可以看作是将一些平面平行于图像坐标平面 (x, y)，然后将每个平面在相交区域切割图像函数。图 8-8 展示了使用平面将图像函数 $f(x, y) = l_i$（l_i 表示灰度值）切割分成两部分。

一般来说，该技术可以总结如下：让 $[0, L-1]$ 代表灰度值，让 l_0 代表黑色（$f(x, y) = 0$），l_{L-1} 代表白色（$f(x, y) = L-1$）。假设垂直于强度轴的 M 个平面定义为量级 l_1，l_2，…，l_M；并假设 $0 < M < L-1$，M 个平面将灰度值划分为 $M+1$ 个间隔 V_1，V_2，…，V_{M+1}。灰度值到彩色的赋值根据以下关系进行：

$$f(x, y) = C_k \qquad f(x, y) \in V_k \qquad (8\text{-}2)$$

式中，C_k 是与强度区间 V_k 的第 k 级强度相关的颜色；V_k 是由 $l = k-1$ 和 $l = k$ 的分割平面定义的。

图 8-8 强度分层法的几何示意图

【例 8-1】 灰度图像的强度分层。

主要的 MATLAB 程序实现如下：

```
I=imread('coins.png');
GS8=grayslice(I,8);
GS64=grayslice(I,64);
subplot(1,3,1),imshow(I),title('原始灰度图像');
subplot(1,3,2),imshow (GS8, hot (8)) ,title('分成 8 层伪彩色');
subplot(1,3,3),imshow(GS64, hot(64)) ,title('分成 64 层伪彩色');
```

上述程序中的关键函数是 GSM=grayslice(l,M)。该函数使用多个（即 $M-1$）等间隔阈值将灰度图像转换为索引图像，即 M 色图像（在本例中，M 分别为 8 和 64）。本例运行结果如图 8-9 所示。

原始灰度图像　　　　　　　分成8层伪彩色　　　　　　　分成64层伪彩色

 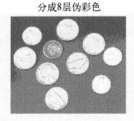 

图 8-9 强度分层法伪彩色处理

3. 灰度值到彩色变换法

灰度值到彩色变换是将灰度图像转换为具有多种颜色渐变的连续彩色图像。该方法的基本概念是对任意输入像素的灰度值进行 3 个独立的变换。然后，将 3 个变换结果分别发送到彩色电视监视器的红、绿、蓝通道。该方法产生一个合成图像，其彩色内容受变换函数特性调制。由于 3 个转换器在同一个灰度上执行不同的变换，所以 3 个转换器的输出是不同的，从而不同大小的灰度值可以合成不同的颜色。灰度值到彩色变换伪彩色处理过程如图 8-10 所示。这种方法变换后的图像视觉

图 8-10 灰度值到彩色变换伪彩色处理技术原理示意图

效果好。

在上述灰度分层中，利用灰度的分段线性函数来产生颜色。这里讨论的灰度到颜色转换方法基于平滑的线性和非线性函数。这种方法具有相当的技术灵活性，通过这种方法得到的图像的颜色信息会更加丰富。灰度到颜色的线性变换的典型传递函数如图 8-11 所示。

图 8-11 中的 3 幅图形依次表示了红色分量、绿色分量和蓝色分量的传递函数。从图 8-11a 可以看出，任何灰度小于 $L/2$ 的像素都会被转换为尽量暗的红色；而灰度在 $L/2 \sim 3L/4$ 之间的像素是红色由暗到亮的线性变换；所有灰度大于 $3L/4$ 的像素都被转变为最亮的红色。剩下的两个图形可以类似地进行说明。

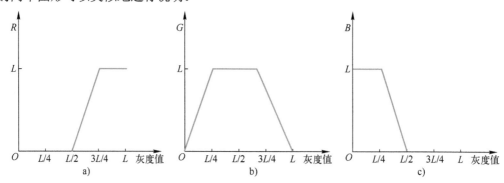

图 8-11　典型的传递函数

a) 红色分量的传递函数　b) 绿色分量的传递函数　c) 蓝色分量的传递函数

【例 8-2】　采用典型的传递函数实现灰度值到彩色图像的变换处理。结果如图 8-12 所示。

```
I= imread ( 'moon.tif');              %读取图像
I=double(I);                          %转换成 double 型，便于计算
[m,n]=size(I);                        %得到图像的高度和宽度
L=256;                                %灰度的最大值为 256
for i=1:m
    for j=1:n                         %二重循环，对每个点的值进行变换
        if I(i,j)<L/4                 %当灰度值 I<L/4 时
            R(i,j)=0;                 %R=0
            G(i,j)=4*I(i,j);          %G=4*I
            B(i,j)=L;                 %B=L
        else if I(i,j)<=L/2           %当(L/4) =<I<=(L/2)时
            R(i,j)=0;                 %R=0
            G(i,j)=L;                 %G=L
            B(i,j)=-4*I(i,j)+2*L;     %B=(-4)*I+2*L
        else if I(i,j)<=3*L/4         %当(L/2)<I<=(3L/4)时
            R(i,j)=4*I(i,j)-2*L;      %R=4*I-2L
            G(i,j)=L;                 %G=L
            B(i,j)=0;                 %B=0
        else                          %当 I>(3L/4)时
            R(i,j)=L;                 %R=L
            G(i,j)= -4*I(i,j)+4*L;    %G=(-4)*I+4*L
            B(i,j)=0;                 %B=0
        end
    end
end
```

```
            end
        end
end
for i=1:m
    for j=1:n                          %二重循环，对每个点赋值
        G2C(i,j,1)=R(i,j);            %将 R 的值作为 G2C 的第 1 个分量
        G2C(i,j,2)=G(i,j);            %将 G 的值作为 G2C 的第 2 个分量
        G2C(i,j,3)=B(i,j);            %将 B 的值作为 G2C 的第 3 个分量
    end
end
G2C=G2C/256;                          %值归一化
figure,imshow(G2C);                   %显示变换得到的伪彩色图像
```

图 8-12　灰度值到彩色图像的变换处理

a) 原始图像　b) 灰度值到彩色变换后图像

图 8-13 所示的伪彩色编码过程基于单色图像。在多光谱图像处理中，需要将多幅单色图像合成为一幅彩色图像。这里，不同的传感器在不同的光谱段中产生独立的单色图像。图中的附加处理类型可以是色彩平衡混合图像。经过平衡混合处理后，选取 3 幅图像进行显示。

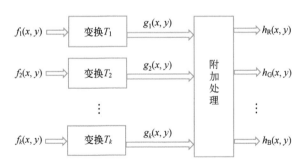

图 8-13　适用于一些单色图像的伪彩色编码

4. 伪彩色图像处理

伪彩色图像处理可以将可见光以外的光谱转换为彩色图像的矢量分量，例如红外图像，其信息内容不是来自可见光。为了表达和显示，将红外光谱中的信息转换到可见光范围。人们也可以将真实的自然彩色图像或遥感多光谱图像处理成伪彩色图像。

真彩色图像可以根据式（8-3）处理为伪彩色图像：

$$\begin{bmatrix} R_g \\ G_g \\ B_g \end{bmatrix} = \begin{bmatrix} \alpha_1 & \beta_1 & \gamma_1 \\ \alpha_2 & \beta_2 & \gamma_2 \\ \alpha_3 & \beta_3 & \gamma_3 \end{bmatrix} \begin{bmatrix} R_f \\ G_f \\ B_f \end{bmatrix} \tag{8-3}$$

例如：

$$\begin{bmatrix} R_g \\ G_g \\ B_g \end{bmatrix} = \begin{bmatrix} 0 & 0 & 1 \\ 1 & 0 & 0 \\ 0 & 1 & 0 \end{bmatrix} \begin{bmatrix} R_f \\ G_f \\ B_f \end{bmatrix} \tag{8-4}$$

则原来的红（R_f）、绿（G_f）、蓝（B_f）3 个分量相应变换成绿（G_g）、蓝（B_g）、红（R_g）3 个分量。

遥感多光谱（例如四波段）图像可以按照式（8-5）处理成伪彩色图像：

$$\begin{cases} R_g = T_R[f_1, f_2, f_3, f_4] \\ G_g = T_G[f_1, f_2, f_3, f_4] \\ B_g = T_B[f_1, f_2, f_3, f_4] \end{cases} \tag{8-5}$$

其中，f_i 是第 i 波段图像 $(i = 1, 2, 3, 4)$；$T_R(\cdot)$、$T_G(\cdot)$、$T_B(\cdot)$ 均为函数变换。

伪彩色图像增强的用途有以下 3 种：

1）将场景映射成一种特别的颜色会比原始颜色更引人注目，以吸引人们的特别注意。

2）适应人眼对颜色的敏感度，提高辨别能力。例如，视网膜上的视锥细胞和视杆细胞对绿色亮度的响应最为敏感。如果把其他颜色的细小物体变成绿色，人眼就可以很容易识别。再比如，人眼对蓝光的强度具有最大的对比敏感度，因此某些细节丰富的物质可以根据每个像素的明暗，用不同的亮度和深浅不一的蓝色伪色显示。

3）用自然色来显示遥感多光谱图像。在遥感的多光谱图像中，有些处于不可见光波段，如近红外、红外，甚至远红外波段。因为这些波段不仅具有夜视能力，而且通过与其他波段的协调，可以很容易地区分出地面物体。用伪彩色技术处理多光谱图像的目的不是为了还原场景的自然色彩，而是从中获取更多的信息。

总之，伪彩色处理是一项非常实用的技术。

8.3.2　全彩色图像处理基础

全彩色图像处理分为两大类。第一类是分别处理每一分量图像，然后将分别处理过的分量图像形成合成彩色图像。对每个分量的处理可以应用灰度图像处理的技术，但是这种各个通道独立处理技术忽略了通道间的相互影响。第二类是直接对彩色像素进行处理。因为全彩色图像至少有 3 个分量，所以彩色像素实际上是一个向量。

令 c 代表 RGB 彩色空间中的任意向量，$c(x, y)$ 的分量是一幅彩色图像在一点上的 RGB 分量。彩色分量是坐标 (x, y) 的函数，表示为

$$c(x, y) = \begin{pmatrix} c_R(x, y) \\ c_G(x, y) \\ c_B(x, y) \end{pmatrix} = \begin{pmatrix} R(x, y) \\ G(x, y) \\ B(x, y) \end{pmatrix} \tag{8-6}$$

对于一个大小为 $M \times N$ 的图像（M 和 N 为正整数，分别代表图像的高和宽），有 $M \times N$ 个这样的向量，其中，$x = 0,1,2,\cdots,M-1$；$y = 0,1,2,\cdots,N-1$。

可以使用前面介绍的标准灰度图像处理方法对彩色图像的每个分量进行单独处理。然而，各个彩色分量的处理结果并不总是与彩色向量空间中的直接处理结果相同。在这种情况下，必须采用新的方法。为了使每个彩色分量处理和基于向量的处理等价，必须满足两个条件：第一，处理必须对向量和标量都可用，第二，对向量每个分量的操作必须独立于其他部分。图 8-14a 显示了邻域灰度空间处理和全彩处理。假设该处理是邻域平均的，在图 8-14b 中，平均就是把邻域内所有像素的灰度值相加，再除以邻域内的像素总数。在图 8-14a 中，平均就是将邻域内所有向量相加除以邻域内向量的总数。但是，平均向量的每个分量都是其分量对应的图像像素的平均值，这与基于每个彩色分量基础上求平均后形成向量的结果相同。

图 8-14　领域灰度空间处理和全彩处理

a) 灰度级图像　b) RGB 彩色图像

8.4　彩色图像的空间滤波

8.4.1　彩色图像平衡

当彩色图像被数字化后，显示时颜色经常看起来不正常。这是因为颜色通道中不同的敏感度、增光因子、偏移量等因素会导致数字化中 3 个图像分量发生不同的线性变换，使所得图像的三原色"不平衡"，导致所有物体在图像中的颜色都偏离了其原始的真实颜色。最突出的现象是原本为灰色的物体有了颜色。

检查彩色是否平衡最简单的方法是看原来图像中灰色物体是否仍然是灰色的，高饱和度的颜色是否具有正常的色度。如果图像有明显的黑白或白色背景，这将在 R、G、B 分量图像的直方图中产生明显的峰值。如果各个直方图的峰值都在三原色的不同灰度值上，则表明彩色出现不平衡。这种不平衡可以通过分别对 R、G、B 3 个分量使用线性灰度变换来校正。通常只需要变换分量图像中的两个来匹配第 3 个图像。最简单的灰度变换函数设计方法如下：

1）选择图像中相对均匀的浅灰和深灰色两个区域。

2）计算这两个区域的 3 个分量图像的平均灰度值。

3）对于其中的两个分量图像调节其线性对比度来与第 3 幅图像匹配。

如果所有 3 个分量图像在这两个区域中具有相同的灰度值，则完成色彩平衡。色彩平衡校正算法如下：

1）从画面中选出两点颜色为灰色的点，设为 $F_1 = (R_1, G_1, B_1)$，$F_2 = (R_2, G_2, B_2)$。

2）假设以 G 分量为基准，匹配 R 和 B 分量。从 $F_1 = (R_1, G_1, B_1)$，得到 $F_1^* = (G_1, G_1, G_1)$；从 $F_2 = (R_2, G_2, B_2)$，得到 $F_2^* = (G_2, G_2, G_2)$。

3）计算 R 和 B 分量的线性变换。由 $R_1^* = k_1 R_1 + k_2$ 和 $R_2^* = k_1 R_2 + k_2$ 求出 k_1 和 k_2；由 $B_1^* = l_1 B_1 + l_2$ 和 $B_2^* = l_1 B_2 + l_2$ 求出 l_1 和 l_2。

4）以下线性变换式对图像的所有点进行变换处理得到的图像就是彩色平衡后的图像。

$$\begin{cases} R(x,y)^* = k_1 R(x,y) + k_2 \\ B(x,y)^* = l_1 B(x,y) + l_2 \\ G(x,y)^* = G(x,y) \end{cases} \tag{8-7}$$

【例 8-3】 彩色平衡 MATLAB 程序应用举例。

```
clear all;
im=double(imread('car1.jpg'));                          %读入图像
[m,n,p]=size (im);                                      %得到图像的大小、通道数参数
F1=im(1,1,:);                                           %选取第一个彩色点，坐标为(1,1)
F2=im(1,2,:);                                           %选取第二个彩色点，坐标为(1,2)
F1_(1,1,1)=F1(:,:,2);                                   %将第一个点的绿色值赋给 F1 红分量
F1_(1,1,2)=F1(:,:,2);                                   %将第一个点的绿色值赋给 F1 绿分量
F1_(1,1,3)=F1(:,:,2);                                   %将第一个点的绿色值赋给 F1 蓝分量
F2_(1,1,1)=F2(:,:,2);                                   %将第二个点的绿色值赋给 F2 红分量
F2_(1,1,2)=F2(:,:,2);                                   %将第二个点的绿色值赋给 F2 绿分量
F2_(1,1,3)=F2(:,:,2);                                   %将第二个点的绿色值赋给 F2 蓝分量
K1=(F1_(1,1,1)-F2_(1,1,1))/(F1(1,1,1)-F2(1,1,1));       %计算 R 分量线性变换系数 K1
K2=F1_(1,1,1)-K1*F1(1,1,1);                             %计算 R 分量线性变换系数 K2
L1=(F1_(1,1,3)-F2_(1,1,3))/(F1(1,1,3)-F2(1,1,3));       %计算 B 分量线性变换系数 L1
L2=F1_(1,1,3)-L1*F1(1,1,3);                             %计算 B 分量线性变换系数 L2
for i=1:m
for j=1:n                                               %二重循环，变换每个点的值
        new(i,j,1)=K1*im(i,j,1)+K2;                     %R 分量线性变换
        new(i,j,2)=im(i,j,2);                           %G 分量线性变换
        new(i,j,3)=L1*im(i,j,3)+L2;                     %B 分量线性变换
    end
end
im=uint8(im);                                           %原图转换成 uint8 类型
new=uint8(new);                                         %结果图转换成 uint8 类型
figure,imshow(im);                                      %显示原图
figure,imshow(new);                                     %显示结果图
```

图 8-15 的两幅图表示了彩色图像经过彩色平衡处理后图像与原始图像的对比。

a)　　　　　　　　　　　　　　　　b)

图 8-15　彩色平衡效果

a) 原始图像　b) 彩色平衡后图像

8.4.2　彩色图像增强

由于各种因素或条件的限制，有时得到的彩色图像颜色较暗，对比度低，局部细节不突出。因此，往往需要对彩色图像进行增强处理，其目的是突出图像中的有用信息，以提高图像的视觉效果。

1. 彩色图像增强

通过对彩色图像的 R、G、B 3 个分量分别进行处理，可以对单色图像进行增强，从而达到对彩色图像进行色彩增强的目的。需要注意的是，在对彩色图像的 R、G、B 分量进行操作时，一定要避免破坏色彩平衡。

彩色图像的饱和度和亮度描述了不同类型的图像信息。饱和度指示了其相对于亮度是否更具有色度特性。对比度较低的彩色图像细节可以根据饱和度与背景区分开来。在特殊情况下，可以通过改变色彩饱和度（相对饱和度对比度）来实现图像对比度的增强。排除图像细节的检测效果，相对亮度对比度的增加和相对饱和度对比度的增加具有不同的美学效果。饱和颜色的效果通常被描述为"强"，而亮彩色的效果通常被描述为"温和"。另外需要考虑的是，感知饱和度的变化也可以通过增加亮度来获得。为了分别观察色调、饱和度和亮度，可以将图像数据转换到 HSI 空间。首先在 HSI 空间中进行图像处理，然后将坐标变换回 RGB 色彩空间。

对 HSI 模型的图像进行操作，其实很多情况下只处理亮度 I 分量，而色调和饱和度分量中包含的颜色信息往往保持不变。饱和度增强可以通过将每个像素的饱和度乘以一个大于 1 的常数获得，这将使图像的色彩更加鲜艳。反之，可乘以小于 1 的常数，减弱色彩的鲜艳度。由前面的介绍可以看出，色调是一个角度，所以可以在每个像素的色调上加一个常数，这样就可以得到改变颜色的效果。加减一个小角度只会使彩色图像变成相对"冷"的色调或"暖"的色调，而加减一个大的角度会使图像发生剧烈的变化。由于色调是用角度来表示的，所以在处理时必须考虑灰度值的"周期性"。例如在 8bit/像素的情况下，有 255+1=0 和 0-1=255。

2. 彩色图像直方图处理

在灰度图像处理中，直方图均衡化会自动确定一种变换，该变换尝试生成具有均匀灰度值的直方图。由于彩色图像由多个分量组成，因此需要考虑一种灰度技术，以适应具有多个分量的直方图。通常单独进行彩色图像分量的直方图均衡是不可取的，这会产生不正确的彩色。更合乎逻辑的方法是均匀扩展颜色强度，而保留颜色本身（即色调和饱和度）不变。例 8-4

表明 HSI 色彩空间是这种情况的理想方法。

【例 8-4】 将 HSI 彩色空间的直方图均衡化。

```
rgb=imread('pillsetc.png');   rgb1= im2double(rgb);
r=rgb1(:,:,1); g=rgb1 (:,:,2); b=rgb1(:,:,3);            %分别得到红色、绿色和蓝色分量
I1=(r+g+b)/3;                                            %计算 HSI 模型的 I 分量
tmp1=min(min(r,g),b);                                    %计算 r、g、b 的最小值
tmp2=r+g+b;
tmp2(tmp2==0)=eps;                                       %避免除数为 0
S=1-3.*tmp1./tmp2;                                       %计算 HSI 模型的 S 分量
tmp1=0.5*((r-g)+(r-b));
tmp2=sqrt((r-g) .^2+(r-b).* (g-b));
theta=acos(tmp1./(tmp2+eps));                            %计算 θ
H1=theta;
H1(b>g)=2*pi-H1(b>g);
H1=H1/(2*pi);                                            %计算 HSI 模型的 H 分量
H1(S==0)=0;
I=histeq(I1);                                            %对 HSI 模型的 I 分量均衡化
hsi=cat(3,H1,S,I);                                       %得到 I 均衡化后的 HSI 图像
H=hsi(:,:,1)*2*pi;                                       %得到处理后的 HSI 图像的 H 分量
S=hsi(:,:,2);                                            %得到处理后的 HSI 图像的 S 分量
I=hsi(:,:,3);                                            %得到处理后的 HSI 图像的 I 分量
R=zeros(size(hsi,1),size(hsi,2));                        %HSI 转换到 RGB 的 R 分量初值
G=zeros(size(hsi,1),size(hsi,2));                        %HSI 转换到 RGB 的 G 分量初值
B=zeros(size(hsi,1),size(hsi,2));                        %HSI 转换到 RGB 的 B 分量初值
ind=find((H>=0)&(H<2*pi/3));                             %当 H 在[0,2π/3]之间
B(ind)=I(ind).*(1.0-S(ind));                             %计算 B 分量
R(ind)=I(ind).*(1.0+S(ind).*cos(H(ind))./cos(pi/3.0-H(ind)));   %计算 R 分量
G(ind)=3.0-(R(ind)+B(ind));                              %计算 G 分量
ind=find((H>2*pi/3)&(H<4*pi/3));                         %当 H 在[2π/3，4π/3]之间
H(ind)=H(ind)-pi*2/3;
R(ind)=I(ind).*(1.0-S(ind));                             %计算 R 分量
G(ind)=I(ind).*(1.0+S(ind).*cos(H(ind))./cos(pi/3.0-H(ind)));   %计算 G 分量
B(ind)=3.0-(R(ind)+G(ind));                              %计算 B 分量
ind=find((H>=4*pi/3)&(H<2*pi));                          %当 H 在[4π/3,2π]之间
H(ind)=H(ind)-pi*4/3;
G(ind)=I(ind).*(1.0-S(ind));                             %计算 G 分量
B(ind)=I(ind).*(1.0+S(ind).*cos(H(ind))./cos(pi/3.0-H(ind)));   %计算 B 分量
R(ind)=3.0-(G(ind)+B(ind));                              %计算 R 分量
RGB=cat(3,R,G,B);                                        %得到用于显示的 RGB 图像
figure,imshow(H1);
figure,imshow(I1);
figure,imshow(I);
figure,imshow(S);
figure,imshow(rgb);
figure,imshow(RGB);
Figure
subplot(3,3,1),imshow(H1)                                %显示 H 分量图像
subplot(3,3,2),imshow(I1)                                %显示 I 分量图像
subplot(3,3,3),imshow(I)                                 %显示 I 分量均衡化后的图像
subplot(3,3,4),imshow(S)                                 %显示 S 分量图像
subplot(3,3,5),imhist(I1)                                %I 分量直方图
subplot(3,3,6),imhist(I)                                 %I 分量直方图均衡化后的图像
```

```
subplot(3,3,7),imshow(rgb)          %显示原 RGB 图像
subplot(3,3,8),imshow(RGB)          %显示均衡化后的 RGB 图像
```

图 8-16 显示了 HSI 彩色空间的直方图均衡化，其强度分量 I 的范围值被归一化为[0,1]。从处理前强度分量 I 的直方图中可以看出，强度分布太窄了。仅对强度 I 均衡化处理，不改变图像的色调 H 和饱和度值 S，将结果转换为 RGB 空间。从显示的图像可以看出，它确实影响了整体图像的色彩感知。

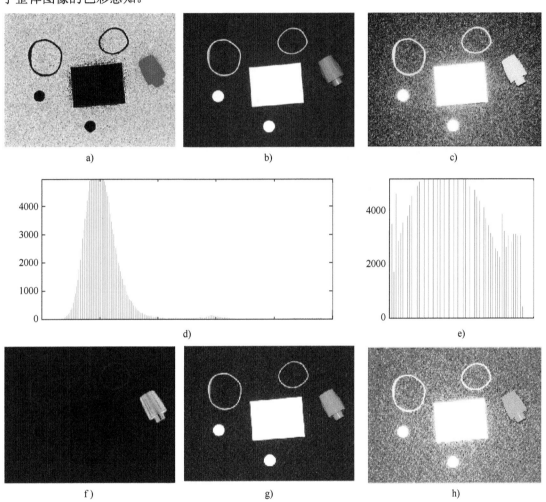

图 8-16　HSI 彩色空间的直方图均衡化

a) H 分量　b) I 分量　c) I 分量直方图均衡化结果　d) S 分量　e) I 分量直方图　f) I 分量直方图均衡化结果

g) 原 RGB 图像　h) 对 I 分量均衡化后的彩色图像转换成用于显示的 RGB 图像

8.4.3　彩色图像平滑

参考图 8-17a，灰度值图像平滑可以看作是一个空间滤波过程，其中滤波器模板的系数都为 1。当模板滑过图像时，图像被平滑，每个像素都由模板定义的邻域中像素的平均值代替。正如在图 8-17b 中看到的，这个概念可以很容易地扩展到全彩色图像处理。主要区别在于，必须处理式（8-6）给出的分量向量，而不是灰度标量值。

令 S_{xy} 表示在 RGB 彩色图像中定义一个中心在(x, y)的邻域的坐标集，在该邻域中，R、G、B 分量的平均值为

$$\overline{c}(x,y) = \frac{1}{K} \sum_{(x,y) \in S_{xy}} c(x,y) \tag{8-8}$$

图 8-17　彩色图像的平滑滤波

a) R 分量　b) G 分量　c) B 分量　d) R 分量滤波结果　e) G 分量滤波结果

f) B 分量滤波结果　g) 原始彩色图像　h) 彩色图像平滑结果

按照式（8-6）可得

$$\overline{c}(x,y) = \begin{pmatrix} \dfrac{1}{K} \sum\limits_{(x,y) \in S_{xy}} R(x,y) \\ \dfrac{1}{K} \sum\limits_{(x,y) \in S_{xy}} G(x,y) \\ \dfrac{1}{K} \sum\limits_{(x,y) \in S_{xy}} B(x,y) \end{pmatrix} \tag{8-9}$$

可以看出，如标量图像一样，可以通过传统的灰度邻域分别对 RGB 图像的每个平面单独进行平滑处理得到该向量分量。

能得出以下结论：可以在每个彩色平面的基础上进行邻域平均值平滑，其结果与用 RGB 彩色向量执行平均是相同的。平滑滤波可以使图像模糊化，从而减少图像中的噪声。

【例 8-5】　用空间滤波法的邻域平均进行彩色图像平滑滤波。

其主要 MATLAB 程序实现如下：

```
rgb=imread('yellowlily.jpg');        %读取图像
fR=rgb(:,:,1);                        %图像的红色分量
```

```
fG=rgb(:,:,2);                                %图像的绿色分量
fB=rgb(:,:,3);                                %图像的蓝色分量
w=fspecial('average');                        %均值滤波模板
fR_filtered=imfilter(fR,w);                   %对图像红色分量滤波
fG_filtered=imfilter(fG,w);                   %对图像绿色分量滤波
fB_filtered=imfilter(fB,w);                   %对图像蓝色分量滤波
rgb_filtered=cat(3,fR_filtered,fG_filtered,fB_filtered) ;
                                              %将滤波后的 3 个分量组合得到新的彩色图像
subplot(2,4,1),imshow(fR)
subplot(2,4,2),imshow(fG)
subplot(2,4,3),imshow(fB)
subplot(2,4,4),imshow(fR_filtered)
subplot(2,4,5),imshow(fG_filtered)
subplot(2,4,6),imshow(fB_filtered)
subplot(2,4,7),imshow(rgb)
subplot(2,4,8),imshow(rgb_filtered)
```

其结果如图 8-17 所示。

8.4.4　彩色图像锐化

锐化的主要目的是突出图像的细节。本节我们考虑使用拉普拉斯算子（Laplacian）的锐化过程，其他锐化算子的处理类似。从向量分析可知，向量的拉普拉斯算子被定义为一个向量，其分量等于输入向量的独立标量分量的拉普拉斯算子的微分。

在 RGB 彩色系统中，式（8-6）中的向量 c 的拉普拉斯算子变换为

$$\nabla^2[c(x,y)] = \begin{pmatrix} \nabla^2 R(x,y) \\ \nabla^2 G(x,y) \\ \nabla^2 B(x,y) \end{pmatrix} \tag{8-10}$$

正如本节前面所述，它告诉我们可以通过分别计算每一分量图像的拉普拉斯算子去计算全彩色图像的拉普拉斯算子。

【例 8-6】　彩色图像锐化。使用经典的拉普拉斯算子滤波模板分别对每个分量图像进行锐化。其主要 MATLAB 程序实现如下：

```
rgb= imread('car1.jpg');                      %读取图像
fR=rgb(:,:,1);                                %图像的红色分量
fG=rgb(:,:,2);                                %图像的绿色分量
fB=rgb(:,:,3);                                %图像的蓝色分量
lapMatrix=[1 1 1;1 -8 1;1 1 1];               %拉普拉斯算子滤波模板
fR_tmp= imfilter(fR,lapMatrix,'replicate');   %行号对图像红色分量锐化滤波
fG_tmp= imfilter(fG,lapMatrix,'replicate');   %行号对图像绿色分量锐化滤波
fB_tmp= imfilter(fB,lapMatrix,'replicate');   %行号对图像蓝色分量锐化滤波
rgb_tmp=cat(3,fR_tmp,fG_tmp,fB_tmp);          %滤波后三分量组合
rgb_sharped=imsubtract(rgb,rgb_tmp);          %原图像与锐化图像之差
subplot(3,3,1),imshow(fR)
subplot(3,3,2),imshow(fG)
subplot(3,3,3),imshow(fB)
subplot(3,3,4),imshow(fR_tmp)
```

```
subplot(3,3,5),imshow(fG_tmp)
subplot(3,3,6),imshow(fB_tmp)
subplot(3,3,7),imshow(rgb)
subplot(3,3,8),imshow(rgb_tmp)
```

其结果如图 8-18 所示。

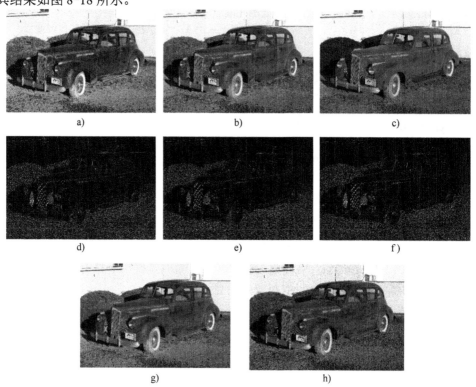

图 8-18　彩色图像的锐化

a) R 分量　b) G 分量　c) B 分量　d) R 分量锐化结果　e) G 分量锐化结果

f) B 分量锐化结果　g) 原始彩色图像　h) 锐化后图像

8.5　彩色图像分割

众所周知，分割是一种将图像分成若干区域的处理方法。彩色图像分割描述了从图像中提取一个或多个满足均匀性（同质性）标准的连接区域的过程。这里的均匀性标准基于从图像光谱成分中提取的特征，这些特征是在给定的颜色空间中定义的。分割过程可基于场景中对象的知识，例如几何和光学特性。下面简单介绍一下彩色图像分割技术。

8.5.1　HSI 彩色空间分割

如果想根据颜色对图像进行分割，且想在单独的平面上进行处理，自然会首先想到 HSI 空间，因为在色度图像中描述彩色非常方便。以饱和度作为模板图像，将感兴趣的特征区域从色调图像中分离出来。由于强度不携带颜色信息，所以彩色图像分割一般不使用强度图像。

8.5.2　RGB 彩色空间分割

虽然 HSI 彩色空间中的彩色图像更直观，但通常采用 RGB 彩色向量方法进行分割。假设目标是 RGB 图像中特殊彩色区域的物体，给定一个感兴趣颜色的有代表性的彩色点样本集，就可以得到一个彩色"平均"估计。这种彩色就是我们要分割的彩色。将这个平均采用 RGB 向量 $\boldsymbol{a}$ 表示。分割的目标是对给定图像中的每个 R、G、B 像素进行分类。这需要一个相似性度量，最简单的度量之一是欧几里得距离。让 z 代表 RGB 空间中的任意一点。如果它们之间的距离小于某个特定阈值 D_0，就可以说 $\boldsymbol{a}$ 和 z 相似。$\boldsymbol{a}$ 和 z 之间的欧几里得距离为

$$D(z,\boldsymbol{a}) = \|z-\boldsymbol{a}\| = [(z-\boldsymbol{a})^{\mathrm{T}}(z-\boldsymbol{a})]^{\frac{1}{2}} = [(z_{\mathrm{R}}-a_{\mathrm{R}})^2 + (z_{\mathrm{G}}-a_{\mathrm{G}})^2 + (z_{\mathrm{B}}-a_{\mathrm{B}})^2]^{\frac{1}{2}} \qquad (8\text{-}11)$$

式中，脚注 R、G、B 表示向量 $\boldsymbol{a}$ 和 z 的 R、G、B 分量。$D(z,\boldsymbol{a}) \leqslant D_0$ 表示为半径为 D_0 的实心球，如图 8-18a 所示。包含在球内部和表面上的点符合特定的彩色准则，而球外部的点则不符合标准。对图像中的这两类的点集（例如黑色或白色）进行编码，生成一幅二值分割图像。

式（8-11）的一个有用的推广是如下形式的距离测度：

$$D(z,\boldsymbol{a}) = [(z-\boldsymbol{a})^{\mathrm{T}} \boldsymbol{C}^{-1}(z-\boldsymbol{a})]^{\frac{1}{2}} \qquad (8\text{-}12)$$

式中，$\boldsymbol{C}$ 是待分割的彩色典型样本协方差矩阵。$D(z,\boldsymbol{a}) \leqslant D_0$ 的轨道描述了一个实心的三维球体。当 $\boldsymbol{C}=\boldsymbol{I}$，即 3×3 单位矩阵时，式（8-12）简化为式（8-11），如图 8-19b 所示。

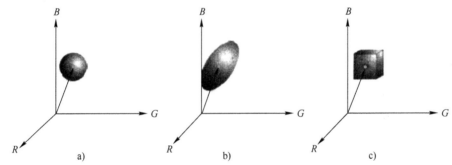

图 8-19　对于 RGB 向量分割封闭数据范围的三种方法
a) 用式（8-11）　b) 用式（8-12）　c) 边界盒

执行式（8-11）和式（8-12）的计算成本相对较高。可以使用计算成本不高的边界盒，如图 8-19c 所示。在该方法中，盒的中心在 $\boldsymbol{a}$ 上，沿每个颜色轴的选择与沿每个轴采样的标准差成正比，标准差的计算只使用样本颜色数据一次。给定一个任意的彩色点，根据它是在盒子的表面还是在盒子的内部来划分它，就像使用距离法一样。

【例 8-7】　在 RGB 空间中的彩色分割。

```
rgb=imread('yellowlily.jpg');              %读取图像
rgb1= im2double(rgb);                       %转换成 double 类型
r=rgb1(:,:,1);                             %图像的红色分量
g=rgb1(:,:,2);                             %图像的绿色分量
b=rgb1(:,:,3);                             %图像的蓝色分量
r1=r(129:256,86:170);                      %在花的红分量中选择一块矩形区域
```

```
r1_u=mean(mean(r1(:)));                              %计算该矩形区域的均值
[m,n]=size(r1);                                      %得到该矩形区域的高度和宽度
sd1=0.0;
for i=1:m
    for j=1:n                                        %二重循环对差值的平均进行累加
        sd1=sd1+(r1(i,j)-r1_u)*(r1(i,j)-r1_u);
    end
end
r1_d=sqrt(sd1/(m*n));                                %计算得到该区域的标准偏差
r2=zeros(size(rgb1,1),size(rgb1,2));
ind=find((r>r1_u-1.25*r1_d)&(r<r1_u+1.25*r1_d));     %找到符合条件的点
r2(ind)=1;                                           %将符合条件的点的灰度值赋为1
subplot(3,3,1),imshow(rgb),title('(a)')
subplot(3,3,2),imshow(r),title('(b)')
subplot(3,3,3),imshow(g),title('(c)')
subplot(3,3,4),imshow(b),title('(d)')
subplot(3,3,5),imshow(r2(ind)),title('(e)')
```

本章小结

　　本章从自然界中的光到色彩的引入。首先在彩色基础部分介绍了彩色的概念和三原色原理。进而通过概念与实例的结合，详细地介绍了面向机器的 RGB 彩色模型、常用于颜色提取分割的 HSV 彩色模型、与人类视觉感知一致面向颜色处理的 HSI 模型以及基于人对颜色感知形成的 Lab 模型。学习完主要的几种彩色模型后，本章又通过案例讲解了伪彩色图像处理与全彩色图像处理等图像增强方式，建立起彩色模型的基础知识。

习题

　　8.1　什么是三原色原理？

　　8.2　试写出将灰度范围由[0, 50]拉伸为[0, 80]，把[50, 70]移动到[70, 90]，将[40, 60]压缩为[70,80]的变换方程。

　　8.3　如果一幅图像已经用直方图均衡化方法进行了处理，那么对处理后的图像再次应用直方图均衡化，处理的结果会不会更好？

　　8.4　试编写 MATLAB 程序，生成一幅 128×128 RGB 彩色图像，图像均分成 4 块，左上角为黄色，右上角为绿色，左下角为蓝色，右下角为白色。

　　8.5　已知一幅 64×64 像素的数字图像，其灰度值有 8 个，各灰度值出现的频数见表 8-1。试将此幅图像进行直方图变换，使其变换后的图像具有表 8-2 所示的灰度值分布，并画出变换前后图像的直方图。

表 8-1　各灰度值出现的频数

$f(x,y)$	n_k	n_k / n
0	560	0.14
1	920	0.22
2	1046	0.26
3	705	0.17
4	356	0.09
5	267	0.06
6	170	0.04
7	72	0.02

表 8-2　灰度值分布

$g(x,y)$	n_k	n_k / n
0	0	0
1	0	0
2	0	0
3	790	0.19
4	1023	0.25
5	850	0.21
6	985	0.24
7	448	0.11

8.6　伪彩色处理是什么？为什么要进行伪彩色处理？

第9章 图像的表示与描述

图像特征的表示和描述是图像识别和图像检索应用的早期步骤，颜色特征是图像的全局特性。局部特征和纹理特征是描述图像内容的重要手段之一。本章首先介绍图像特征在空间域和频率上的表示和描述方法，考虑到图像分割时需要对图像的对象或区域进行表达和描述，本章还将介绍图像的边界特征和区域特征的表达和描述方法。

9.1 背景

数字图像分析和理解是图像处理的高级阶段。它研究的内容是使用计算机来分析和识别周围物体的视觉图像，从而得出结论性判断。但是，计算机无法识别图像，只能识别数字。为了使计算机系统识别人类视觉系统可以识别的图像，就必须分析图像的特征且使用数学的方式进行特征描述，让计算机具有识别图像的能力，即图像模式识别。在识别过程中直接对图像进行分类是不现实的。因为首先图像数据量大，占用存储空间大，难以满足实时性要求；其次，图像中含有大量与识别无关的信息，需要进行特征提取与选择。经过特征提取和选择，识别出的图像数据可以简化很多有利于图像识别。因此，图像特征提取和特征选取是图像分析和识别的关键因素之一。

特征是可以通过测量或处理提取的数据。图像特征是指将某一幅图像或一类图像与其他图像区分开来的本质特点或特性，或是这些特点和特性的集合。有些图像特征是视觉能够直接感受到的自然特征，如区域的亮度、边缘的轮廓、纹理、色彩等；有些是需要通过转换或测量才能得到的人为特征，例如直方图和变换后的频谱等。常用的特征可分为灰度（或颜色）特征、纹理特征、几何形状特征、区域特征等。其中，灰度特征和纹理特征属于内部特征，需要借助分割图像从原始图像上进行测量。几何形状特征属于外部特征，可以从分割的图像中测量出来。几何形状特征是一个外部特征，可以从分割的图像中测量出来。当主要关注形状特征时，可以选择外部特征；当主要关注内部特征时，可以选择内部特征。人们经常将某个（类）图像的多个或多种特征组合在一起，形成一个特征向量来代表此（类）图像。如果只有一个数值特征，则特征向量是一个一维向量；如果是 n 个数值的组合，则是一个 n 维特征向量。这个特征向量经常被用作识别系统的输入。实际上，一个 n 维特征向量就是一个位于 n 维空间中的点，而识别（分类）的任务就是找到这个 n 维空间的一种划分，使该（类）图像与其他（类）图像在空间上分开。

特征选择和提取的基本任务是从众多特征中找出最有效的特征。一幅图像的特征有很多种类型，每种类型又有许多不同的表示和描述方法。需要选择特征，选择的特征不仅要能够很好地描述图像，更重要的是能很好地区分不同类型的图像。我们希望选择那些同类图像之间差异较小（类内差距较小）和不同类别图像之间差异较大（类间差距较大）的图像特征。

对图像的描述往往需要借助一些称为目标特征的描述符来进行，这些描述符代表了目标区域的特征。在图像分析和理解的一个主要任务是从图像中获取目标特征的量值。这些量值的获取通常需要借助图像分割后得到的分割结果。目标特征的测量是利用分割结果进一步从图像中获取有用的信息。为了实现这个目标，必须解决两个关键问题：一是应该选用什么特征来描述目标，二是如何准确地度量这些特征。随着图像分析与理解的广泛深入应用，越来越显示出特征的精确测量的重要性，使其越发引得人们重视。

在车牌识别、指纹识别、人脸识别和基于内容的图像检索等应用中，都需要对图像进行特征描述和提取。以指纹识别为例，对指纹图像进行预处理后，关键是对指纹图像进行描述，提取其细节特征。指纹匹配通常基于细节匹配，并给出匹配与否的结果。指纹识别的准确性取决于指纹细节特征提取的准确性。

9.2　颜色描述

颜色特征是一种全局特征，其描述了图像或图像区域所对应景物的表面性质。一般颜色特征是基于像素点的特征，属于图像或图像区域的所有像素都有各自的贡献。颜色特征是图像检索和识别中应用最为广泛的视觉特征，与其他视觉特征相比，它对图像的尺寸、方向和视角的依赖性较弱，因此具有较高的稳定性。但是颜色特征不能很好地描述图像对象的局部特征。本节主要讨论图像的颜色特征。

9.2.1　灰度性质

图像的灰度特征可以在图像的某些特定的像素点上或其邻域内测定，也可以在某个区域内进行测定。以 (i, j) 为中心的 $(2M+1) \times (2N+1)$ 邻域内的平均灰度为

$$\overline{f}(i, j) = \frac{1}{(2M+1)(2N+1)} \sum_{x=-M}^{M} \sum_{y=-N}^{N} f(i+x, j+y) \tag{9-1}$$

除了灰度均值外，在有些情况下，还可能要用到区域中的灰度最大值、最小值、中值、顺序值及方差等。

【例 9-1】　如图 9-1 所示，将图像分成 4 个相等的方块，计算左上角方块的灰度均值，并计算整幅图像像素灰度值的最大值和最小值。其 MATLAB 程序如下：

```
I=imread('cameraman.tif');      %读取图像
I=double(I);                    %转换成 double 型
[m,n]=size(I);                  %获取图像的高度 m 和宽度 n
mw=round(m/2);                  %得到高度的一半 mw
mh=round(n/2);                  %得到宽度的一半 mh
sumg=0.0;                       %变量初始化
for i=1:mw
    for j=1 :mh                 %二重循环计算左上角灰度值之和
        sumg=sumg+I(i,j);
    end
end
avg=sumg/(mw*mh)                %计算图像左上角灰度值的均值
```

```
maxg=max(max(I))              %计算得到图像灰度值的最大值
ming=min(min(I))              %计算得到图像灰度值的最小值
```

图 9-1　计算灰度值

计算结果为：区域灰度均值 avg = 119.9136 ，区域最大灰度值 maxg = 253 ，区域最小灰度值 ming = 7 。

9.2.2　一维灰度直方图的性质

图像的灰度直方图可以描述图像的灰度分布情况，其横坐标为灰度级 $b \in [0, L-1]$ （图像灰度级为 L），纵坐标为该灰度值 b 在图像中出现的频率 $p(b)$，即

$$p(b) = N(b) / M \tag{9-2}$$

式中，M 为图像中总像素数目；$N(b)$ 为像素为灰度值 b 的数目。

因此，$p(b)$ 是一个在 [0,1] 区间内的随机数，代表了区域的概率密度函数。通常，直方图给出了一幅灰度图像的全局描述，在实际应用中，把整个直方图作为特征是没有必要的。人们通常使用以下几个从直方图中提取出来的一阶统计测度作为类别间的特征差异，如均值、方差、偏度、峰度、能量和熵等。

1）均值 μ：表示灰度概率分布的均值。

$$\mu = \sum_{b=0}^{L-1} b p(b) \tag{9-3}$$

2）方差 σ^2：是图像灰度值分布离散性的度量。

$$\sigma^2 = \sum_{b=0}^{L-1} (b-\mu) p(b) \tag{9-4}$$

3）偏度：是对灰度分布对称情况的度量。

它描述了数据集（图像像素）关于中心点 μ 左右对称的情况。对于任何对称分布的数据集，其偏度都近似为 0，例如，正态分布的偏度就是 0。如果偏度为负数，表示数据集偏于中心点 μ 的左边；如是正数，则表示图像像素集偏于中心点 μ 的右边。

$$S = \frac{1}{\sigma^3} \sum_{b=0}^{L-1} (b-\mu)^3 \, p(b) \tag{9-5}$$

4）峰度：表示了图像灰度分布的集中情况。

相对于正态分布来说，图像像素的分布是集中在均值附近，呈尖峰状，或是分布于两端，呈平坦状。如果像素分布有高峰度值，则说明在均值附近有一尖峰；若峰度值低，则峰值较平缓。但是对于均匀分布来说却是一个例外，正值表示数据集中在均值附近，负值则表示数据是平缓分布的。

$$K = \frac{1}{\sigma^4} \sum_{b=0}^{L-1} (b-\mu)^4 \, p(b) \tag{9-6}$$

5）能量：表示灰度分布的均匀性。

$$\mathrm{EN} = \sum_{b=0}^{L-1} (p(b))^2 \tag{9-7}$$

6）熵：是图像中信息量的度量。

$$\mathrm{ER} = -\sum_{b=0}^{L-1} p(b) \log\big[p(b) \big] \tag{9-8}$$

一般来说，均值 μ 反映图像的平均亮度，方差 σ^2 反映图像灰度级分布的分散性。这两个统计量容易受图像采样的情况所影响（如光照条件），因此在一些分类问题中，一般情况下都先对图像进行规范化处理，使得所有图像有相同的均值和方差。偏度是直方图偏离对称情况的度量。峰度反映直方图所表示的分布是集中在均值附近还是散布于端尾。能量是灰度分布对于原点的二阶矩，如果图像灰度值是等概率分布的，则能量为最小。根据信息理论，熵是图像中信息量多少的反映，对于等概率分布时，熵最大。

必须指出的是，在图像的灰度空间，其直方图的计算方式也可以同样应用于彩色图像的各颜色子带中。

【例 9-2】　计算图 9-1 的直方图的有关特征。

```
I=imread('cameraman.tif');          %读取图像
[m,n]=size(I);                      %获取图像的高度 m 和宽度 n
h=imhist(I)/(m*n);                  %计算图像的直方图
avh=0;enh=0;enth=0;                 %变量初始化
for k=1:256
    avh=avh+k*h(k);                 %计算均值
    enh=enh+h(k) *h(k);             %计算能量
    if(h(k)~=0)
        enth-enth-h(k)*log2 (h(k)); %计算熵
    end
end
avh,enh,enth                        %显示均值、能量、熵的值
vah=0;
for k=1:256
    vah=vah+(k-avh)*(k-avh)*h(k);   %计算方差
end
vah                                 %显示方差值
```

计算结果为：平均值 avh = 98.7724，能量 cnh = 0.0059，熵 enth = 7.5534，方差 vah = 2.784e + 0.03。

9.2.3 颜色矩

颜色矩是以数学方法为基础的，它通过计算矩来描述颜色的分布。由于多数信息只与低阶矩有关，因此，实际运用中只需提取颜色特征的一阶矩、二阶矩、三阶矩来表示颜色特征。颜色矩通常直接在 RGB 空间计算，颜色分布的前三阶矩表示为

$$\mu_i = \frac{1}{M} \sum_{j=1}^{M} p_{ij} \qquad (9\text{-}9)$$

$$\sigma_i = \left[\frac{1}{M} \sum_{j=1}^{M} \left(p_{ij} - \mu_i \right)^2 \right]^{\frac{1}{2}} \qquad (9\text{-}10)$$

$$s_i = \left[\frac{1}{M} \sum_{j=1}^{M} \left(p_{ij} - \mu_i \right)^3 \right]^{\frac{1}{3}} \qquad (9\text{-}11)$$

式中，p_{ij} 是第 i 个颜色分量的第 j 个像素的值；M 是图像的像素点的个数。事实上，一阶矩定义了每个颜色分量的平均值，二阶矩和三阶矩分别定义了颜色分量的方差和偏斜度。颜色矩特征和颜色直方图一样都缺乏对颜色空间分布的信息表示，不能区分颜色区域的空间分布位置。

9.3 纹理描述

纹理也是图像的一个重要属性。一般来说，纹理就是指在图像中反复出现的局部模式和它们的排列规则，反映了图像像素灰度级或颜色的某种规律性的变化，这种变化是与空间统计相关的。通常，纹理特征和物体的位置、走向、尺寸和形状有关，但与像素的平均灰度值无关，直觉上纹理描述子是对图像纹理平滑度、粗糙度和规律性等特征的度量。

常用的纹理特征表示方法有以下几种。

（1）统计法

统计法的典型代表中的一种是灰度共生矩阵的纹理特征分析方法，可以由灰度共生矩阵得到能量、惯性、熵和相关性 4 个参数。另一种是从图像的自相关函数（也称图像的能量谱函数）提取纹理特征，即通过对图像的能量谱函数的计算，提取纹理的粗细度及方向性等特征参数。

（2）模型法

模型法以图像的构造模型为基础，采用模型的参数作为纹理特征。典型的方法是随机场模型法，例如马尔可夫随机场模型法和 Gibbs 随机场模型法。自回归纹理模型是马尔可夫随机场模型的一种应用实例。

（3）几何法

几何法是建立在纹理基元（基本的纹理元素）理论基础上的一种纹理特征分析方法。纹理基元理论认为，复杂的纹理可以由若干简单的纹理基元以一定的有规律的形式重复排列构成。在几何法中，比较有影响的算法有两种：Voronoi 棋盘格特征法和结构法。

（4）信号处理法

由于图像的傅里叶频谱能够很好地描述图像中的周期或近似周期的空间特性，所以有些在空间域很难描述检测到的纹理特征在频率域中可以很好获得。频谱法是基于傅里叶频谱特性，主要用于通过识别频谱中高能量的窄波峰寻找图像中的整体周期。

此外，小波变换也可以用于纹理特征的提取，最常见的是利用 Gabor 滤波器提取图像纹理特征。

9.3.1　自相关函数

图 9-2 是两幅由分布规律相同而大小不同的圆组成的图像。如果在两张图上分别放上一个与原图相同的透明片，并将该透明片朝同一方向移动同样距离 Δx。如果令 S_L 表示尺寸较大的圆的重叠面积，S_R 表示尺寸较小的圆的重叠面积，则 S_R 比 S_L 下降的速度快。而重叠面积的数学含义就是这幅图像里的自相关函数，因此可以用自相关函数来描述纹理结构。

图中的圆圈大小也可以看作纹理的粗糙程度，粗糙程度与局部结构的空间重复周期有关，例如，周期越大，纹理就越粗，反之周期越小，则纹理就越细。这种纹理测度可以利用空间的自相关函数描述。

设图像为 $f(x,y)$，它的自相关函数描述定义为

$$R(\varepsilon,\eta,j,k) = \frac{\sum\limits_{x=j-\omega}^{j+\omega}\sum\limits_{y=k-\omega}^{k+\omega} f(x,y)f(x-\varepsilon,y-\eta)}{\sum\limits_{x=j-\omega}^{j+\omega}\sum\limits_{y=k-\omega}^{k+\omega} [f(x,y)]^2} \tag{9-12}$$

式中，$(x-\varepsilon,y-\eta)$ 是像素点 (j,k) 所在窗口大小；ε 和 j 是图像 $f(x,y)$ 在 x 和 y 方向上的平移量。

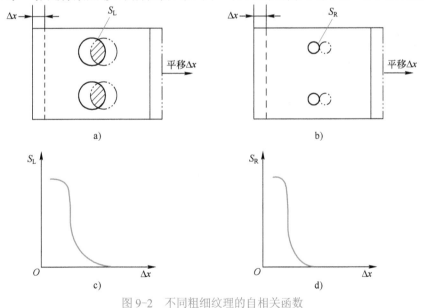

图 9-2　不同粗细纹理的自相关函数

a) 粗纹理　b) 细纹理　c) 粗纹理重叠面积与平移量关系　d) 细纹理重叠面积与平移量关系

对某个给定的散布 (ε,η) 粗纹理区域所呈现的相关性比细纹理区域的相关性要高，而纹理

粗糙度与自相关函数的变化方向成正比。因此，利用自相关函数随 ε、η 大小而变化的规律，可以描述图像的纹理特征。

9.3.2　灰度差分统计

设图像中某点为 (x, y)，则它与距其距离较短的点 $(x + \Delta x)(y + \Delta y)$ 的灰度差分为
$$f_\Delta(x, y) = f(x, y) - f(x + \Delta x, y + \Delta y)$$

把 (x, y) 在整个图像遍历，得到每个点的 $f_\Delta(x, y)$，取差分为 m 级，则计算出各个数值的次数，这样就可以绘出直方图，最后根据直方图来确定取各值时对应的概率 $p_s(i)$，其中 $i = 1, 2, \cdots, m$。当 i 的值较小，而 $p_s(i)$ 对应的概率较大时，说明纹理粗糙；反之，如果概率分布平稳，说明纹理细密，由此可得几种在纹理描述时常见的统计量，如下所述。

（1）对比度

$p_\Delta(i)$ 为关于原点的二阶矩定义为对比度。
$$\mathrm{CON} = \sum_i i^2 p_\Delta(i) \tag{9-13}$$

（2）角二阶矩
$$\mathrm{ASM} = \sum_i [p_\Delta(i)] \tag{9-14}$$

角二阶矩也就是能量，当概率分布趋向于均匀分布时，在取值时对应的概率 $p_\Delta(i)$ 几乎相等，角二阶矩取最小值。

（3）平均值
$$平均值 = \frac{1}{m} \sum_i i p_\Delta(i) \tag{9-15}$$

（4）熵
$$熵 = -\sum_i p_\Delta(i) \ln p_\Delta(i) \tag{9-16}$$

当 $p_\Delta(i)$ 为等概率分布时，熵取最大。

9.3.3　灰度共生矩阵

灰度共生矩阵法是描述纹理特征的重要方法之一，它能较精确地反映纹理粗糙的程度和重复方向。

由于纹理反映了灰度分布的重复性，人们自然要考虑图像中点对之间的灰度关系。灰度共生矩阵定义为：对于取定的方向 θ 和距离 q，在方向为 θ 的直线上，一个像素灰度为 i，另一个与其相距为 d 的像素的灰度为 j 的点对出现的频数作为这个矩阵的第 (i, j) 元素的值。对于一系列不同的 q、θ，就有一系列不同的灰度共生矩阵。由于计算量的原因，一般 d 只取少数几个值，而 θ 取 $0°$、$45°$、$90°$、$135°$。研究表明，d 值取得较小时可以提供较好的特征描述和分析结果。

9.3.4　频谱特征

傅里叶频谱是一种理想的可用于描绘周期或近似周期的二维图像模式的方向性的方法。频谱特征正是基于傅里叶频谱的一种纹理描述。全局纹理模式在空域中很难检测出来，但是转换到频率域中则很容易分辨。因此，频谱纹理对区分周期模式或非周期模式及周期模式之间的不同十分有效。通常，全局纹理模式对应于傅里叶频谱中能量十分集中的区域，即峰值突起处。

在实际应用中，通常会把频谱转化到极坐标中，用函数 $S(r,\theta)$ 描述，从而简化表达。其中，S 是频谱函数，r 和 θ 是坐标系中的变量。将这个二元函数通过固定其中一个变量转化成一元函数，例如，对每一个方向 θ，可以把 $S(r,\theta)$ 看成是一个一元函数 $S_\theta(r)$；同样地，对每一个频率 r，可用一元函数 $S_r(\theta)$ 来表示。

对给定的方向 θ，分析其一元函数 $S_\theta(r)$，可以得到频谱在从原点出发的某个放射方向上的行为特征。而对某个给定的频率 r，对其一元函数 $S_r(\theta)$ 进行分析，将会获取频谱在以原点为中心的圆上的行为特征。

如果分别对上述两个一元函数按照其下标求和，则会获得关于区域纹理的全局描述：

$$S(r) = \sum_{\theta=0}^{\pi} S_\theta(r) \tag{9-17}$$

$$S(\theta) = \sum_{r=1}^{R_0} S_r(\theta) \tag{9-18}$$

式中，R_0 是以原点为中心的圆的半径；$S(r)$ 是离圆心距离为 r 的图像频谱值的总和；$S(\theta)$ 是旋转角度为 θ 时图像频谱值的总和。对极坐标中的每一对 (r,θ)，$[S(r),S(\theta)]$ 构成了对整个区域的纹理频谱能量的描述。

9.4 边界表示

如本章开头所示，第 7 章中讨论的分割技术通常会以像素的形式沿一个区域中包含的边界或像素来产生原始数据。尽管有时会直接使用这些像素来直接获得描绘子（如在确定区域的纹理时），但标准方法是使用将数据精简为表示的方案，因为这些表示在计算描绘子时通常更为有用。本节讨论各种表示方法的实现。

9.4.1 链码

链码通过一个指定长度和方向的直线段的连接序列来表示一条边界。通常，这种表示基于这些线段的 4 连通性或 8 连通性。每条线段的方向使用一种数字编号方案编码，如图 9-3a、b 所示。以这种方向性数字序列表示的编码称为弗雷曼（Freeman）链码。

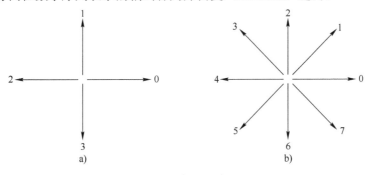

图 9-3　弗雷曼链码

a) 4 方向链码的方向数　b) 8 方向链码的方向数

边界的链码取决于起点。然而，链码可以通过将起点处理为方向数的循环序列和重新定义起点的方法进行归一化，以便产生的数字序列为一个最小数值整数。链码也可以通过旋转归一化。对于图 9-3a 和图 9-3b 中的链码，增量分别为 90°或 45°，方法是使用链码的一阶差分来替代链码本身。这一差分可以通过计算链码两个相邻元素的方向变化数目获得（逆时针方向）。例如，4 方向链码 10103322 的一阶差分为 3133030。如果将链码处理为一个循环序列，则一阶差分的第一个元素可以使用链码的最后一个元素和第一个元素间的转换加以计算。对于前边的链码，结果是 33133030。关于任意旋转角度的归一化，可以通过带有某些主要特征的边界取向获得。

函数 fchcode 使用语法

$$c = fchcode (b, conn，dir)$$

来计算一个存储在数组 b 中的有序边界点的 np×2 集合的弗雷曼链码。输出 c 是包含以下字段的一个结构，其中圆括号中的数字表示数组大小：

$$c.fcc = 弗雷曼链码(1×np)$$

$$c.diff = c.fcc 的一阶差分链码(1×np)$$

$$c.mm = 最小幅度的整数(1×np)$$

$$c.diffmm = 链码 c.mm 的一阶差分(1×np)$$

$$c.x0y0 = 链码的起点坐标(1×2)$$

参数 conn 指定链码的连接性，其值可为 4 或 8（默认）。仅当边界不包含对角转换时，值设为 4 才是有效的。参数 dir 指定输出链码的方向:若指定为 'same'，则链码方向与 b 中点的方向相同。使用 'reverse' 将导致链码方向相反。默认为 'same'。因此，键入 c = fchcode(b,conn) 将采用默认方向，而键入 c = fchcode (b) 将使用默认的连接性和方向。

9.4.2 曲线的链码表示

我们以图 9-3b 的 8 方向链码为例，介绍目标边界的各种链码表示。

（1）原链码

从边界起点开始，按顺时针方向观察每一段走向，并用相应的指向符表示，结果就形成表示该边界的数码序列，称为原链码。假设目标有 n 个边界点，且边界起始点坐标为 S，则目标边界的原链码表示为

$$M_N = S \underset{i=1}{\overset{n-1}{C}} a_i = Sa_1 a_2 \cdots a_{n-1}, \quad a_i = 0, 1, \cdots, N-1 \tag{9-19}$$

式中，N 为方向数，对于 8 链码，$N=8$。当边界闭合时，原链码会回到起点，此时 S 可省略，链码变成 $a_1 a_2 \cdots a_n$ 的形式，如图 9-4a 所示，目标边界的原链码为 $M_8 = 2120606454$。

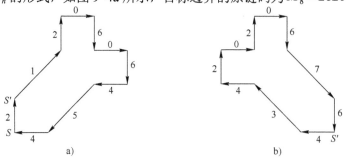

图 9-4 目标区域及其旋转 90°后的链码表示

a）原始目标的区域 b）逆时针旋转 90°后的区域

（2）归一化码

原链码具有平移不变性，但当改变起始点 S 时，会得到不同的链码表示，即不具备唯一性。为此可引入归一化链码，其方法是:对于闭合边界，任选一起始点 S 得到原链码，将链码看作由各方向数构成的 n 位自然数，将该码按一个方向循环，使其构成的 n 位自然数最小，此时就形成起始点唯一的链码，称为归一化链码，也称为规格化链码。例如，将图 9-4a 中目标边界原链码序列向左循环，循环一次得到 1206064542，循环两次得到 2060645421，循环三次得到 0606454212，这也是该序列循环能得到的最小自然数，即目标边界的归一化链码为 $\overline{M_8} = 0606454212$。

（3）差分码

归一化链码既具有平移不变性，也具备唯一性，但不具备旋转不变性。如图 9-4b 所示，当对图 9-4a 中的目标逆时针旋转 90° 后，其归一化链码变为 $\overline{M_8} = 0206764342$。对于 8 链码，当目标物逆时针旋转 45° 的 m 倍时，其原链码变为

$$M_N = \mathop{C}_{i=1}^{n} a_i^m \tag{9-20}$$

式中，$a_i^m = (a_i + m) \, \text{MOD} 8$，表示未旋转前的指向符加上 m 后对 8 取模（8 链码）。一般 $a_i \neq a_i^m$，如图 9-4 所示，旋转前后的链码确实不同。为了得到具有旋转不变性的链码，我们可定义差分码。链码对应的差分码定义为

$$M_N' = \mathop{C}_{i=1}^{n} a_i' \tag{9-21}$$

式中，$a_1' = (a_1 - a_n) \, \text{MOD} \, N$，$a_i' = (a_i - a_{i-1}) \, \text{MOD} \, N$，$i = 2, 3, \cdots, n$。当起始点为 S 时，如图 9-4 中两幅图的差分码均为 $M_8' = 6716626617$。

（4）归一化的差分码

对差分码进行（起点）归一化，就可得到归一化（唯一）的差分码，它具有平移和旋转不变性，也具有唯一性。如图 9-4 的差分码为 $\overline{M_8'} = 1662661767$。

9.4.3　傅里叶描述子

对边界的离散傅里叶变换表达，可以作为定量描述边界形状的基础。采用傅里叶描述的一个优点是将二维的问题简化为一维问题，即将 xOy 平面中的曲线段转化为一维函数 $f(r)$（在 $r - f(r)$ 平面上），也可将 xOy 平面中的曲线段转化为复平面上的一个序列。具体就是将 xOy 平面与复平面 uOv 重合，其中，实部 u 轴与 x 轴重合，虚部 v 轴与 y 轴重合。这样可用复数 $u + jv$ 的形式来表示给定边界上的每个点 (x, y)。这两种表示在本质上是一致的，是点点对应的（见图 9-5）。

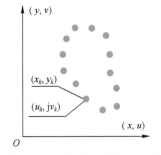

图 9-5　边界点的两种表示方法

对于 xOy 平面上一个由 N 个点组成的边界来说，任意选取一个起点 (x_0, y_0)，然后沿着逆时针方向绕行一周，可以得到一个点序列：$(x_0, y_0), (x_1, y_1), \cdots, (x_{N-1}, y_{N-1})$。如果记 $x(k) = x_k$，$y(k) = y_k$，并把它们用复数表示，则得到一个坐标序列为

$$s(k) = x(k) + jy(k) \qquad k = 0, 1, \cdots, N-1 \tag{9-22}$$

$s(k)$ 的离散傅里叶变换为

$$S(u) = \sum_{k=0}^{N-1} s(k) \exp\left(-\mathrm{j}\frac{2\pi uk}{N}\right) \qquad u = 0, 1, \cdots, N-1 \qquad (9\text{-}23)$$

可见，离散傅里叶变换是一个可逆变换，在变换过程中信息没有任何增减，这为我们有选择地描述边界提供了方便。

傅里叶变换的高频分量对应一些细节而低频分量对应总体形状，因此用一些低频分量的傅里叶系数足以近似描述边界形状。一般来说，在用傅里叶描述子描述闭合曲线时，我们可以只选择其中的前 M 个点，并根据它们进行曲线描述，而在重建原曲线时也只能根据这 M 个点，并将后面的 $N-M$ 个系数全置为零，重建公式如下所示，即

$$\hat{s}(k) = \frac{1}{N} \sum_{u=0}^{M-1} S(u) \exp\left(\mathrm{j}\frac{2\pi uk}{M}\right) \qquad k = 0, 1, \cdots, N-1 \qquad (9\text{-}24)$$

对于式（9-24），如果 $M \ll N$，那么在重建曲线时只能得到原曲线的大体形状，因为其细节部分被略去了，而当 M 越接近 N，重建的曲线就越逼近原曲线，当 $M = N$ 时，我们可以还原出和原始曲线相同的结果。图 9-6a 为 $N = 64$ 的正方形边界，图 9-6b～d 是 M 逐渐逼近 N 时的重建结果。

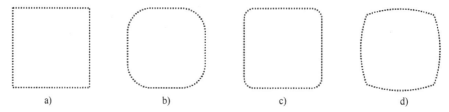

图 9-6　用傅里叶描述子进行曲线重建

a) N=64　b) M=8　c) M=24　d) M=56

9.5　区域特征

一旦一幅图像的目标区域被确定，我们往往用一套描述子来表示其特性。选择区域描述子的动机不单纯为了减少在区域中原始数据的数量，而且也应有利于区别带有不同特性的区域。因此，当目标区域有大小、旋转、平移等方面的变化时，针对这一目标的区域描述子应是不变的。

9.5.1　区域描述

1. 分散度

分散度是一种面积形状的测度。设图像子集 S 的面积为 A，即有 A 个像素点数，周长为 P，定义 P^2/A 为 S 的"分散度"。这个测度符合人的认识，相同面积的几何形状物体，其周长越小，越紧凑。对圆形 S 来讲，$P^2/A = 4\pi$，圆形 S 最紧凑。其他任何形状的 S，$P^2/A > 4\pi$。若几何形状越复杂，则分散度越大，例如，正方形的分散度为 16，而正三角形的分散度为 $36/\sqrt{3}$。

2. 伸长度

设图像子集 S 的面积为 A，宽度为 W，定义 A/W^2 为 S 的伸长度。伸长度也是符合人们的习惯的，面积一定的 S，其宽度 W 越小，肯定越细长；反之，则越粗短。

3. 饱和度

给定平面上的一个点集，包含点集中所有点的最小面积的凸多边形为这个点集的凸包。一个目标区域的凸包即为包含该目标区域的最小面积凸多边形。图 9-7 中黑色目标外侧的线所包围的区域即是目标区域的凸包。令凸包区域的面积为 A_{convex_hull}，目标区域实际面积为 A，则饱和度定义为

$$饱和度 = \frac{A}{A_{convex\_hull}} \tag{9-25}$$

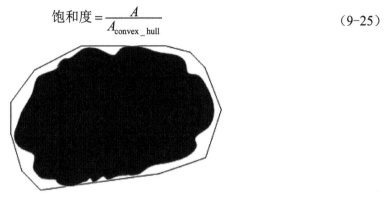

图 9-7 目标区域的凸包

4. 欧拉数

在一幅图像中的孔数为 H，连通域的个数为 C，那么欧拉数 E 定义为

$$E = C - H \tag{9-26}$$

5. 凹凸性

设 P 是图像子集 S 中的点，若通过 P 的每条直线只与 S 相交一次，则称 S 为发自 P 的星形，也就是站在 P 点能看到 S 的所有点。

S 满足下列条件之一，称此 S 为凸状的：

1）从 S 中每点看，S 都是星形的。

2）对 S 中任意两点 p、q，从 P 到 q 的直线段完全在 S 中。

3）对 S 中任意两点 p、q，从 P 到 q 的直线中点位于 S 中。

4）任意一条直线与 S 只能相交一次。

上述 4 个条件是等效的，一个凸状物体是没有凹处，也不会有孔，而且是连通的。但要注意，在数字图像中的凸性物体，在数字化以前的模拟图像中可能有细小凹处，这些细小凹处往往会在取样时被漏掉。

6. 偏心度

区域的偏心度是区域形状的重要描述，度量偏心度可以采用区域主轴与辅轴之比，如图 9-8 所示，图中主轴与辅轴相互垂直，且是两方向上的最长值。

另一种方法是计算惯性主轴比，它基于边界线点或整个区域来计算质量。对任意点集 R 的偏心度 e 的计算过程如下所述。

步骤 1：计算平均向量。

$$\overline{x} = \frac{1}{n}\sum_{x\in R} x , \quad \overline{y} = \frac{1}{n}\sum_{y\in R} y \tag{9-27}$$

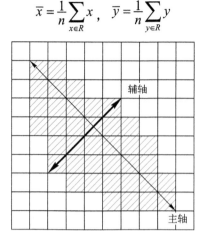

图 9-8　偏心度示意图

步骤 2：计算 $i+j$ 阶矩。

$$\mu_{ij} = \sum_{(x,y)\in R}(x-\overline{x})^i(y-\overline{y})^j \tag{9-28}$$

步骤 3：计算方向角。

$$\theta = \frac{1}{2}\arctan\left(\frac{2\mu_{11}}{\mu_{20}-\mu_{02}}\right) + \frac{\pi}{2}n \tag{9-29}$$

步骤 4：计算偏心度的近似值。

$$e = \frac{(\mu_{20}-\mu_{02})^2 + 4\mu_{11}}{A} \tag{9-30}$$

式中，A 为区域面积。

9.5.2　图像矩

矩在统计学中用于表征随机量的分布，而在力学中用于表征物质的空间分布。若把二值图或灰度图看作二维密度分布函数，就可把矩特征应用于图像分析中。这样，矩就可以用于描述一幅图像的特征，并提取为与统计学和力学中相似的特征。矩特征对于图像的平移、旋转、尺度等几何变换具有不变的特性，因此可用来描述图像中的区域特性。

1. 矩的定义

二维矩不变理论是在 1962 年由美籍华人学者胡名桂教授提出的。对于 $M \times N$ 的数字图像 $f(x,y)$，其 $p+q$ 阶矩定义为

$$m_{pq} = \sum_{x=0}^{M-1}\sum_{y=0}^{N-1} x^p y^q f(x,y) , \quad p,q=0,1,2,\cdots \tag{9-31}$$

将上述矩特征量进行位置归一化，得图像 $f(x,y)$ 的中心矩为

$$\mu_{pq} = \sum_{x=0}^{M-1}\sum_{y=0}^{N-1}(x-\overline{x})^p(y-\overline{y})^q f(x,y) \tag{9-32}$$

式中，$\overline{x} = \dfrac{m_{10}}{m_{00}}$，$\overline{y} = \dfrac{m_{01}}{m_{00}}$，而

$$m_{00} = \sum_{x=0}^{M-1} \sum_{y=0}^{N-1} f(x,y) \qquad (9\text{-}33)$$

$$m_{01} = \sum_{x=0}^{M-1} \sum_{y=0}^{N-1} yf(x,y) \qquad (9\text{-}34)$$

$$m_{10} = \sum_{x=0}^{M-1} \sum_{y=0}^{N-1} xf(x,y) \qquad (9\text{-}35)$$

如果将图像 $f(x,y)$ 的灰度看作"质量"，则上述的 $(\overline{x}, \overline{y})$ 即为图像的质心点。

对于一个经分割的二值图像，若其目标物体取值为 1，背景为 0，即函数只反映了物体的形状而忽略其内部的灰度级细节，则式（9-31）可写成

$$m_{pq} = \sum_x \sum_y x^p y^q \qquad (9\text{-}36)$$

因此，m_{00} 是该区域的像素点数，即目标区域的面积；$\overline{x} = \dfrac{m_{10}}{m_{00}}$，$\overline{y} = \dfrac{m_{01}}{m_{00}}$ 为目标区域的形心。这样，离散图像的中心矩为

$$\mu_{pq} = \sum_x \sum_y (x-\overline{x})^p (y-\overline{y})^q \qquad (9\text{-}37)$$

2. 不变矩

定义归一化的中心矩为

$$\eta_{pq} = \frac{\mu_{pq}}{\mu_{00}^{\gamma}}, \quad \gamma = \left(\frac{p+q}{2}+1\right) \qquad (9\text{-}38)$$

利用归一化的中心矩，可以获得对平移、缩放、旋转都不敏感的 7 个不变矩，定义如下：

$$\phi_1 = \eta_{20} + \eta_{02} \qquad (9\text{-}39)$$

$$\phi_2 = (\eta_{20} - \eta_{02})^2 + 4\eta_{11}^2 \qquad (9\text{-}40)$$

$$\phi_3 = (\eta_{30} - 3\eta_{12})^2 + (3\eta_{21} - \eta_{03})^2 \qquad (9\text{-}41)$$

$$\phi_4 = (\eta_{30} + \eta_{12})^2 + (\eta_{21} - \eta_{03})^2 \qquad (9\text{-}42)$$

$$\begin{aligned} \phi_5 = &(\eta_{30} - 3\eta_{12})(\eta_{30} + \eta_{12})[(\eta_{30} + \eta_{12})^2 - 3(\eta_{21} + \eta_{03})^2] + \\ &(3\eta_{21} - \eta_{03})(\eta_{21} + \eta_{03})[3(\eta_{30} + \eta_{12})^2 - (\eta_{21} + \eta_{03})^2] \end{aligned} \qquad (9\text{-}43)$$

$$\phi_6 = (\eta_{20} - \eta_{02})^2[(\eta_{30} + \eta_{12})^2 - (\eta_{21} + \eta_{03})^2] + 4\eta_{11}(\eta_{30} + \eta_{12})(\eta_{21} + \eta_{03}) \qquad (9\text{-}44)$$

$$\begin{aligned} \phi_7 = &(3\eta_{12} - \eta_{03})(\eta_{30} + \eta_{12})[(\eta_{30} + \eta_{12})^2 - 3(\eta_{21} + \eta_{03})^2] + \\ &(3\eta_{21} - \eta_{30})(\eta_{21} + \eta_{03})[3(\eta_{30} + \eta_{12})^2 - (\eta_{21} + \eta_{03})^2] \end{aligned} \qquad (9\text{-}45)$$

由于采样和量化会导致图像的灰度层次和图像边缘表示得不精确，因此图像离散化会对图像矩特征的提取产生影响，特别是对高阶矩特征的计算影响较大。这是因为高阶矩主要描述图像的细节，如扭曲度、峰态等；而低阶矩主要描述图像的整体特征，如面积、主轴、方向角等，相对而言影响较小。

图 9-9 是一个表现矩不变性的例子，其中图 9-9b 中显示的目标为图 9-9a 的 1/2 尺寸，图 9-9c~f 分别是将原图旋转 45°、90°、135°、180° 得到的图像。运用式（9-39）~式（9-45）计算这些图像的 7 个不变矩。为了减小动态范围，将计算得到的结果取对数的幅值，见表 9-1，从表中可以看出，图 9-9b~f 所得到的结果与原图计算得到的不变矩有较好的一致性。

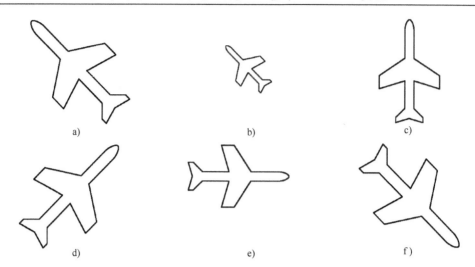

图 9-9　原图及其缩小和旋转的图像

a) 原图　b) 1/2 尺寸　c) 旋转 45°　d) 旋转 90°　e) 旋转 135°　f) 旋转 180°

表 9-1　图 9-9a～f 所示图像的 7 个不变矩

不变矩	原图	1/2 尺寸	旋转 45°	旋转 90°	旋转 135°	旋转 180°
ϕ_1	27.5168	24.5604	27.5077	27.4265	27.4807	27.4087
ϕ_2	55.0336	49.1208	55.0154	54.8531	54.9614	54.8174
ϕ_3	73.7267	66.2451	73.7060	73.4633	73.6252	73.4131
ϕ_4	73.7267	66.2451	73.7060	73.4633	73.6252	73.4131
ϕ_5	147.4534	132.4902	147.4121	146.9267	147.2504	146.8263
ϕ_6	101.2435	90.8055	101.2137	100.889	101.1059	100.8219
ϕ_7	116.6107	101.4225	115.3809	116.0275	117.0424	116.3307

9.5.3　低阶矩

物体的二阶矩、一阶矩和零阶矩通常称为低阶矩，这些低阶矩有明确的物理和数学意义。

1．零阶矩

$f(x,y)$ 零阶矩的定义为

$$m_{00} = \sum_x \sum_y f(x,y) \tag{9-46}$$

它表示图像的总质量，当图像为二值图时，零阶矩表示该目标区域的总面积。

2．一阶矩

两个一阶矩用来确定目标的质心。质心的坐标 $(\overline{x},\overline{y})$ 由式（9-47）计算，即

$$\overline{x} = \frac{m_{10}}{m_{00}}, \quad \overline{y} = \frac{m_{01}}{m_{00}} \tag{9-47}$$

当图像为二值图时，$(\overline{x},\overline{y})$ 为目标区域的形心。

3．二阶矩

二阶矩 $\{m_{02}, m_{11}, m_{20}\}$ 又叫惯性矩，表征图像的大小和方向。事实上，如果仅考虑阶次为 2 的矩集，则原始图像完全等同于一个具有确定的大小、方向和离心率，以图像质心为中心的椭圆。该图像椭圆的参数如下所述。

长半轴 L_{long} 为

$$L_{\text{long}} = \sqrt{2\{\mu_{02} + \mu_{20} + [4\mu_{11}^2 + (\mu_{02} - \mu_{20})^2]^{1/2}\}} \qquad (9\text{-}48)$$

短半轴 L_{shot} 为

$$L_{\text{shot}} = \sqrt{2\{\mu_{02} + \mu_{20} - [4\mu_{11}^2 + (\mu_{02} - \mu_{20})^2]^{1/2}\}} \qquad (9\text{-}49)$$

椭圆倾角 θ 为

$$\theta = \frac{1}{2}\arctan\left(\frac{2\mu_{11}}{\mu_{20} - \mu_{02}}\right) \qquad (9\text{-}50)$$

可以在图像的二阶矩基础上定义一些形状特征描述方法，如目标区域的纵横比定义为

$$\text{Aspect\_Ratio} = \frac{L_{\text{long}}}{L_{\text{shot}}} \qquad (9\text{-}51)$$

　　再如椭圆度，如图 9-10 所示，首先在原二值图上画一个椭圆，其中椭圆圆心为式（9-47）定义的二值图形心 $(\bar{x}, \bar{y})$，椭圆长、短轴的定义如式（9-48）和式（9-49），椭圆的旋转角 θ 由式（9-50）计算得到。然后计算在椭圆内部黑色区域的面积和椭圆外部白色区域的面积，两者之和记为 $A_{\text{difference}}$。记椭圆的面积为 A_{ellipse}，则椭圆度定义为

$$\text{椭圆度} = 1 - \frac{A_{\text{difference}}}{A_{\text{ellipse}}} \qquad (9\text{-}52)$$

图 9-10　由二阶矩确定的目标区域椭圆

本章小结

　　图像的表示与描述是从图像分割过渡到图像分类的重要内容，它为图像分类识别提供了重要的特征参数。本章从目标的颜色、纹理、边界和区域等几个方面介绍图像描述方法；针对目标物的形状，介绍了图像的区域描述和矩不变量；从颜色角度介绍了颜色矩等描述方法；最后介绍了自相关函数、灰度差分统计、灰度共生矩阵、频谱特征、边界特征等纹理描述方法。学习这些图像描述方法，可为目标的特征选择与提取提供有力的依据。

习题

9.1　图像具有哪些特征？简要说明这些特征，以及它们在图像分析中的用途。

9.2　MATLAB 的函数 pixval、impixel、impixelinfo、stdfilt、entropyfilt 各有什么用途？

9.3　什么是傅里叶描述子？它有何特点？

9.4　什么是图像进行几何变换？试编写一个程序将一幅图像进行水平和垂直方向的平移。

模式识别在各个领域都有着广泛的应用，如语音识别、地理遥感、医学诊断、指纹识别等。模式识别式识别技术是人工智能的基础技术，21 世纪是智能化、信息化、计算化、网络化的世纪，在这个以数字计算为特征的世纪里，作为人工智能技术基础学科的模式识别技术，必将获得巨大的发展空间。早在 2001 年，我国就有专家完成了弹头膛线痕迹自动识别系统搭建，该系统的总体技术达到了国际先进水平，得到十余个省区市的多所单位采用。

10.1　模式识别简介

模式识别就是用计算的方法根据样本的特征将样本划分到一定的类别中去。模式识别就是通过计算机用数学技术方法来实现模式的自动处理和判读，把环境与客体统称为"模式"。随着计算机技术的发展，人类有可能研究复杂的信息处理过程，其过程的一个重要形式是生命体对环境及客体的识别。模式识别以图像处理与计算机视觉、语音语言信息处理、脑网络组、类脑智能等为主要研究方向，研究人类模式识别的机理以及有效的计算方法。

模式识别是人类的一项基本智能，在日常生活中，人们经常在进行"模式识别"。随着 20 世纪 40 年代计算机的出现以及 50 年代人工智能的兴起，人们当然也希望能用计算机来代替或扩展人类的部分脑力劳动。(计算机)模式识别在 20 世纪 60 年代初迅速发展并成为一门新学科。

模式识别是指对表征事物或现象的各种形式的（数值的、文字的和逻辑关系的）信息进行处理和分析，以对事物或现象进行描述、辨认、分类和解释的过程，是信息科学和人工智能的重要组成部分。

基于监督学习的模式识别系统由 3 大部分组成，即原始样本数据的预处理、特征提取和分类识别。模式识别流程图如图 10-1 所示。

图 10-1　模式识别流程图

10.1.1　待识别对象

待识别对象由数据采集而来，利用各种传感器把将待识别对象的各种信息转换为计算机可以接收的模拟信号。

10.1.2 预处理

待识别对象一般从物理世界中利用传感器采集而来，其中包含了其他无关信息和噪声。因此提取特征之前，需消除无关信息和进行噪声的预处理，只留下与被研究对象的性质和采用的识别方法密切相关的特征。

10.1.3 特征提取

特征提取是指从输入数据的许多特征中寻找出最有效的特征，得到最能反映分类本质的特征，从特征集合中挑选一组最具有统计意义的特征值，达到降维效果，以降低后续处理过程的难度。

10.1.4 分类识别

基于特征提取，就可以分类识别。因此，分类识别需要建立模型训练库。根据模型建立判别分类函数，这一过程是由机器来实现的，称为学习过程。然后对一个未知的新对象分析它的特征，决定它属于哪一类，这是一种监督分类的方法。

具体步骤是根据特征建立训练集，已知训练集里每个点的所属类别，从这些条件出发，寻求某种判别函数或判别准则，设计判决函数模型，然后根据训练集中的样品确定模型中的参数，便可将这模型用于判别，利用判别函数或判别准则去判别每个未知类别的点应该属于哪一个类。在模式识别学科中，一般把这个过程称为训练与学习的过程。

对于不同目的的应用，模式识别系统 3 个部分的内容会出现差异，特别是在数据预处理和分类识别这两部分。为了提高识别结果的可靠性，往往需要对产生的错误进行修正，或通过引入限制条件大大缩小待识别模式在模型库中的搜索空间，以减少匹配计算量。

10.2 模式识别方法

模式分类或模式匹配的方法有很多，总体分为 4 大类：以数据聚类的监督学习方法，以统计分类的无监督学习方法，通过对基本单元判断是否符合某种规则的结构模式识别方法，以及可同时用于监督或者非监督学习的神经网络分类法。下面介绍几种具有代表性的方法。

10.2.1 线性判别法

线性判别法属于以数据聚类的监督学习方法，其原理是用一条直线来划分已有的学习集的数据，然后根据待测点在直线的哪一边决定分类。但是一般情况下的特征数很多，想降低特征数维度，可以通过投影的方式进行计算，然后使得一个多维度的特征数变换到一条直线上进行计算，可以减少计算工作的复杂度。

10.2.2 聚类法

聚类法属于以统计分类的无监督学习方法。简单来说，聚类就是将一堆零散的数据根据某些标准分为几个类别。常见的聚类算法有 Kmeans 算法，其聚类原则是以空间中 k 个点为中心进行聚类，对最靠近它们的对象归类。逐次计算各簇中心的值为新的中心值，迭代更新，直至簇中心位置不再改变或者达到最大迭代次数为止。

10.2.3 模板匹配法

模板匹配是一种结构模式识别方法，它是图像识别中最具代表性的方法之一。把不同传感器或同一传感器在不同时间、不同成像条件下对同一景物获取的两幅或多幅图像在空间上对准，或根据已知模式到另一幅图中寻找相应模式的处理方法称为模板匹配。

简单而言，模板就是一幅已知的小图像。模板匹配就是在一幅大图像中搜寻目标，已知该图中有要找的目标，且该目标同模板有相同的尺寸、方向和图像，通过一定的算法可以在图中找到目标，确定其坐标位置。模板匹配通常事先建立好标准模板库。

10.2.4 神经网络分类法

神经网络是机器学习中的一种模型，是一种模仿动物神经网络行为特征，进行分布式并行信息处理的算法数学模型。这种网络依靠系统的复杂程度，通过调整内部大量节点之间相互连接的关系，从而达到处理信息的目的。

一般来说，神经网络的架构可以分为 3 类。

1. 前馈神经网络

这是实际应用中最常见的神经网络类型。第一层是输入，最后一层是输出。如果有多个隐含层，称之为"深度"神经网络。它们计算出一系列改变样本相似性的变换。各层神经元的活动是前一层活动的非线性函数。

2. 循环网络

循环网络在连接图中定向了循环，这意味着可以按照箭头回到开始的地方。循环网络可以有复杂的动态，使其很难训练，更具有生物真实性。

循环网络的目的是用来处理序列数据。在传统的神经网络模型中，是从输入层到隐含层再到输出层，层与层之间是全连接的，每层之间的节点是无连接的。但是这种普通的神经网络对于很多问题却无能为力。例如，要预测句子的下一个单词是什么，一般需要用到前面的单词，因为一个句子中前后单词并不是独立的。

循环神经网络中，一个序列当前的输出与前面的输出也有关。具体的表现形式为网络会对前面的信息进行记忆并应用于当前输出的计算中，即隐含层之间的节点不再是无连接而是有连接的，并且隐含层的输入不仅包括输入层的输出，还包括上一时刻隐含层的输出。

3. 对称连接网络

对称连接网络有点像循环网络，但是单元之间的连接是对称的（它们在两个方向上权重相同）。比起循环网络，对称连接网络更容易分析。这种网络有更多的限制，因为它们遵守能量函数定律。没有隐藏单元的对称连接网络被称为 Hopfield 网络。有隐藏单元的对称连接网络被称为玻尔兹曼机。

神经网络可以看成是从输入空间到输出空间的一个非线性映射，它通过调整权重和阈值来"学"或发现变量间的关系，实现对事物的分类。由于神经网络是一种对数据分布无任何要求的非线性技术，它能有效解决非正态分布和非线性的评价问题，因而受到广泛的应用。由于神经网络具有信息的分布存储、并行处理及自学习能力等特点，因此它在泛化处理能力上显示出较高的优势。

10.3　模板匹配法详解

当比较两幅图像的时候，首先面对的基本问题是：什么时候两幅图像才是一样或比较相似的，这两幅图像的相似程度如何衡量是较为合适的。比较一般的方法是，当两幅图像的所有像素灰度值一样的时候，认为这样幅图是一样的。这种比较方法在某些特定的应用领域是可行的，比如在恒定光照环境和相机内部环境下，检测连续两帧图像的变化。但简单的比较像素之间的差值在大多数应用场合下是不太合适的。噪声、量化误差、微小的光照变化、极小的平移或旋转在两幅图像像素简单差值的时候将产生较大的像素差值，但是人眼观察看来，两幅图像仍然是一样的。显然，人类知觉能够感应更为广泛的相似性内容，即使在单个像素差值较大的情况下，也能够利用诸如结构和图像内容来识别两幅图像的相似性。在结构或语义层面比较图像是一个比较困难的问题，同时这也是一个比较有趣的研究领域。

本书中介绍的是一种在像素层面相对简单的图像比较方法，即在一幅较大图像中定位一幅给定的子图像（模板图像），也就是即通常所说的模板匹配。这种情况经常发生，比如在一个图像场景中定位一个特定的物体，或者是在图像序列中追踪到某些特定模式。模板匹配的基本原理很简单：在待搜寻的图像中移动模板图像，在每一个位置测量待搜寻图像的子图像和模板图像的差值，当差值最小时，即相似度达到最大时，记录其相应的位置。但实际情况却不是这么简单，存在如何选取合适的距离测量方法，当亮度或对比度改变时怎样如何处理，以及匹配中总的距离差值为多少才可以被认为是相似度比较高等问题，这些问题都需要根据实用情况加以考虑。

通过比较模板和子图的相似性，完成模板匹配过程。衡量模板和子图的匹配程度，最简单的方法是SAD算法，同时这也是速度较快的一种方法。但是SAD算法的鲁棒性较差，为了解决这个问题，同时兼顾实时性，模板匹配中的相关系数法可以很好地适应这些要求：相关系数（r）是一种数学距离，可以用来衡量两个向量的相似程度。它起源于余弦定理：$\cos(A) = (a^2 + c^2 - b^2)/2bc$。如果两个向量的夹角为 0°（对应于 $r = 1$），说明它们完全相似，如果夹角为 90°（对应于 $r = 0$），则它们完全不相似，如果夹角为 180°（对应于 $r = -1$），则它们完全相反。

模板大小的确定往往是一个经验值，紧贴目标轮廓的模板或者包含太多背景的模板都不好，前者的模板太小，它对目标的变化太敏感，会很容易丢失目标。后者正相反，目标变化的时候算法却没有反应。一般而言，目标所占模板的比例在 30%~50%为佳。

10.4　车牌识别实例

10.4.1　车牌图像数据特征分析（民用汽车）

车牌图像的采集环境冗杂不一，例如图像采集时光线充足与否、采集角度因素、采集设备性能原因以及车牌老化变形等，对车牌图像的成像影响很大，很难采集到一个令人眼视觉及机器视觉都满意的原始图像。所以，车牌字符识别具有相当大的难度。

因此，在车牌的识别过程中，要综合考虑到环境的影响。通过一系列预处理手段，将车牌号码识别出来，才能够提高系统的容错能力和准确率。

汽车牌照的底色主要有绿色、蓝色、黑色、黄色和白色。按国标规定，前车牌的 7 个字符是等大小的，宽 45mm、高 90mm，即单个号码的宽高比为 1∶2，而对于整个车牌来说，宽 440mm、高 140mm，其宽高比为 3.143∶1，在实际处理中，该值取为 3。而且每个字符之间的间隔比例也是固定的，这为系统实现识别提供了关键的条件。车牌识别操作流程图如图 10-2 所示。

图 10-2　车牌识别操作流程图

10.4.2　车牌号码识别系统设计

一个典型的车牌号码识别系统包括车牌定位、字符分割和字符识别 3 个主要步骤。对于其中的每一个部分，人们都提出了很多不同的算法。车牌定位（也称为车牌分割）是车牌自动识别系统中的关键步骤，对车牌大小自适应性强、速度快和准确率高的车牌定位方法对于整个自动识别系统性能指标的影响是至关重要的。然后进行字符分割，最后通过基于模板匹配的方法或基于人工神经网络的算法进行字符识别。

目前，车牌定位主要有下列几种方法：基于直线边缘检测的方法；基于阈值迭代的方法；基于彩色信息的方法；基于灰度检测的方法；基于神经网络的方法，而字符识别多采用特征提取与模板匹配等方法。将多种预处理与识别技术有机结合以提高系统识别能力；在有效和实用的原则下将神经网络与人工智能技术相结合将成为模式识别研究的两个重要发展趋势。

本章设计的车牌号码识别系统分为车牌图像预处理与车牌号码识别两大过程。图像预处理分为图像灰度化、直方图均衡化、滤波去噪、边缘提取、形态学运算、车牌定位、字符分割和字符细化，车牌号码识别利用模板匹配法识别出车牌字母及数字部分。本系统采用 MATLAB R2019b 作为开发工具，实现汽车牌照号码识别。

10.4.3　读入图像

首先，载入原始图像，这里采用的是 uigetfile 函数，显示一个模态对话框，对话框列出了当前目录下的文件和目录，用于可以选择一个将要打开的文件名。如果文件名是有效的且该文件存在，则当用户单击 Open 按钮时，函数 uigetfile 返回该文件名。若不存在，uigetfile 显示一个控制返回对话框值的错误提示信息，此时用户可以输入另外的文件名或单击 Cancel 按钮。如果用户单击 Cancel 按钮或关闭对话框，函数 uigetfile 将返回 0。读入图像代码如下：

```
[filename filepath] = uigetfile('.jpg', '输入一个需要识别出车牌的图像');
file = strcat(filepath, filename);
img = imread(file);
figure;
imshow(img);title('车牌图像');
```

载入原图阶段产生的原始车牌图像，如图 10-3 所示。

图 10-3 原始车牌图像

10.4.4 图像预处理

预处理的具体操作是将车牌彩色图像灰度化，利用直方图均衡化、中值滤波、边缘提取、形态学运算等数字图像处理方法，确定车牌位置，提高车牌定位精确度及识别正确率。

1. 彩色图像灰度化

彩色图像灰度化本质就是通过一定的方法将彩色图像转换成灰度图像的过程。灰度图像能在较好地保留图像的形态特征的同时减少数据处理量，提高图像处理效率，如图 10-4 所示。本车牌识别设计中的灰度化代码如下：

```
img1 = rgb2gray(img);        % RGB 图像转灰度图像
figure;
subplot(1, 2, 1);imshow(img1);title('灰度图像');
subplot(1, 2, 2);imhist(img1);title('灰度处理后的直方图');
```

图 10-4 灰度图像与其直方图

2. 直方图均衡化

从人的视觉特性来考虑，一幅图像的直方图如果是均匀分布的，该图像色调给人的感觉会比较协调。直方图均衡化处理可将对比度很弱、灰度分布集中在较窄的区间的图像，使其灰度分布趋向均匀，图像所占有的像素灰度间距拉开，进而加大图像反差，提升对比度，改善视觉效果，达到图像增强的效果，如图 10-5 所示。本车牌识别设计中的直方图均衡化代码如下：

```
img2 = histeq(img1);        %直方图均衡化
figure;
subplot(1, 2, 1);imshow(img2);title('灰度图像');
```

subplot(1, 2, 2);imhist(img2);title('灰度处理后的直方图');

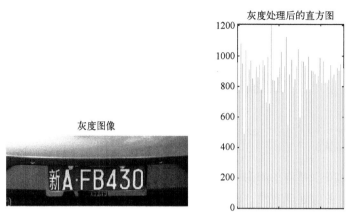

图 10-5　灰度图像直方图均衡化

3. 滤波去噪

一般意义上的滤波其实就是去除信号当中不需要的频率成分，利用滤波器（高低通）加权去除信号中的带外成分，去除图像中的噪声信号，提高图像质量。

中值滤波是基于空间域（邻域）操作的，其用一个 $m×n$ 滤波器的中心点滑过一幅图像的机理，将像素邻域内灰度的中值来代替中心像素的值，把不同灰度的像素点看起来更接近于邻域内的像素点，优点是可以很好地过滤掉椒盐噪声，缺点是易造成图像的不连续性。使用均值滤波法，在去噪声的同时也使得边界变得模糊。而中值滤波是非线性的图像处理方法，在去噪声的同时，可以兼顾到边界信息的保留，如图 10-6 所示。这也是本识别设计选用中值滤波的原因。

本车牌识别设计中的中值滤波代码如下：

```
img3 = medfilt2(img2);
figure;imshow(img3);title('中值滤波');
```

4. 边缘提取

边缘是图像的最重要的特征。边缘是指周围像素灰度有阶跃变化或屋顶变化的那些像素的集合。边缘检测主要是灰度变化的度量、检测和定位。有很多种不同的边缘检测方法，同一种方法使用的滤波器也不尽相同。图像边缘检测就是研究更好的边缘检测方法和边缘检测算子。本识别设计选用 Sobel 算子来进行边缘检测，Sobel 算子是滤波算子的形式来提取边缘，如图 10-7 所示。本车牌识别设计中的边缘提取代码如下：

```
img4 = edge(img3, 'sobel', 0.2);
figure('name','边缘检测');
imshow(img4);title('Sobel 算子边缘检测');
```

图 10-6　中值滤波后的车牌图像

图 10-7　Sobel 算子边缘检测

5. 形态学运算

　　形态学基本的运算有：膨胀运算、腐蚀运算、开运算及闭运算。膨胀运算可用于填充处理图像中的空白空间，主要用于靠近的两个对象，膨胀的实质就是求局部最大值的操作。图像腐蚀操作是通过移动结构元素来扫描图像的每个像素，结构元素与其覆盖的二值图像的交集进行与运算。腐蚀操作的作用是规则化有效区域的有效像素，去除隐藏的噪声，不影响车牌图像的质量。开运算的原理是将图像先腐蚀后膨胀，消除图片区域的小物体。闭运算的原理是将图像先膨胀后腐蚀，将两个区域连接起来。本章使用开运算进行形态学处理，如图 10-8 所示。本车牌识别设计中的开运算代码如下：

```
se=[1;1;1];
img5 = imerode(img4, se);
figure('name','图像腐蚀');
imshow(img5);title('图像腐蚀后的图像');
se = strel('rectangle', [20, 20]);
img6 = imclose(img5, se);
figure('name','平滑处理');
imshow(img6);title('平滑图像的轮廓');
```

图 10-8　形态学开运算

10.4.5　车牌定位

　　车牌图像经过预处理之后，系统根据原始车牌图像粗略的定位车牌区域二值图，再对此区域二值图像进行扫描，进而确定出车牌的位置。具体思想流程如下：

　　首先使用 size 函数得到该图像矩阵的行数 y 和列数 x，用 zero 函数建立一个 y 行 1 列的零矩阵 white_y，然后使用嵌套循环结构遍历二值图像的每一个像素点，把每行值为 1 的像素点（也就是白色像素点）的数量分别记录在先前创建的矩阵 white_y 中。遍历完之后，找出 white_y 矩阵中值最大的元素，它所对应的行即为该二值图像中白色像素点最多的行，该行可认为是靠近车牌中心的一行。

　　然后以这一行为起点，分别向上向下逐行扫描，当被扫描到的行中白色像素点多于 120 时（该值只是一个用于判断的估计值），继续向上（或向下）扫描，直到扫描到某行中的白色像素点数量小于 120 时，停止扫描，并记录这一行的行数，该行数即为车牌的上边界（或下边界）。同理，可以用相同的方法确定出车牌的左边界和右边界。

　　通过以上定位，得到了车牌的上、下、左、右边界，可以通过这 4 个边界值从原彩色图像中切割出车牌，如图 10-9 所示。示例代码如下：

图 10-9　定位剪切后的彩色车牌图像

```
%%  切割出车牌区域图像
[y, x, z] = size(img7);
img8 = double(img7);                                % 转成双精度浮点型
blue_Y = zeros(y, 1);                              % Y 方向车牌的蓝色区域
for i = 1:y
    for j = 1:x
        if(img8(i, j) == 1)                        % 判断车牌位置区域
            blue_Y(i, 1) = blue_Y(i, 1) + 1;       % 像素点统计
        end
    end
end
img_Y1 = 1;                                        % 找到 y 坐标的最小值
while (blue_Y(img_Y1) < 5) && (img_Y1 < y)
    img_Y1 = img_Y1 + 1;
end
img_Y2 = y;                                        % 找到 y 坐标的最大值
while (blue_Y(img_Y2) < 5) && (img_Y2 > img_Y1)
    img_Y2 = img_Y2 - 1;
end
blue_X = zeros(1, x);                              % X 方向车牌的蓝色区域
for j = 1:x
    for i = 1:y
        if(img8(i, j) == 1)                        % 判断车牌位置区域
            blue_X(1, j) = blue_X(1, j) + 1;
        end
    end
end
img_X1 = 1;                                         % 找到 x 坐标的最小值
while (blue_X(1, img_X1) < 5) && (img_X1 < x)
    img_X1 = img_X1 + 1;
end
img_X2 = x;                                        % 找到 x 坐标的最小值
while (blue_X(1, img_X2) < 5) && (img_X2 > img_X1)
    img_X2 = img_X2 - 1;
end
img9 = img(img_Y1:img_Y2, img_X1:img_X2, :);       % 对图像进行裁剪
figure('name', '定位剪切图像');
imshow(img9);title('定位剪切后的彩色车牌图像')
imwrite(img9, '车牌图像.jpg');                      % 保存提取出来的车牌图像
```

10.4.6　车牌区域处理

考虑到裁剪下来的车牌图像，区域边框、铆钉、车牌字符的间隔点都是后续字符分割的干扰因素，以及有噪声斑点等情况，仍需要对车牌图像进行一系列处理：

依次对车牌图像再次进行灰度化（见图 10-10）、均衡化（见图 10-11）、二值化（见图 10-12）及中值滤波去噪处理（见图 10-13），去除可能产生干扰的散点及其他的干扰因素。各项处理后的示例代码如下所示：

图 10-10　车牌灰度图像 　　　　　　图 10-11　直方图均衡化

图 10-12　车牌图像二值化 　　　　图 10-13　中值滤波图像

```
%%% 对裁剪出的车牌图像进行处理
plate_img = imread('车牌图像.jpg');
plate_img1 = rgb2gray(plate_img);        % RGB 图像转灰度图像
figure;
subplot(1,2,1);
imshow(plate_img1);
title('灰度图像');
subplot(1,2,2);
imhist(plate_img1);
title('灰度处理后的灰度直方图');
plate_img2 = histeq(plate_img1); %直方图均衡化
figure('name', '直方图均衡化');
subplot(1,2,1);
imshow(plate_img2);
title('直方图均衡化的图像');
subplot(1,2,2);
imhist(plate_img2);
title('直方图');
plate_img3 = im2bw(plate_img2, 0.76); %二值化处理
figure('name', '二值化处理');
imshow(plate_img3);
title('车牌二值图像');
plate_img4 = medfilt2(plate_img3); %中值滤波
figure('name', '中值滤波');
imshow(plate_img4);
title('中值滤波后的图像');
```

10.4.7　字符分割

字符区域确定下来后，只要对列进行遍历，提高边界判断的要求。逻辑值为 0，判断为黑色区域，逻辑值为 1，判断为包含字符的区域，或者设置一个较小的阈值，将字符分割，从原二值图像中截取下来。

后一个字符的左边界，从前一个字符的右边界开始遍历，碰到某列逻辑值不为 0，视为抵达字符左边界。接着遍历，碰到某列的逻辑值为 0 后，视为有边界。依次分割出 7 个字符。

接着对分割出来的字符图像大小归一化处理，使分割出的所有字符图像大小为 40×20，如图 10-14 所示。

图 10-14　字符分割

```
%%% 进行字符分割
plate_img5 = my_imsplit(plate_img4);
```

```matlab
[m, n] = size(plate_img5);
s = sum(plate_img5);        %sum(x)就是竖向相加，求每列的和，结果是行向量;
j = 1;
k1 = 1;
k2 = 1;
while j ~= n
    while s(j) == 0
        j = j + 1;
    end
    k1 = j;
    while s(j) ~= 0 && j <= n−1
        j = j + 1;
    end
    k2 = j + 1;
    if k2 − k1 > round(n / 6.5)
        [val, num] = min(sum(plate_img5(:, [k1+5:k2−5])));
        plate_img5(:, k1+num+5) = 0;
    end
end
y1 = 10;
y2 = 0.25;
flag = 0;
word1 = [];
while flag == 0
    [m, n] = size(plate_img5);
    left = 1;
    width = 0;
    while sum(plate_img5(:, width+1)) ~= 0
        width = width + 1;
    end
    if width < y1
        plate_img5(:, [1:width]) = 0;
        plate_img5 = my_imsplit(plate_img5);
    else
        temp = my_imsplit(imcrop(plate_img5, [1,1,width,m]));
        [m, n] = size(temp);
        all = sum(sum(temp));
        two_thirds=sum(sum(temp([round(m/3):2*round(m/3)],:)));
        if two_thirds/all > y2
            flag = 1;
            word1 = temp;
        end
        plate_img5(:, [1:width]) = 0;
        plate_img5 = my_imsplit(plate_img5);
    end
end

figure;
subplot(2,4,1), imshow(plate_img5);
% 分割出第 2 个字符
```

```
[word2,plate_img5]=getword(plate_img5);
subplot(2,4,2), imshow(plate_img5);
% 分割出第 3 个字符
[word3,plate_img5]=getword(plate_img5);
subplot(2,4,3), imshow(plate_img5);
% 分割出第 4 个字符
[word4,plate_img5]=getword(plate_img5);
subplot(2,4,4), imshow(plate_img5);
% 分割出第 5 个字符
[word5,plate_img5]=getword(plate_img5);
subplot(2,3,4), imshow(plate_img5);
% 分割出第 6 个字符
[word6,plate_img5]=getword(plate_img5);
subplot(2,3,5), imshow(plate_img5);
% 分割出第 7 个字符
[word7,plate_img5]=getword(plate_img5);
subplot(2,3,6), imshow(plate_img5);

figure;
subplot(5,7,1),imshow(word1),title('1');
subplot(5,7,2),imshow(word2),title('2');
subplot(5,7,3),imshow(word3),title('3');
subplot(5,7,4),imshow(word4),title('4');
subplot(5,7,5),imshow(word5),title('5');
subplot(5,7,6),imshow(word6),title('6');
subplot(5,7,7),imshow(word7),title('7');

word1=imresize(word1,[40 20]);              % imresize 对图像做缩放处理
word2=imresize(word2,[40 20]);
word3=imresize(word3,[40 20]);
word4=imresize(word4,[40 20]);
word5=imresize(word5,[40 20]);
word6=imresize(word6,[40 20]);
word7=imresize(word7,[40 20]);

subplot(5,7,15),imshow(word1),title('11');
subplot(5,7,16),imshow(word2),title('22');
subplot(5,7,17),imshow(word3),title('33');
subplot(5,7,18),imshow(word4),title('44');
subplot(5,7,19),imshow(word5),title('55');
subplot(5,7,20),imshow(word6),title('66');
subplot(5,7,21),imshow(word7),title('77');

imwrite(word1,'1.jpg');                     % 创建 7 位车牌字符图像
imwrite(word2,'2.jpg');
imwrite(word3,'3.jpg');
imwrite(word4,'4.jpg');
imwrite(word5,'5.jpg');
imwrite(word6,'6.jpg');
imwrite(word7,'7.jpg');
```

10.4.8 车牌识别

车牌识别首先应读入模板库中的模板图像，代码如下：

liccode=char(['0':'9' 'A':'Z' '京辽陕新苏鲁浙']);

字符识别使用的是模板匹配法，其数学原理是将分割出来的字符图像依次与模板库中的字符图像相减，统计两幅图像不同的点的个数，对比并找到差别最少的图像，即为识别结果，如图 10-15 所示。示例代码如下：

图 10-15 识别字符并输出

```matlab
subBw2 = zeros(40, 20);
num = 1;        % 车牌位数
for i = 1:7
    ii = int2str(i);        % 将整型数据转换为字符串型数据
    word = imread([ii,'.jpg']);  % 读取之前分割出的字符的图片
    segBw2 = imresize(word, [40,20], 'nearest');    % 调整图片的大小
    segBw2 = im2bw(segBw2, 0.5);    % 图像二值化
    if i == 1        % 字符第 1 位为汉字，定位汉字所在字段
        kMin = 37;
        kMax = 42;
    else if i == 2    % 第 2 位为英文字母，定位字母所在字段
        kMin = 11;
        kMax = 36;
    else if i >= 3    % 第 3 位开始就是数字了，定位数字所在字段
        kMin = 1;
        kMax = 36;
    end
    l = 1;
    for k = kMin : kMax
        fname = strcat('namebook\',liccode(k),'.jpg');    % 根据字符库找到图片模板
        samBw2 = imread(fname);                            % 读取模板库中的图片
        samBw2 = im2bw(samBw2, 0.5);                       % 图像二值化
        % 将待识别图片与模板图片做差
        for i1 = 1:40
            for j1 = 1:20
                subBw2(i1, j1) = segBw2(i1, j1) - samBw2(i1 ,j1);
            end
        end
        % 统计两幅图片不同点的个数，并保存下来
        Dmax = 0;
        for i2 = 1:40
            for j2 = 1:20
                if subBw2(i2, j2) ~= 0
```

```
                    Dmax = Dmax + 1;
                end
            end
        end
        error(l) = Dmax;
        l = l + 1;
    end
    % 找到图片差别最少的图像
    errorMin = min(error);
    findc = find(error == errorMin);
    % 根据字库，对应到识别的字符
    Code(num*2 - 1) = liccode(findc(1) + kMin - 1);
    Code(num*2) = ' ';
    num = num + 1;
end
% 显示识别结果
disp(Code);
msgbox(Code,'识别出的车牌号');
```

10.4.9　字符分割函数

除上述主程序外，为顺利分割出字符，应自建字符分割函数，实现自动获取车牌图像大小、边界，并依次分割出 7 个车牌字符。函数代码如下：

my_imsplit.m

```
%%获取图像的大小、边界
function [ split_img ] = my_imsplit( img )
  [m, n] = size(img);
top = 1;
bottom = m;
left = 1;
right = n;
% 获取字符的顶部位置
while sum(img(top, :)) == 0 && top <= m
    top = top + 1;
end
% 获取字符的底部位置
while sum(img(bottom, :)) == 0 && bottom >= 1
    bottom = bottom -1;
end
% 获取字符的左边界
while sum(img(:, left)) == 0 && left <= n
    left = left + 1;
end
% 获取字符的右边界
while sum(img(:, right)) == 0 && right >= 1
    right = right - 1;
end
% 得到宽和高
```

```
            width = right - left;
            height = bottom - top;
            %  切割图像
            split_img = imcrop(img, [left top width height]);
        end
getword.m
        %%剪裁出 7 个车牌字符
        function [ word, result ] = getword( img )
            word = [];
            flag = 0;
            y1 = 8;
            y2 = 0.5;
            while flag == 0
                [m, n] = size(img);
                width = 0;
                while sum(img(:, width+1)) ~= 0 && width <= n-2
                    width = width + 1;
                end
                temp = my_imsplit(imcrop(img, [1,1,width,m]));
                [m1, n1] = size(temp);
                if width < y1 && n1/m1>y2
                    img(:, [1, width]) = 0;
                    if sum(sum(img)) ~= 0
                        img = my_imsplit(img);
                    else
                        word = [];
                        flag = 1;
                    end
                else
                    word = my_imsplit(imcrop(img, [1, 1, width, m]));
                    img(:, [1, width]) = 0;
                    if sum(sum(img)) ~= 0
                        img = my_imsplit(img);
                        flag = 1;
                    else
                        img = [];
                    end
                end
            end
            result = img;
        end
```

本章小结

　　本章主要介绍了模式识别系统的组成部分及系统设计流程，简略地论述了常见的模式识别中的 4 种方法，即线性判别法、聚类法、模板匹配法和神经网络分类法，同时介绍了模板匹配法实现的思想与方法，辅以车牌识别实际案例：在车牌预处理后，在定位剪裁出车牌图像后，对车牌区域进行标准化处理，在车牌图像的字符分割后完成识别功能。本章综合应用了本书中阐述的大部分知识点，帮助读者回顾，深化前期学习。

习题

10.1　模式识别系统的组成部分有哪些？

10.2　常见的模式识别方法有哪几种？

10.3　简述本章中模板匹配法识别车牌图像的原理。

第 11 章 MATLAB GUI 设计基础

11.1 引言

用户界面是用户与计算机进行信息交流的方式。计算机在屏幕显示图形和文本，若有扬声器还可产生声音。用户通过输入设备（如键盘、鼠标、绘制板或送话器），与计算机通信。

图形用户界面（GUI）是指由窗口、菜单、图标、光标、按键、对话框和文本等各种图形对象组成的用户界面。它让用户定制自己与 MATLAB 的交互方式，而命令行窗口不是唯一与 MATLAB 的交互方式。

基本图形对象分为控件对象和用户界面菜单对象，简称为控件和菜单。

控件（按钮、文本框、列表框、选择框、滚动条、坐标轴等）是对数据与方法的一个封装。程序运行时，用户可以与之交互，实现数据输入与数据操作。

MATLAB 中设计图形用户界面的方法有两种：使用可视化的界面环境和通过程序编写。

11.2 低级文件 I/O 操作

使用 MATLAB 的 GUI 功能时，最基本的操作就是调用文件，这一节将介绍基本的调用文件方法。

fopen：打开文件便于随后的读写，或获取已打开文件的信息。调用格式见表 11-1。

表 11-1 常用打开文件函数

函数调用格式	说明
fid=fopen(filename)	打开 filename 文件，便于随后的二进制读操作
fid=fopen(filename，mode)	以特定模式 mode 打开 filename 文件
[fid，message]=fopen(filename，mode)	按指定的模式 mode 打开文件 filename。操作成功，fid 为大于 2 的非负整数，message 为空；操作失败，fid=-1，message 为错误信息
fids = fopen('all')	返回一个由文件标识符组成的行向量。它获取所有用 fopen 打开的文件的标识符，如果没有文件被打开，返回为空
[filename，mode] = fopen(fid)	返回标识符为 fid 的文件的文件名和存取模式

注意：fopen 调用格式中，filename 包含文件扩展名，比如文件名为 al.dat 与 al 不是同一个文件。

fid=fopen(filename)：打开文件 filename，并返回一个整数 fid(double 型)，称为文件标识符（file identifier）；该格式返回的 fid 值可能为-1，3，4，5，…。如果当前目录下没有 filename 文件，MATLAB 会搜索其安装目录。

文件标识符的所有可能取值见表 11-2。

表 11-2　文件标识符可能取值

fid 值	说明	fid 值	说明
-1	打开文件失败	2	标准错误，无须 fopen 打开
1	标准输出（输出到屏幕），无须 fopen 打开	3，4，…	打开文件成功

fid = fopen(filename，mode)：以 mode 模式打开 filename，并返回文件标识符 fid。mode 由两部分组成：读写模式＋数据流模式。读写模式见表 11-3。

表 11-3　读写模式

读写模式	说明	读写模式	说明
'r'	打开文件，读操作；默认值	'r+'	打开文件，读写操作
'w'	打开或创建文件，写操作	'w+'	打开或创建文件，读写操作，覆盖原内容
'a'	打开或创建文件，写操作；在文件尾部扩展原内容	'a+'	打开或创建文件，读写操作；在文件尾部扩展原内容

注意：当读写模式为 'r' 或 'r+' 模式时，如果打开的文件不存在，MATLAB 并不会创建该文件，此时打开文件失败，返回的文件表示符 fid=-1。

表 11-3 中后三种模式称为更新模式。当文件以更新模式打开时，每次读或写操作之后，文件位置指针并不返回到文件开头，需要用 fseek 或 frewind 函数来重新定位，这点稍后讲解文件位置指针时会详细介绍。

文件的数据流模式分为二进制模式和文本模式。数据流分为两种类型：文本流和二进制流。文本流是解释性的，最长可达 255 个字符。如果以文本模式打开一个文件，那么在读字符的时候，系统会把所有的 '\r\n' 序列替换成 '\n'，在写入时把 '\n' 替换成 '\r\n'）。二进制流是非解释性的，一次处理一个字符，且不转换字符。

通常，文本流用来读写标准的文本文件，或将字符输出到屏幕或打印机，或接受键盘的输入；而二进制流用来读写二进制文件（例如图形或字处理文档），或读取鼠标输入，或读写调制解调器等。如果用文本方式读二进制文件，会把 "0D 0A" 自动替换成'\n'来存在内存中；写入的时候反向处理。而用二进制方式读取的话，就不会有这个替换过程。另外，Unicode、UTF 和 UCS 格式的文件，必须用二进制方式打开和读写。

二进制模式为 'b'，文本模式为 't'，默认采用二进制模式，如 'r+b'、'wb'、'rt'、'r+t' 等。更新模式的 "+" 可放到打开模式后面，如 'r+b' 也可写成 'rb+'。例如，打开模式为 wt，则存储为文本文件，这样用记事本打开就可以正常显示了；若打开模式为 w，则存储为二进制文件，这样用记事本打开会出现小黑方块，要正常显示的话，可以用写字板或 UltraEdit 等工具打开。

fclose：关闭一个或所有已打开的文件，见表 11-4。

表 11-4　常用关闭文件函数

函数调用格式	说明
status=fclose(fid)	关闭 fid 指定的已打开文件。操作成功，status=0；操作失败，status=-1。如果 fid 等于 0、1 或 2，或 fid 不是一个已打开文件的标识符，均操作失败，status=-1
status=fclose('all')	关闭所有用 fopen 函数打开的文件。操作成功，status=0；操作失败，status=-1

文件在进行读写操作后，应及时用 fclose 关闭。

注意：fclose 可关闭文件，使文件标识符无效，但并不能从工作空间清除文件标识符变量 fid。如果要清除 fid，可以使用 clear fid。

11.3　句柄图形系统

11.3.1　面向对象的思维方法

面向对象是一种程序设计方法，是相对于面向过程而言的。对象是客观存在的事物或关系，它可以被粗略定义为一组紧密相关，形成唯一整体的数据结构或函数集合。比如杯子是对象，钢笔是对象，几何图形也是对象。每个对象都有与其他对象相同或不同的特征，这些特征称为对象的属性。如钢笔这个对象有颜色和形状等属性。

面向对象的优越性在于可以重复使用对象进行编程。相对于过程而言，对象是一个更为稳定的描述单元。因为过程可能经常变化，稍有变化就不能直接重复调用这个过程；对象更为稳定，比如任何钢笔，无论它是新的还是旧的，都有颜色、形状等属性。由于面向对象有这样一些优越性，它目前是主流的编程技术。

11.3.2　句柄图形对象的层次结构

在 MATLAB 中，由图形命令产生的每一个对象都是图形对象。图形对象是一幅图形中很独特的成分，可以被单独地操作。

图形对象是相互依赖的。通常，图形包括很多对象，它们组合在一起，形成有意义的图形。图形对象按父对象和子对象组成层次结构，如图 11-1 所示。

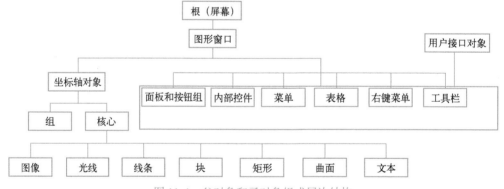

图 11-1　父对象和子对象组成层次结构

图 11-1 中，第 1 层为根对象，也称为 root 对象，它是计算机屏幕，是所有其他对象的父对象。根对象独一无二，没有父对象，主要保存一些系统状态和设置信息。

第 2 层为图形窗口对象，也称为 figure 对象，它表示整个图形窗口，是根的直接子对象。

第 3 层为坐标轴对象和用户接口对象，是 figure 的直接子对象。坐标轴对象是核心对象和组对象的父对象，用于数据的可视化；用户接口对象（也称为 UI 对象）用于 MATLAB 与用户之间的交互操作，它包括面板和按钮组、UI 控件、菜单、表格、右键菜单和工具栏。

第 4 层为核心对象和组对象。核心对象为所有绘图的基本元素；组对象为多个核心对象组合而成的坐标轴子对象。例如，图形的注释（annotation 函数创建）、插图（legend 函数创建）、直方图（bar 函数创建）、火柴杆图（stem 函数创建）等，都是组对象。图形对象的创建函数与函数描述见表 11-5。

表 11-5　图形对象的创建函数与函数描述

对象类型	创建函数	函数描述
根	root	计算机屏幕
图形窗口	figure	显示图形和用户界面窗口
坐标轴	axes	在图形窗口中显示的坐标轴
内部控件	uicontrol	UI 对象，执行用户接口交互响应函数的控件
表格	uitable	UI 对象，在 GUI 中绘制表格
菜单	uimenu	UI 对象，用户定义图形窗口的菜单
右键菜单	uicontextmenu	UI 对象，用户定义图形窗口的右键菜单
工具栏	uitoolbar	UI 对象，用户定义图形窗口的工具栏
按钮组	uibuttongroup	UI 对象，管理单选按钮（radio button）和切换按钮（toggle button）的"容器"
面板	uipanel	UI 对象，面板"容器"，容纳坐标轴、UI 对象、面板和按钮组
图像	image	核心对象，基于像素点的二维图片
光线	light	核心对象，影响块对象和曲面对象的光源
线条	line	核心对象，在指定坐标轴内绘制一条线
块	patch	核心对象，有边界的填充多边形
矩形	rectangle	核心对象，有曲率属性的、从椭圆到矩形变化的二维图形
曲面	surface	核心对象，将数据作为平面上点的高度创建的三维矩阵数据描述
文本	text	核心对象，用于显示字符串与特殊字符
组合对象	hggroup	坐标轴子对象，同时操作多个核心对象

根可包含一个或多个图形窗口，每一个图形窗口可包含一组或多组坐标轴。创建对象时，当其父对象不存在，MATLAB 会自动创建该对象的父对象。

创建对象时，MATLAB 会返回一个用于标识此对象的数值，称为该对象的句柄。每个对象都有一个独一无二的句柄，通过操作句柄，可查看对象所有属性或修改大部分属性。本书中为叙述方便，"句柄值为 h 的对象"简称为"对象 h"。

根对象的句柄值为 0，图形窗口的句柄值默认为正整数，其他对象的句柄值为系统随机产生的正数。

11.4　GUIDE 工具入门

11.4.1　MATLAB GUI 设计步骤

1）进行界面设计，对界面空间的布局、控件的大小等进行设计。

2）利用 GUIDE 的外观编辑功能，将必要的控件依次绘制在界面的"画布"上。

3）设置控件的属性，这一步骤重点需要设置控件重要的属性值，例如控件的回调函数、标签和显示的文本等。

4）针对不同的控件需要完成的功能进行 M 语言编程。

11.4.2　GUI 启动

1. 命令方式

图形用户界面（GUI）设计工具的启动命令为 guide。

1）guide。在 MATLAB 命令行窗口中输入 guide，启动 GUI 设计工具，并建立名字为 untitled.fig 的图形用户界面，如图 11-2 和图 11-3 所示。

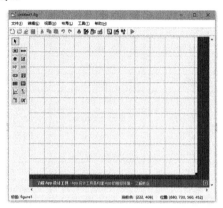

图 11-2　GUI 选择界面　　　　　　　　　图 11-3　GUI 界面

2）guide filename。启动 GUI 设计工具，并打开已建立的图形用户界面 filename。

2. 菜单方式

从界面中选择菜单命令"新建"→"图窗"，在弹出的图窗中选择菜单命令"文件"→"新建"→"GUIDE"，然后进入 GUI 选择界面，如图 11-4 和图 11-5 所示。

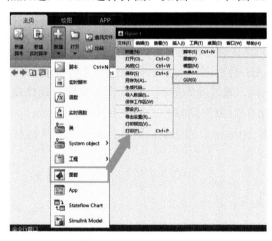

图 11-4　GUI 界面打开

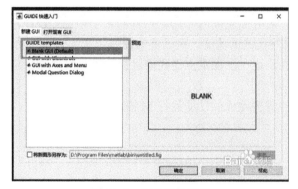

图 11-5　GUI 选择界面

进入 GUI 编辑界面如图 11-6 所示。GUI 编辑界面主要包括 GUI 对象选择区、GUI 工具栏、GUI 布局区和状态栏 4 个部分。

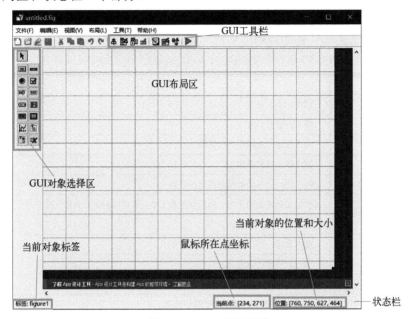

图 11-6　GUI 编辑界面

（1）GUI 对象选择区

选择菜单命令"文件"→"预设"→"GUIDE"，勾选"在组件选项板中显示名称"，则在编辑界面上显示 GUI 对象的名称，如图 11-7 所示。

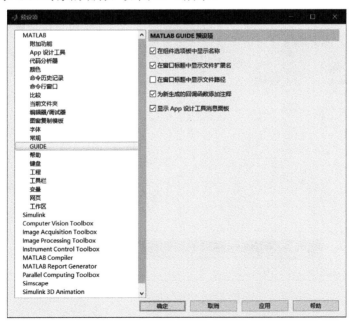

图 11-7　GUI 对象名称

GUIDE 可供使用的 GUI 对象有：Push Button、Slider、Radio Button、Check Box、Edit Text、

Static Text、Pop up Menu、Listbox、Toggle Button、Table、axes、Panel、Button Group、ActiveX Control。前 9 个属于 uicontrol 对象，它们与 Panel 和 Button Group 对象均为 UI 对象；Table 和 axes 对象主要用于数据可视化处理，使数据观测起来更直观；ActiveX Control 对象主要用于使 MATLAB 界面更美观。各个按钮的功能见表 11-6。

表 11-6　按钮功能

按钮图形	按钮功能
按钮	按钮：输入程序
滑块	滑块：设置功能
单选按钮	单选按钮：与按钮功能等同
复选框	复选框：较复杂实现
按钮组	按钮组：让单选按钮具有互斥行为
文本	前面的是可编辑文本，后面是静态文本，都可以编辑想要显示的字符
列表框	列表框：层次化设计
插入表格	插入表格：可以自行设计表格宽度
轴	轴：一般做图像处理
背景面板	背景面板
ActiveX	ActiveX 控件，一般是用于串口通信

（2）GUI 工具栏

GUI 工具栏各个按钮的功能如图 11-8 所示。

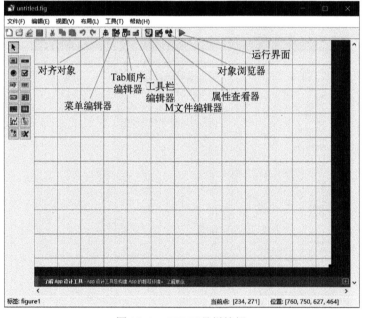

图 11-8　GUI 工具栏按钮

（3）GUI 布局区

GUI 布局区用于布局 GUI 对象。在布局区单击鼠标右键，弹出的菜单如图 11-9 所示。GUI 选项对话框如图 11-10 所示。若要使创建的 figure 大小可随意改变，只需将图 11-10

中的第一项设置为"成比例"。

图 11-9　布局区右键菜单　　　　　　　　　图 11-10　GUI 选项对话框

查看回调选项可查看或修改该对象所有的 callback 函数。

另外，要隐藏 GUI 布局区的网格，设置网格间隔，显示标尺或指定对象是否对齐网格，可打开菜单："工具"→"网格和标尺"，如图 11-11 和图 11-12 所示。

图 11-11　工具菜单页　　　　　　　　　　图 11-12　设置网格和标尺

图 11-12 中提到的参考线，必须要在标尺打开后，通过鼠标拖拽 GUI 布局区靠里面的两个边框到布局区内获得，如图 11-13 所示。

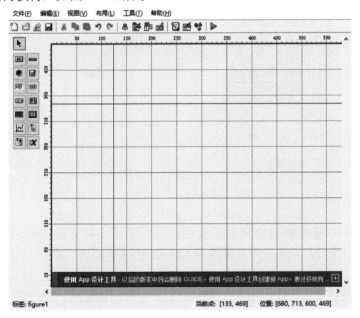

图 11-13　创建参考线

使用 GUIDE 编辑器编辑 GUI，要分别编辑两个文件：一个是 FIG 文件（.fig），包含了 GUI 对象的属性设置及其布局信息；另一个是 M 文件（.m），包含了控制 GUI 对象执行的回调函数。只要使用 GUIDE 编辑器编辑 GUI，就一定会有这两个文件同时存在。用户要做的只是两个步骤：①GUI 对象属性设置与布局；②编辑回调函数。本章将分别介绍 GUI 对象的属性设置与布局，以及如何编辑回调函数。

（4）状态栏

在 GUI 布局区的状态栏分别显示了当前 GUI 对象的标识符（Tag 值）、鼠标所在点在窗口内的坐标（单位为像素）、当前 GUI 对象的位置和大小（单位为像素）。

11.4.3　对齐对象

对齐对象按钮的主要用途是将所选择的对象对齐，如图 11-14 所示。

对齐方式有纵向（Vertical）和横向（Horizontal）两种方式，其中，右侧按钮组表示以何处为对齐的基准，如左对齐、居中和右对齐等；而"设置间距"则是设置所选对象在指定方向上的间隔。

11.4.4　菜单编辑器

菜单编辑器的打开方式：从 GUI 设计窗口的工具栏上选择 Menu Editor（编辑菜单）命令按钮，打开菜单编辑程序，如图 11-15 所示。

菜单编辑器的主要功能有创建、设置、修改下拉式菜单和快捷菜单。

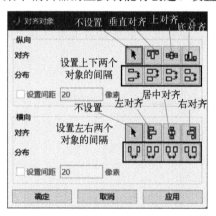

图 11-14　对齐对象按钮

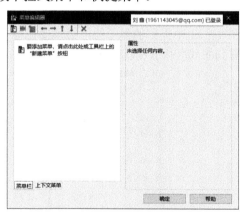

图 11-15　菜单编辑器

11.4.5　工具栏编辑器

工具栏编辑器用于定制自定义的工具栏，它提供了一种访问 uitoolbar、uipushtool 和 uitoogletool 对象的接口，它不能用来修改 MATLAB 内建的标准工具栏，但是可以用来增加、修改和删除任何自定义的工具栏。

工具栏编辑器主要包含 3 个部分：顶部的工具栏布局预览区、左边的工具面板、右边的两个分页式属性面板。

11.4.6　M 文件编辑器

M 文件编辑器主要用于编辑 GUI 回调函数，如图 11-16 所示。

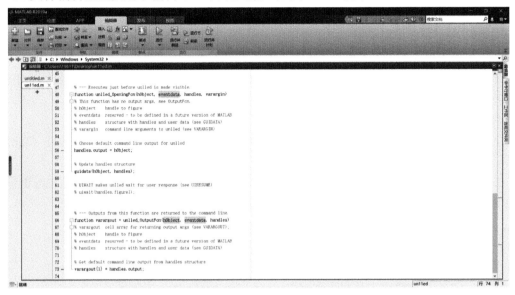

图 11-16　M 文件编辑器

发布 GUI 可将 GUI 的 M 文件及其运行结果转换成网页格式；函数浏览器可以查找 MATLAB 所有的内部函数，如图 11-17 所示。

图 11-17　函数浏览器

当用户触发某对象时，相应的回调函数会执行。因此，可通过编写对象的回调函数来控制对象的动作。对象的回调函数命名规则为：tag_回调类型。例如，某 Push Button 的 tag 为 al，则其 KeyPressFcn 回调函数的函数名为 al_KeyPressFcn。

查找对象的回调函数有两种方法：

1）在对象上单击鼠标右键，创建或选取对应的回调函数，如图 11-18 所示。

2）单击 M 文件编辑器工具栏上的"转至"按钮，在下拉列表框中能够选取该 M 文件中所对应的函数，如图 11-19 所示，并跳转到该函数在该 M 文件中所对应的行数位置。

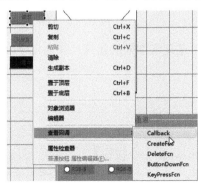

图 11-18　创建或选取对应的回调函数

图 11-19　从 M 文件编辑器定位函数

11.4.7　Tab 键顺序编辑器

Tab 键顺序编辑器的两种打开方式如下：

1）选择 Tools 菜单下的 Tab Order Editor 菜单项，就可以打开 Tab 键顺序编辑器，如图 11-20 所示。

2）从 GUI 设计窗口的工具栏上选择 Tab Order Editor 命令按钮。

Tab 键顺序编辑器的主要功能：设置当用户按下键盘上的〈Tab〉键时，对象被选中的先后顺序。

注意：

1）坐标轴和 ActiveX 控件均不参与〈Tab〉键排序，也就是说，它们不能通过〈Tab〉键选中。

2）Tab 键顺序影响对象的堆放顺序；反过来，对象的堆放顺序也影响对象的 Tab 键顺序。排在底层的对象先被〈Tab〉键选中。

11.4.8　属性查看器

属性查看器（见图 11-21）的打开方式有 4 种：

1）从 GUI 设计窗口工具栏上选择 Property Inspector 命令按钮。

2）选择 View 菜单下的 Property Inspector 菜单项。

3）在命令行窗口中输入 inspect。

4）在控件对象上单击鼠标右键，选择右键快捷菜单的 Property Inspector 菜单项。

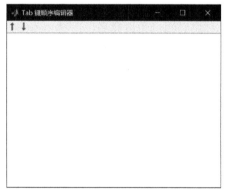

图 11-20　Tab 键顺序编辑器　　　　　　　　图 11-21　属性查看器

属性查看器的主要功能如下：①布置空间；②定义文本框的属性；③定义坐标轴的属性；④定义按钮的属性；⑤定义复选框。

11.4.9　对象浏览器

对象浏览器的 3 种打开方式如下：

1）从 GUI 设计窗口的工具栏上选择 Object Browser 命令按钮。

2）选择 View 菜单下的 Object Browser 子菜单。

3）在设计区域单击鼠标右键，选择右键快捷菜单的 Object Browser 菜单项。

对象浏览器（见图 11-22）的主要功能：用于获得当前 MATLAB 图形用户界面程序中的全部对象信息、对象的类型，同时显示控件的名称和标识，在控件上双击鼠标可以打开该控件的属性编辑器。

图 11-22　对象浏览器

当多个 GUI 对象重叠时，通过鼠标选中或移动 GUI 布局区中底层的 GUI 对象比较困难，此时可以通过对象浏览器来选择对应的对象，然后通过键盘上的方向键来移动对象，或直接在对象浏览器里对应对象上双击左键调出属性查看器，修改其 Position 属性或其他属性。

11.5　GUI 工具深入

11.5.1　GUI 中的 M 文件

由 GUIDE 生成的 M 文件，控制 GUI 并决定 GUI 对用户操作的响应。它包含运行 GUI 所需要的所有代码。GUIDE 自动生成 M 文件的框架，用户在该框架下编写 GUI 组件的回调函数。

M 文件由一系列子函数构成，包含主函数、Opening 函数、Output 函数和 Callback 函数。其中，主函数不能修改，否则容易导致 GUI 界面初始化失败。

（1）gui_mainfcn 函数

函数 gui_mainfcn 是 GUI 默认的处理函数。gui_mainfcn 根据 gui_State 和传入参数来确定是执行回调函数，还是打开 GUI 并运行 Opening 函数和 Output 函数。如果 gui_Callback 为空，那么就运行 GUI，打开主窗口 fig 文件；否则，执行 gui_Callback 指定的子函数。

（2）Opening 函数与 Output 函数

Opening 函数：在 GUI 开始运行但还不可见的时候执行，主要进行一些初始化操作。

Output 函数：如果需要，可输出数据到命令行。

（3）Callback 函数（回调函数）

Callback 函数：用户每次触发 GUI 对象时，一般都会执行一次相应的 Callback 函数。GUIDE 创建的 GUI 的 M 文件中，除主函数外的所有回调函数都有如下两个输入参数：

1）hObject：所有回调函数的第 1 个参数。在 Opening 函数和 Output 函数中，表示当前 figure 对象的句柄；在回调函数中，表示该回调函数所属对象的句柄。注意，hObject 中的第 2 个字母为大写 O。

2）Handles：所有回调函数的第 3 个参数。表示 GUI 数据，包含所有对象信息和用户数据的结构体，相当于一个 GUI 对象和用户数据的"容器"。

11.5.2　回调函数

当一个图形对象发生特殊事件时，GUI 传递要执行的子函数名到 M 文件中，该子函数称为回调函数（也称为 Callback 函数）。

用户对控件操作（如鼠标单击、双击或移动、键盘输入等）的时候，控件对该操作进行响应，所指定执行的函数，就是该控件的回调函数（这有些类似于 VC++ 中的消息和消息处理函数，或者 Qt（跨平台 C++ 图形用户界面应用程序开发框架）中的信号与槽机制）。

通过在对象布局区的 GUI 对象上右键选择 View Callbacks 的对应子项,可以创建该 GUI 对象的回调函数。创建 GUI 对象时,默认情况下在函数声明下会有 3 行注释,注明函数输入参数的含义。如果要每次创建回调函数时不创建该注释内容,可以选择菜单命令"文件"→"预设项"→"GUIDE",取消选择"MATLAB GUIDE 预设项"的第 4 个选项,如图 11-23 所示。

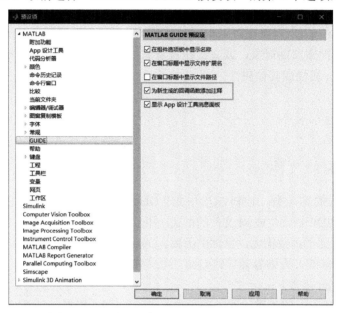

图 11-23　添加/取消 GUIDE 的 M 文件中的注释

采用 GUIDE 编写的 GUI 中,控件回调函数的回调属性格式为(设 GUI 名为 example_01):

　　　example_01(' Callback function',hObject,eventdata,handles)

采用函数编写的 GUI 中,控件回调属性的值可以为:

1)可执行字符串、MATLAB 命令或 M 文件的文件名。

例如,figure 对象的 CloseRequestFcn 属性值为'closereq';相当于该回调函数执行语句 eval('closereq');预定义对话框 dialog 的 ButtonDownFcn 默认值为:'if isempty (allchild(gcbf)), close(gcbf),end',相当于该回调函数执行语句 eval('if isempty(allchild(gcbf)),close(gcbf),end ')。

2)字符串单元数组。此时有 3 点要注意:

① 第 1 个单元必须为外部函数的函数名,它相当于是一个函数句柄的字符串形式。

② 该外部函数(实际上就是回调函数)必须定义至少两个输入参数,依次为该回调对象的句柄和一个空矩阵。

③ 后面的每个单元均为该外部函数的输入参数。

例如,首先在当前目录下创建一个外部函数文件 myCallback.m,该函数文件内容如下:

```
% 函数文件 myCallback.m 的内容
function myCallback(hObject,event,a)
get(hObject.a)
end
```

然后创建一个窗口,并设置其 WindowButtonDownFcn 回调函数的值为字符串单元数组:

　　　Figure('WindowButtonDownFcn',{ 'mycallback', 'CurrenPoint'})

此时，在新建的窗口中单击鼠标左键，命令行输出鼠标单击处的坐标：

```
ans =
      296          243
```

3）函数句柄或由函数句柄和附加参数组成的单元数组。如定时器的 TimerFcn 值可设为：{@timer1，handles}。

回调函数名的默认命名格式为：Tag_回调类型。例如，对于一个 Tag 值为 pushbuttonl 的 pushbutton 对象，其 Callback 函数名为：pushbuttonl_Callback，ButtonDown 函数名为：pushbuttonl_ButtonDownFcn。

回调函数的声明为：

function 函数名(hObject，eventdata，handles)

hObject 为发生事件的源对象，注意其中的 "O" 为大写；handles 为传入的 GUI 数据。

1. 回调函数类型

每个回调函数都有一个触发机制或事件来进行调用。回调函数类型及其触发机制见表 11-7。

表 11-7　回调函数类型及其触发机制

回调属性	触发机制	GUI 对象
ButtonDownFcn	若对象没有 Callback 属性，或有 Callback 属性，但 Enable 为 off，在对象上或周围 5 像素区域内单击左键或右键，执行该函数；若对象有 Callback 属性且 Enable 属性为 on，在对象周围 5 像素区域内单击左键或右键，或在对象上单击右键，执行该函数	axes，figure，uibuttongroup，uipanel，uicontrol
Callback	当控件被触发时执行	uicontextmenu，uicontrol，uimenu
CellEditCallback	编辑表格单元时执行的回调函数	uitable
CellSelectionCallback	当鼠标选中表格单元时执行的回调函数	uitable
ClickedCallback	当 Push Tool 或 Toggle Tool 被单击时执行的回调函数	uipushtool，uitoggletool
CloseRequestFcn	当 figure 关闭时执行	figure
CreateFcn	在对象创建之后，显示之前执行的函数；CreateFcn 在 OpeningFcn 前执行，只有在所有的 CreateFcn 执行完成后，才进入 Opening	axes，figure，uibuttongroup，uicontrol，uicontextmenu，uimenu，uipanel，uipushtool，uitoggletool，uitoolbar
DeleteFcn	仅仅在删除对象之前执行	axes，figure，uibuttongroup，uicontrol，uimenu，uipanel，uipushtool，uitoolbar，uitoggletool，uicontextmenu
KeyPressFcn	当按下按键时，执行当前对象的 KeyPressFcn	uicontrol，figure
KeyReleaseFcn	在 figure 对象上释放按键时执行的回调函数	figure
OffCallback	当 Toggle Tool 状态变为 off 时执行	uitoggletool
OnCallback	当 Toggle Tool 状态变为 on 时执行	uitoggletool
ResizeFcn	重塑 figure、Panel 或 Button Group 形状时执行	figure，uibuttongroup，uipanel
SelectionChangeFcn	当选择 Button Group 内不同的 Radio Button 或 Toggle Button 时执行	uibuttongroup
WindowButtonDownFcn	当在 figure 窗口内按下鼠标按键时执行	figure
WindowButtonMotionFcn	当在 figure 窗口内移动鼠标时执行	figure
WindowButtonUpFcn	当释放鼠标按键时执行	figure
WindowKeyPressFcn	当在窗口内任意对象上按下键盘时执行	figure
WindowKeyReleaseFcn	当在窗口内任意对象上释放按键时执行	figure
WindowScroll WheelFcn	当在窗口内任意对象上滚动鼠标滑轮时执行	figure

2. 回调的中断执行

默认情况下，MATLAB 允许执行中的回调函数被随后触发的回调函数所中断。例如，假如用户创建了一个程序进度条，这个进度条有一个"取消"按钮，便于用户随时停止载入操作，这个"取消"按钮的回调函数将中断目前正在执行的回调函数。

但是，有时又要求正在执行的回调函数不被中断。例如，一个数据分析工具在更新显示前可能需要花费相当长的时间来计算。一个没有耐心的用户可能会随意地单击其他 GUI 组件，从而中断正在进行的计算，导致计算出错。

如何控制回调函数的可中断性呢？

1）所有的图形对象都有"Interruptible"属性，它决定当前的回调函数能否被中断。

2）所有的图形对象都有"BusyAction"属性，它指定 MATLAB 如何处理中断事件。

假定回调函数 A 在执行过程中，随后触发的回调函数 B 试图中断它。如果回调函数 A 对应对象的 Interruptible 属性设为 on，回调函数 B 将加入事件队列中排队执行；若 Interruptible 属性设为 off，分两种情况：如果回调函数 A 对应对象的 BusyAction 属性设为 cancel，则抛弃中断事件；若 BusyAction 属性设为 queue（默认值），则排队中断事件等待执行。

事件可由任何图形重绘或用户动作引起，例如绘图更新、单击按钮、光标移动等，每个事件都对应一个回调函数。MATLAB 仅在两种情况下才会处理事件队列：

1）当前回调函数完成执行。

2）事件的回调函数包含下列命令：drawnow、figure、getframe、pause、waitfor。

当一个对象的 DeleteFcn 和 CreateFcn 回调函数或 figure 的 CloseRequestFcn 和 ResizeFcn 回调函数请求执行时，它们会立即中断当前的回调函数，而并不受 Interruptible 属性的限制。

3. 回调函数的编写

编写回调函数，要充分利用每个回调函数的两个输入参数 hObject 和 handles，而对于 KeyPressFcn 和 KeyReleaseFcn，还要利用其附加参数 eventdata。hObject 为当前对象的句柄，而 handles 为所有 GUI 对象的数据集合，其字段为每个 GUI 对象的标识符（Tag 值），而字段值为对应 GUI 对象的句柄。KeyPressFcn 和 KeyReleaseFcn 的附加参数 eventdata 包含了当前的按键信息。

一旦获得对象的句柄，可以采用 get、set、findobj、findall、copyobj、delete、close 等一系列的句柄操作函数，对 GUI 对象进行随心所欲的操作。

11.5.3　GUI 跨平台的兼容性设计

为了设计出在不同平台上运行时外观一致的 GUI，要注意以下几点：

1）uicontrol 对象尽量使用系统默认的字体，即设置 uicontrol 对象的 FontName 属性为 default。例如，有一个 Tag 为 pushl 的 Push Button 对象，设置其字体为默认字体。

```
set(handles.pushbuttonl，'FontName','default') %设置按钮标签字体为系统默认字体
```

也可以直接在属性查看器里设置，如图 11-24 所示。

若要使用定宽（fixed-width）字体，需先获取给定平台的定宽字体名。定宽字体名保存在根对象的 FixedWidthFontName 属性里。例如：

```
Str=get(0, 'FixedWidthFontName';        %获取系统定宽字体名
```

　　　set(handles.pushbutton1，'FontName'，str)　　%设置按钮标签字体为系统定宽字体

　　要查看系统已经安装的所有字体名列表，可以采用 uisetfont 函数调出字体设置对话框查看，如图 11-25 所示。

图 11-24　设置默认字体

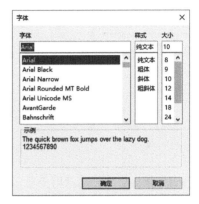

图 11-25　显示系统已安装的所有字体

　　2）uicontrol 对象尽量使用默认的背景色，该颜色由系统设定。

　　3）由于像素的大小在不同的计算机显示器上是可变化的，所以使用像素作为单位不能使 GUI 的外观在所有的平台上都一致。若 figure 窗口大小可随意改变，为了使所有 GUI 组件的大小跟着等比例改变，GUI 对象的 Units 属性值与 Resize 属性值的关系见表 11-8。

表 11-8　GUI 对象的 Units 属性值与 Resize 属性值的关系

GUI 对象	Units 属性值	Resize = on　ResizeFcn = []	Resize = off
figure	Pixels	Normalized	Characters
Uicontrol	Pixels	Normalized	Characters
Axes、panel、buttongroup	Normalized	Normalized	Characters

　　也就是说，窗口的 Units 属性值应该设为 Characters，其他 GUI 对象的 Units 属性值应设为 Normalized 或 Characters。

11.5.4　触控按钮

　　双击 Push Button（触控按钮），调用属性查看器，可以查看和设置 Push Button 的所有属性。Push Button 对象的常用属性见表 11-9。

表 11-9　Push Button 对象的常用属性

常用属性	属性说明
BackgroundColor	背景色，即 Push Button 的颜色
CData	图案，图像数据（可由 imread 函数读取图像获得）
Enable	Push Button 是否激活，on 表示激活，off 表示不激活且显示为灰色；inactive 表示不激活但显示为激活状态
Handle Visibility	句柄可见性
Position，Units	位置与计量单位

（续）

常用属性	属性说明
Tag	对象标识符，用于区分不同对象，对象的 Tag 具有唯一性
TooltipString	提示语，当鼠标放在 Push Button 上时显示的提示信息
Visible	可见性，若值为 off，隐藏该按钮
String	标签，即 Push Button 上显示的文本
ForegroundColor	标签颜色
FontAngle，FontName，FontSize，FontUnits，FontWeight	标签字体
ButtonDownFcn	当 Enable 属性为 on 时，在 Push Button 上单击右键或在 Push Button 周围 5 像素范围内单击左键或右键，调用此函数；当 Enable 属性为 off 或 inactive 时，在 Push Button 上或 Push Button 周围 5 像素范围内单击左键或右键，调用此函数
Callback	仅当 Enable 属性为 on，在 Push Button 上单击左键时，调用此函数
KeyPressFcn	当选中该按钮时，按下任意键，调用此函数

11.5.5 静态文本

Static Text（静态文本）通常用于显示其他对象的数值、状态等。Static Text 常用的属性见表 11-10。

表 11-10 Static Text 常用的属性

常用属性	属性说明
BackgroundColor	背景色
Enable	激活状态
Handle Visibility	句柄可见性
Position，Units	位置与计量单位
Tag	对象标识符
Visible	可见性
String	标签，即静态文本显示的文本
ForcgroundColor	标签颜色
FontAngle，FontName，FontSize，FontUnits，FontWeight	标签字体
Horizontal Alignment	标签排列方式（靠左、居中或靠右）
ButtonDownFcn	当 Enable 属性为 on 时，在静态文本主单击右键或在静态文本周围 5 像素范围内单击左键或右键，调用此函数；当 Enable 属性为 off 或 inactive 时，在静态文本上或静态文本周围 5 像素范围内单击左键或右键，调用此函数

11.5.6 切换按钮

Toggle Button（切换按钮）通常用于表示二值状态，如"运行"与"停止"。Toggle Button 常用的属性见表 11-11。

表 11-11 Toggle Button 常用的属性

常用属性	属性说明
BackgroundColor	背景色
CData	图案
Enable	激活状态
Handle Visibility	句柄可见性
Min，Max	分别对应 Toggle Button 的两种状态：弹起时 Value 值为 Min，按下时 Value 值为 Max；Min 与 Max 默认值分别为 0 和 1

（续）

常用属性	属性说明
Position，Units	位置与计量单位
Tag	对象标识符
Visible	可见性
String	标签，即 Toggle Button 上显示的文本
ForegroundColor	标签颜色
FontAngle，FontName，FontSize，FontUnits，FontWeight	标签字体
ButtonDownFcn	当 Enable 属性为 on 时，在 Toggle Button 上单击右键或在 Toggle Button 周围 5 像素范围内单击左键或右键，调用此函数；当 Enable 属性为 off 或 inactive 时，在 Toggle Button 上或 Toggle Button 周围 5 像素范围内单击左键或右键，调用此函数
Callback	仅当 Enable 属性为 on，在 Toggle Button 上单击左键时，调用此函数；每执行一次 Callback 函数，Toggle Button 的 Value 值改变一次（由 Min 值变为 Max 值或由 Max 值变为 Min 值）
KeyPressFcn	当选中该 Toggle Button 时，按下任意键，调用此函数

11.5.7　滑动条

Slider（滑动条）用于获取指定范围内的数值，用户通过滑动滑块，改变 Slider 的 Value 值，使得其 Value 值在 Min 值与 Max 值之间变化。

Slider 常用的属性见表 11-12。

表 11-12　Slider 常用的属性

常用属性	属性说明
BackgroundColor	背景色
Enable	激活状态
HandleVisibility	句柄可见性
Min，Max	指定 Slider 的 Value 值范围为[Min，Max]；Min 与 Max 默认值分别为 0 和 1
SliderStep	指定滑动步长，格式为[最小步长比例 最大步长比例]
Value	对应滑块在 Slider 上的位置
Position，Units	位置与计量单位
Tag	对象标识符
Visible	可见性
String	标签，即 Toggle Button 上显示的文本
ForegroundColor	标签颜色
FontAngle，FontName，FontSize，FontUnits，FontWeight	标签字体
ButtonDownFcn	当 Enable 属性为 on 时，在 Slider 上单击右键或在 Slider 周围 5 像素范围内单击左键或右键，调用此函数；当 Enable 属性为 off 或 inactive 时，在 Slider 上或 Slider 周围 5 像素范围内单击左键或右键，调用此函数
Callback	仅当 Enable 属性为 on，移动 Slider 上的滑块时，调用此函数；每执行一次 Callback 函数，当选中该 Slider 时，按下任意键，调用此函数
KeyPressFcn	当选中该 Slider 时，按下任意键，调用此函数

Slider 的步长与步长比例的关系如下：

最小步长 x= (Max-Min)×最小步长比例。

最大步长 y= (Max-Min)×最大步长比例。

11.5.8　单选按钮

Radio Button（单选按钮）和 Toggle Button 通常与按钮组（Button Group）组合，用于显示一组互斥的状态。当几个 Radio Button 或 Toggle Button 为 Button Group 的子对象时，Radio

Button 或 Toggle Button 对象有且只有处于"选中"状态。这个特性在讲 Button Group 对象时会详细讲解。

Radio Button 常用的属性见表 11-13。

表 11-13 Radio Button 常用的属性

常用属性	属性说明
BackgroundColor	背景色
Enable	激活状态
HandleVisibility	句柄可见性
Position，Units	位置与计量单位
Tag	对象标识符，用于区分不同的对象，每个对象的 Tag 具有唯一性
Value	当 Radio Button 处于"选中"状态时，值为 Max；当 Radio Button 处于"未选中"状态时，值为 Min。默认的 Min 和 Max 值分别为 0 和 1
Visible	可见性
String	标签，即 Toggle Button 上显示的文本
ForegroundColor	标签颜色
FontAngle，FontName，FontSize，FontUnits，FontWeight	标签字体
ButtonDownFcn	当 Enable 属性为 on 时，在 Radio Button 上单击右键或在 Radio Button 周围 5 像素范围内单击左键或右键，调用此函数；当 Enable 属性为 off 或 inactive 时，在 Radio Button 上或 Radio Button 周围 5 像素范围内单击左键或右键，调用此函数
Callback	仅当 Enable 属性为 on，在 Radio Button 上单击左键时，调用此函数；每执行一次 Callback 函数，Radio Button 的 Value 值改变一次（由 Min 值变为 Max 值或由 Max 值变为 Min 值）
KeyPressFcn	当选中该 Radio Button 时，按下任意键，调用此函数

11.5.9 可编辑文本

Edit Text（可编辑文本）允许用户修改文本内容，用于数据的输入与显示。若 Max-Min>1，允许 Edit Text 显示多行文本；否则，只允许单行输入。

Edit Text 常用的属性见表 11-14。

表 11-14 Edit Text 常用的属性

常用属性	属性说明
BackgroundColor	背景色
CData	图案
Enable	激活状态
HandleVisibility	句柄可见性
Min，Max	若 Max-Min>1，允许 Edit Text 显示多行文本；否则，只允许单行输入
Position，Units	位置与计量单位
Tag	对象标识符
Visible	可见性
String	文本内容
ForegroundColor	文本颜色
FontAngle，FontName，FontSize，FontUnits，FontWeight	文本字体
ButtonDownFcn	当 Enable 属性为 on 时，在 Edit Text 上单击右键或在 Edit Text 周围 5 像素范围内单击左键或右键，调用此函数；当 Enable 属性为 off 或 inactive 时，在 Edit Text 上或 Edit Text 周围 5 像素范围内单击左键或右键，调用此函数

（续）

常用属性	属性说明
Callback	下列 5 个条件 1. Enable>on； 2. 文本内容经过编辑； 3. 单击当前窗口内任意其他 GUI 对象； 4. 对于单行可编辑文本，按〈Enter〉键； 5. 对于多行可编辑文本，按〈Ctrl+Enter〉键 只要满足前 2 个条件，加后 3 个条件中任一个，就会执行 Callback 函数
KeyPressFcn	当鼠标选中该 Edit Text 时，按下任意键，调用此函数

11.5.10　复选框

Check Box（复选框）与 Radio Button 类似，用于显示一对互斥的状态，通过鼠标左键单击，可在"选中"与"未选中"两种状态之间切换。对应这两种状态，其 Value 值也在 Min 属性值与 Max 属性值之间切换。

Check Box 常用的属性见表 11-15。

表 11-15　Check Box 常用的属性

常用属性	属性说明
BackgroundColor	背景色
Enable	激活状态
HandleVisibility	句柄可见性
Min，Max	Check Box 处于"选中"状态时，其 Value 值等于 Max 值；处于"未选中"状态时，其 Value 值等于 Min 值；Min 和 Max 默认值分别为 0 和 1
Position，Units	位置与计量单位
Tag	对象标识符
Visible	可见性
String	标签，即 Toggle Button 上显示的文本
ForegroundColor	标签颜色
FontAngle，FontName，FontSize，FontUnits，FontWeight	标签字体
ButtonDownFcn	当 Enable 属性为 on 时，在 Check Box 上单击右键或在 Check Box 周围 5 像素范围内单击左键或右键，调用此函数；当 Enable 属性为 off 或 inactive 时，在 Check Box 上或 Check Box 周围 5 像素范围内单击左键或右键，调用此函数
Callback	仅当 Enable 属性为 on，在 Check Box 上单击鼠标左键时，调用此函数；每执行一次 Callback 函数，Check Box 的 Value 值和状态均改变一次
KeyPressFcn	当选中该 Check Box 时，按下任意键，调用此函数

11.5.11　坐标轴

axes（坐标轴）用于数据的可视化，即显示图形或图像。axes 是核心图形对象的容器，它可以包含下列 GUI 核心图形对象：image、light、line、patch、rectangle、surface 和 text 对象，以及由核心对象组合而成的 hggroup 对象。

axes 对象与前面讲到的 uipanel 对象，都是其他 GUI 对象的容器，但它与 uipanel 对象有以下不同：

uipanel 的子对象只能为 axes、uicontrol、Panel 或 Button Group 对象；而 axes 的子对象只能为核心图形对象。

uipanel 不可见时，无论其子对象 Visible 属性是否为 on，均不可见；axes 的可见性与其子对象无关。但要注意，若 axes 子对象采用高级函数（如 plot）创建，且 axes 的 NextPlot 属性为 replace，则 plot 函数会重设 axes 的所有属性（除了 Position）为默认值。

axes 常用的属性见表 11-16。

表 11-16　axes 常用的属性

常用属性	属性说明
Box，Title	坐标轴方框与标题
Color，Colororder，Xcolor，Ycolor	坐标轴区域颜色绘图颜色顺序和坐标线颜色
Currentpoint	当前点的坐标
Gridlinestyle，Linesryleorder，Linewidth，Minorgridlinestyle	网格线型、线型顺序、线宽和次级网格线型
Nextplot	重绘模式
Xgrid，Ygrid，Xminorgrid，Yminorgrid	X、Y 轴网格和 X、Y 轴次级网格
Xtick，Ytick，Xminortick、Yminortick，Xtickmode、Ytickmode	X、Y 轴刻度，X、Y 轴次级刻度，以及 X、Y 轴刻度模式
Xlabel、Ylabel、Xticklabel、Yticklabe1、Xticklabelmode、Yticklabelmode	X、Y 轴标签，X、Y 轴刻度标签，以及 X、Y 轴刻度标签模式
Xlim，Ylim，Xlimmode、Ylimmode	X、Y 轴范围和 X、Y 轴范围模式
Fontangle，Fontname，Fontsize，Fontunits，FontWeight	标题或标签的字体
Position，Units	位置与计量单位
Tag	对象标识符
Visible	可见性，axes 是否可见，不影响其子对象是否可见
ButtonDownFcn	当 Enable 属性为 on 时，在 axes 上单击右键或在 axes 周围 5 像素范围单击左键或右键，调用此函数；当 Enable 属性为 off 或 inactive 时，在 axes 上或 axes 周围 5 像素范围内单击左键或右键，调用此函数

11.6　MATLAB GUI 工具实操

接下来，我们会编辑一个 MATLAB 中的 GUI 界面，并且编写回调函数，实现功能：当按下界面中的开始按钮时，能够读取原始图片，并且把原始图片进行二值化处理。

首先，打开 MATLAB 软件，如图 11-26 所示。

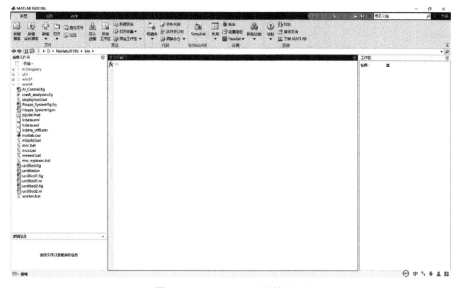

图 11-26　MATLAB 软件界面

在命令行窗口中输入 guide，选择新建一个图形用户界面（GUI），如图 11-27 所示。选择第一个"Black GUI"，单击"确认"按钮，如图 11-28 所示。

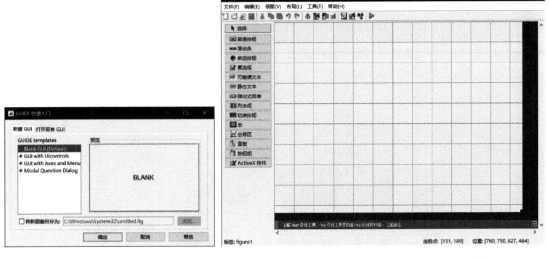

图 11-27 图形用户界面   图 11-28 Black GUI

图 11-28 就是人们进行 GUI 设计的主窗口，此时我们先单击运行按钮，会弹出保存对话框，只需保存在想要的路径下即可。

注意：在 GUI 界面设计过程中以及完成后，不能够随意拖动背景大小，否则程序会出现错误。

接下来我们做一个简单的 GUI 设计，首先创建两个轴，如图 11-29 所示。

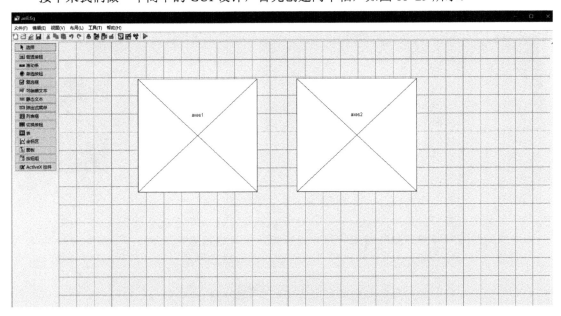

图 11-29 创建两个轴

创建两个按钮，修改其背景颜色、文本内容、文本大小和文本颜色，如图 11-30 所示。

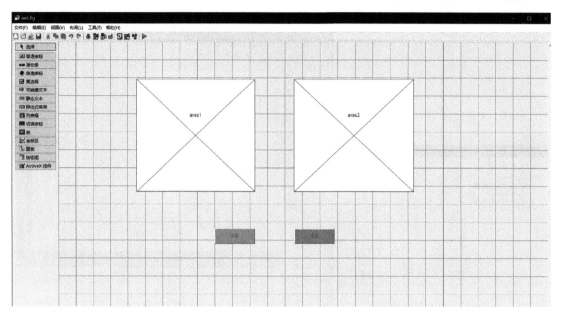

图 11-30   按钮

创建一个按钮组，并修改其背景颜色、标题文本内容、标题文本位置、标题文本大小，如图 11-31 所示。

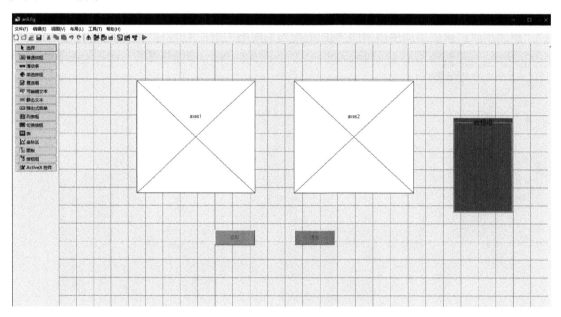

图 11-31   按钮组

创建三个单选按钮，并修改其背景颜色、文本大小、文本内容，如图 11-32 所示。

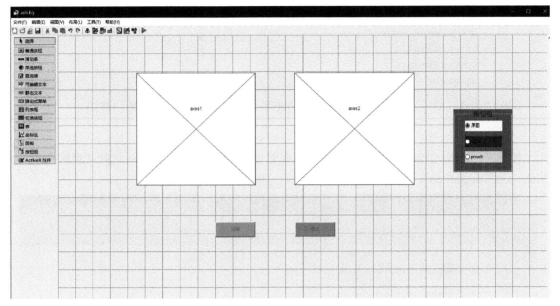

图 11-32　单选按钮

现在我们已经编写好了 GUI 界面内容，开始编写其回调函数，使其能够完成预想的内容。

右击"读取"按钮后，在弹出的快捷菜单中选择"查看回调"→"Callback"，单击进入如图 11-33 所示界面。

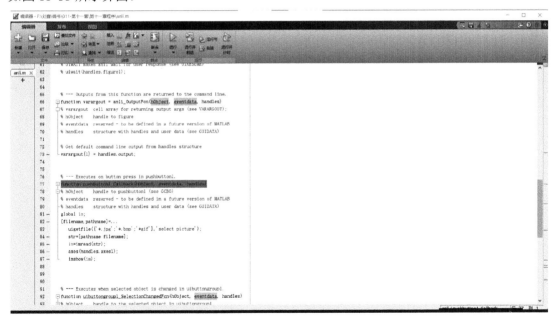

图 11-33　回调函数

在其 pushbutton1_Callback 函数下方编写如下代码：

```
global im;
[filename,pathname]=...
```

```
uigetfile({'*.jpg';'*.bmp';'*gif'},'select picture');
str=[pathname filename];
im=imread(str);
axes(handles.axes1);
imshow(im);
```

同样的操作，在 pushbutton2_Callback 函数下方输入如下的回调函数的代码：

```
close(gcf)
```

接下来，进入 GUI 编辑界面，右击按钮组的背景在弹出的快捷菜单中选择"查看回调"→ "SelectionChangedFcn"，进入 M 文件编辑界面，如图 11-34 所示。

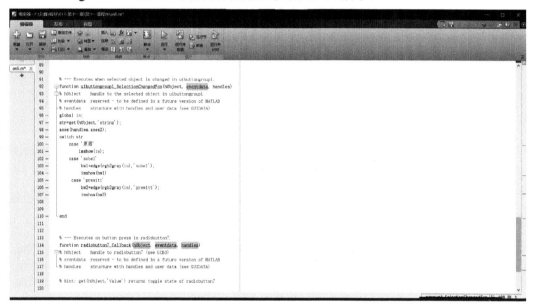

图 11-34　单选按钮回调

在 uibuttongroup1_SelectionChangeFcn 函数下方编写如下程序：

```
global im;
str=get(hObject,'string');
axes(handles.axes2);
switch str
    case '原图'
        imshow(im);
    case 'sobel'
        bw1=edge(rgb2gray(im),'sobel');
        imshow(bw1)
    case 'prewitt'
        bw2=edge(rgb2gray(im),'prewitt');
        imshow(bw2)
end
```

如此，读取彩色图像并使其二值化图边缘检测就能够在 GUI 界面中实现处理，如图 11-35 所示。

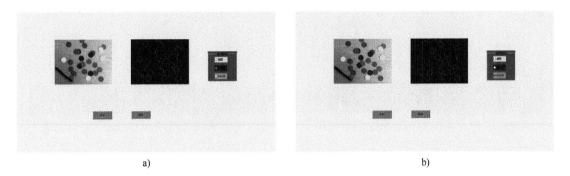

图 11-35　结果处理

a) Soble 边缘检测　　b) Prewitt 边缘检测

本章小结

本章介绍了 MATLAB GUI 的设计界面以及设计方法。首先介绍了文件的输入与输出操作方法，以及句柄图形系统的设计思想，以便读者对设计 GUI 界面有更深入的理解；介绍了 GUI 编辑界面各个区域的功能与使用方法；然后基于 GUI 编辑界面介绍了 GUI 设计过程中常用的按钮功能以及回调函数属性的设计；最后辅以示例，综合本章以及图像分割的知识，方便读者操作理解；在最后的案例章节，提供了更加复杂的 GUI 设计，读者可以自行学习理解。

习题

11.1　GUI 打开方式有哪些？

11.2　GUI 编辑界面由哪几个部分组成？

11.3　图形对象按父对象和子对象组成层次结构是怎么样的？请画出该层次结构图。

11.4　编程完成一个简单的 GUI 界面，实现的功能包括：①读取图像；②显示图像灰度直方图；③边缘分割；④使用 oust 算法进行全局阈值分割。

第 12 章　神经网络与数字图像处理

12.1　引言

　　人工神经网络（Artificial Neural Network，ANN）是指由大量的处理单元（神经元）互相连接而形成的复杂网络结构，是对人脑组织结构和运行机制的某种抽象、简化和模拟。以数学模型模拟神经元活动，是基于模仿大脑神经网络结构和功能而建立的一种信息处理系统。

　　人工神经网络有多层和单层之分，每一层包含若干神经元，各神经元之间用可变权重的有向弧连接，网络通过对已知信息的反复学习训练，通过逐步调整改变神经元连接权重的方法，达到处理信息、模拟输入输出之间关系的目的。它不需要知道输入输出之间的确切关系，不需大量参数，只需要知道引起输出变化的非恒定因素，即非常量性参数。因此与传统的数据处理方法相比，神经网络技术在处理模糊数据、随机性数据、非线性数据方面具有明显优势，对规模庞大、结构复杂、信息不明确的系统尤为适用。目前由 Minsley 和 Papert 提出的多层前向神经元网络（也称多层感知器）是最为常用的网络结构。

　　2019 年 10 月 22 日在浙江乌镇召开的第六届世界互联网大会上，由中国通用技术集团和中国移动联合打造的"开放道路 5G 远程驾驶项目"正式发布，并向来自世界各地的参会者提供全方位展示和体验。

　　项目行驶路线长约 4km，包括直道、十字路口、桥梁、车道变窄等复杂道路场景，且有大量社会车辆、行人、自行车、电动车等交通要素参与，这对于远程驾驶的软件系统及 5G 信号的稳定性都是极大的考验。据中国通用技术集团中国汽车工程研究院的技术人员谯杰介绍，演示车辆具备三重驾驶模式——远程驾驶、自动驾驶和安全员驾驶。远程驾驶员如未能及时发现障碍物，自动驾驶系统可实现本地优先级避障；如遇 5G 网络不稳定或被干扰的情况，安全员可以随时接管车辆。据中国通用技术集团中国汽车工程研究院副总经理周舟介绍，公司技术团队自主开发了 5G 远程驾驶软件系统和综合管理数据平台，通过系统集成和优化调试，将系统时延控制在 15ms 内，达到了国际领先水平，保障了整个 5G 远程驾驶项目的运行安全。

　　该项目使用的 5G 预商用网络，实现多体验客户端接入，上行带宽稳定在 200Mbit/s 以上。在提供优质 5G 网络的同时，提供了下沉至 5G 基站的移动边缘计算（MEC）节点，将远程驾驶服务平台部署在边缘计算，最大限度降低了时延。

　　无人驾驶汽车的技术是人类发展的一个重要方向，无论是民用还是军用，我国都已经取得了非常大的成就。

　　在日常的应用中，人工智能现在也发挥着重要作用。如一支无人配送车队提供配送服务，结合机器学习算法，据有关工作人员介绍，该无人配送车具备 L4 级自动驾驶能力，最高车速

25km/h，最大载重能达到 400kg，采用车柜分离模块化设计，搭载无接触智能配送柜，能最大程度降低存取件人的直接接触，解决物资"最后一公里"无接触配送难题。

12.2　人工神经网络

人工神经网络吸取了生物神经网络的许多优点，因而有其固有的特点：

（1）高度的并行性

人工神经网络是由许多相同的简单处理单元并联组合而成，虽然每个单元的功能简单，但大量简单处理单元的并行活动，使其对信息的处理能力与效果惊人。

（2）高度的非线性全局作用

人工神经网络每个神经元接收大量其他神经元的输入，并通过并行网络产生输出，影响其他神经元。网络之间的这种互相制约和互相影响，实现了从输入状态到输出状态空间的非线性映射。从全局的观点来看，网络整体性能不是网络局部性能的简单叠加，而表现出某种集体性的行为。

（3）良好的容错性与联想记忆功能

人工神经网络通过自身的网络结构能够实现对信息的记忆。而所记忆的信息存储在神经元之间的权值中。从单个权值中看不出所储存的信息内容，因而采用分布式的存储方式，这使得网络具有良好的容错性，并能进行聚类分析、特征提取、缺损模式复原等模式信息处理工作；又适宜做模式分类、模式联想等模式识别工作。

（4）十分强的自适应、自学习功能

人工神经网络可以通过训练和学习来获得网络的权值与结构，呈现出很强的自学习能力和对环境的自适应能力。

12.2.1　人工神经元

神经系统的基本构造单元是神经细胞，也称神经元。它和人体中其他细胞的关键区别在于具有产生、处理和传递信号的功能。每个神经元都包括 3 个主要部分：细胞体、树突和轴突。树突的作用是向四方收集由其他神经细胞传来的信息，轴突的功能是传出从细胞体送来的信息。每个神经细胞所产生和传递的基本信息是兴奋或抑制。两个神经细胞之间的相互接触点称为突触。简单神经元网络如图 12-1 所示。

从信息的传递过程来看，一个神经细胞的树突，在突触处从其他神经细胞接收信号。这些信号可能是兴奋性的，也可能是抑制性的。所有树突接收到的信号都传到细胞体进行综合处理。如果在一个时间间隔内，某一细胞接收到的兴奋性信号量足够大，使该细胞被激活，从而产生一个脉冲信号，这个信号将沿着该细胞的轴突传送出去，并通过突触传给其他神经细胞。神经细胞通过突触连接形成神经网络。

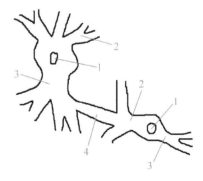

图 12-1　简单神经元网络

1—细胞体　2—树突　3—轴突　4—突触

人们正是通过对人脑神经系统的初步认识，尝试构造出人工神经元以组成人工神经网络系统来对人的智能，甚至是思维行为进行研究；尝试从理性角度阐明大脑的高级机能。经过几十年的努力与发展，已涌现出上百种人工神经网络模型。它们的网络结构、性能、算法及应用领域各异，但均是根据生物学事实衍生出来的。由于其基本处理单元是对生物神经元的近似仿真，因而被称之为人工神经元。它用于仿效生物神经细胞最基本的特性，与生物原型相对应。人工神经元的主要结构单元是信号的输入、综合处理和输出，其输出信号的强度大小反映了该单元对相邻单元影响的强弱。人工神经元之间通过互相连接形成网络，称为人工神经网络。神经元之间相互连接的方式称为连接模式，相互之间的连接度由连接权值体现。在人工神经网络中，改变信息处理过程及其能力，就是修改网络权值的过程。

12.2.2　人工神经网络工作过程

　　人工神经网络是在现代神经学、生物学、心理学等科学研究成果的基础上产生的，反映了生物神经系统的基本特征，是对生物神经系统的某种抽象、简化与模拟。具体人工神经网络是由许多并行互联的相同神经元模型组成，网络的信号处理由神经元之间的相互作用来实现。

　　人工神经网络的神经元模型和结构描述了一个网络如何将它的输入矢量转化为输出矢量的过程。这个转化过程从数学角度来看就是一个计算的过程，也就是说，人工神经网络的实质体现了网络输入和其输出之间的一种函数关系。通过选取不同的模型结构和激活函数，可以形成各种不同的人工神经网络，得到不同的输入/输出关系式，并达到不同的设计目的，完成不同的任务。所以在利用人工神经网络解决实际应用问题之前，必须首先掌握人工神经网络的模型结构及其特性以及对其输出矢量的计算。

　　目前多数人工神经网络的构造大体上都采用如下的一些原则：

　　1）由一定数量的基本单元分层连接构成。

　　2）每个单元的输入、输出信号以及综合处理内容都比较简单。

　　3）网络的学习和知识存储体现在各单元之间的连接强度上。

12.2.3　常见人工神经网络

1. 人工神经元的模型

　　神经元是人工神经网络的基本处理单元，它一般是一个多输入/单输出的非线性元件。神经元输出除了受到输入信号的影响外，同时也受到神经元内部其他因素的影响，所以在人工神经元的建模中，常常还加有一个额外输入信号，称为偏差，有时也称为阈值或门限值。

　　一个具有 r 个输入分量的神经元如图 12-2 所示。其中，输入分量 $p_j (j=1, 2, \cdots, r)$ 通过与和它相乘的权值分量 $w_j (j=1, 2, \cdots, r)$ 相连，以 $\sum\limits_{j=1}^{r} w_j p_j$ 的形式求和后，形成激活函数 $f()$ 的输入。激活函数的另一个输入是神经元的偏差 b。

　　权值 w_j 和输入 p_j 的矩阵形式可以由 $\boldsymbol{W}$ 的行矢量以及 $\boldsymbol{P}$ 的列矢量来表示：

$$\boldsymbol{W} = [w_1\ w_2 \cdots w_r]$$

$$\boldsymbol{P} = [p_1\ p_2 \cdots p_r]^{\mathrm{T}}$$

神经元模型的输出矢量可表示为

$$A = f(\boldsymbol{WP} + b) = f(\sum_{j=1}^{r} w_j p_j + b) \tag{12-1}$$

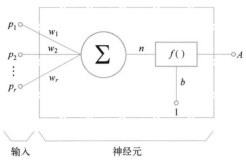

图 12-2　r 个输入分量的神经元

可以看出，偏差被简单地加在 $\boldsymbol{WP}$ 上作为激活函数的另一个输入分量。实际偏差也是一个权值，只是它具有固定常数为 1 的输入。在网络的设计中，偏差起着重要的作用，它使得激活函数的图形可以左右移动从而增加了解决问题的可能性。

2. 激活函数

激活函数（Activation Transfer Function）是一个神经元及网络的核心。网络解决问题的能力与功效除了与网络结构有关，在很大程度上取决于网络所采用的激活函数。

激活函数的基本作用是：

1）控制输入对输出的激活作用。

2）对输入、输出进行函数转换。

3）将可能无限域的输入变换成指定的有限范围内的输出。

下面是几种常用的激活函数。

（1）阈值型（硬限制型）激活函数

这种激活函数将任意输入转化为 0 或 1 的输出，函数 $f()$ 为单位阶跃函数，如图 12-3 所示。具有此函数的神经元的输入/输出关系为

$$A = f(\boldsymbol{WP} + b) = \begin{cases} 1 & \boldsymbol{WP} + b > 0 \\ 0 & \boldsymbol{WP} + b > 0 \end{cases} \tag{12-2}$$

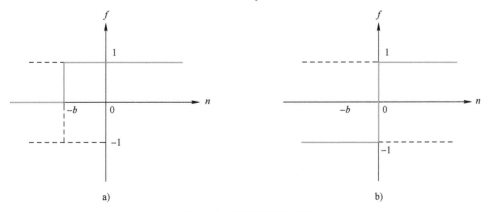

图 12-3　阈值型激活函数

a) 没有偏差的阈值型激活函数　b) 带有偏差的阈值型激活函数

（2）线性激活函数

线性激活函数使网络的输出等于加权输入和加上偏差，如图 12-4 所示。此函数的输入/输出关系为

$$A = f(\boldsymbol{WP} + b) = \boldsymbol{WP} + b \tag{12-3}$$

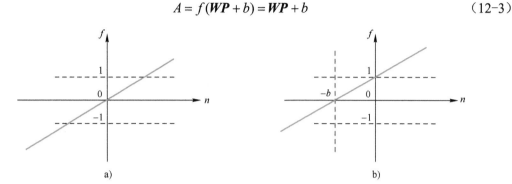

图 12-4　线性激活函数

a) 没有偏差的线性激活函数　b) 带有偏差的线性激活函数

（3）S 形激活函数

S 形激活函数将任意输入值压缩到（0，1）的范围内，如图 12-5 所示。此种激活函数常用对数或双曲正切等 S 形曲线来表示，如对数 S 形激活函数关系为

$$f = \frac{1}{1 + \exp[-(n + b)]} \tag{12-4}$$

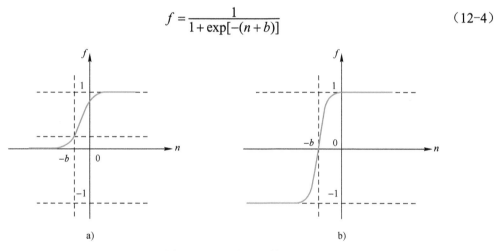

图 12-5　S 形激活函数

a) 带有偏差的对数 S 形激活函数　b) 带有偏差的双曲正切 S 形激活函数

而双曲正切 S 形曲线的输入/输出函数关系为

$$f = \frac{1 - \exp[-2(n + b)]}{1 + \exp[-2(n + b)]} \tag{12-5}$$

S 形激活函数具有非线性放大增益，对任意输入的增益等于在输入/输出曲线中该输入点处的曲线斜率值。当输入由 -∞ 增大到零时，其增益由 0 增至最大；然后当输入由 0 增加至 +∞ 时，其增益又由最大逐渐降低至 0，并总为正值。利用该函数可以使同一神经网络既能处理小信号，也能处理大信号。因为该函数的中间高增益区解决了处理小信号的问题，而在伸向

两边的低增益区正好适用于处理大信号的输入。

一般地，称一个神经网络是线性或非线性是由网络神经元中所具有的激活函数的线性或非线性来决定的。

3. 单层神经元网络模型结构

将两个或更多的简单的神经元并联起来，使每个神经元具有相同的输入矢量 P，即可组成一个神经元层，其中每一个神经元产生一个输出，图 12-6 给出一个具有 r 个输入分量、s 个神经元组成的单层神经元网络模型结构。

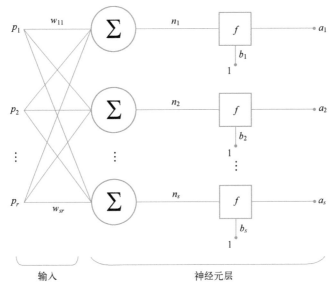

图 12-6　单层神经元网络模型结构图

从图 12-6 中可以看出，输入矢量 P 的每个元素 p_j $(j=1,2,\cdots,r)$，通过权矩阵 W 与每个输出神经元相连（即全连接）；每个神经元通过一个求和符号，在与输入矢量进行加权求和运算后，形成激活函数的输入矢量，并经过激活函数 $f(\cdot)$ 作用后得到输出矢量 A，它可以表示为

$$A_{s\times1} = f(W_{s\times r}P_{r\times1} + B_{s\times1}) \tag{12-6}$$

式中，s 为神经元的个数；$f(\ )$ 表示激活函数；公式中的字母下标给出了矢量矩阵所具有的维数。一般情况下，输入分量数目 r 与层神经元数目 s 不相等，即 $s\neq r$。

网络权矩阵为

$$W_{s\times r} = \begin{bmatrix} w_{11} & w_{12} & \cdots & w_{1r} \\ w_{21} & w_{22} & \cdots & w_{2r} \\ \vdots & \vdots & & \vdots \\ w_{s1} & w_{s2} & \cdots & w_{sr} \end{bmatrix}$$

注意：权矩阵 W 元素中的行表示神经元的维数，而列表示输入矢量的维数，因而 w_{12} 表示的是来自第 2 个输入元素到第 1 个神经元之间的连接权值。

当有 q 组 r 个输入元素作为网络的输入时，输入矢量 P 则成为一个维数为 $r\times q$ 的矩阵：

$$P_{r \times q} = \begin{bmatrix} p_{11} & p_{12} & \cdots & p_{1q} \\ p_{21} & p_{22} & \cdots & p_{2q} \\ \vdots & \vdots & & \vdots \\ p_{r1} & p_{r2} & \cdots & p_{rq} \end{bmatrix}$$

此时的输出矢量为一个维数为 $s \times q$ 的矩阵：

$$A_{s \times q} = \begin{bmatrix} a_{11} & a_{12} & \cdots & a_{1q} \\ a_{21} & a_{22} & \cdots & a_{2q} \\ \vdots & \vdots & & \vdots \\ a_{s1} & a_{s2} & \cdots & a_{sq} \end{bmatrix}$$

4. 多层神经网络

将两个以上的单层神经网络级联起来则组成多层神经网络。一个人工网络可以有许多层，每层都有一个权矩阵 W、一个偏差矢量 B 和一个输出矢量 A，为了对各层矢量矩阵加以区别，可以在各层矢量矩阵名称后加上层号来命名各层变量，例如，对第 1 层的权矩阵和输出矢量分别用 W_1 和 A_1 来表示，第 2 层的这些变量表示为 W_2 和 A_2，依此类推。

一个三层神经网络结构如图 12-7 所示。

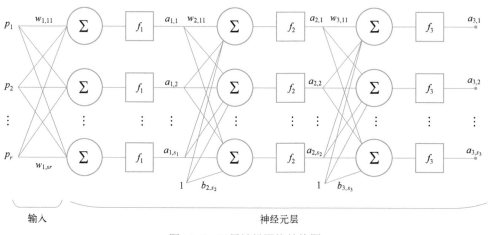

图 12-7　三层神经网络结构图

图 12-7 所示的网络结构具有 r 个输入矢量，第一层有 s_1 个神经元，第二层有 s_2 个神经元。一般情况下，不同层有不同的神经元数目，每个神经元都带有一个输入为常数 1 的偏差值。多层网络的每一层起着不同的作用，最后一层成为网络的输出，称为输出层，所有其他层称为隐含层。由此可见，图 12-7 为具有两个隐含层的三层神经网络。有些设计者将与第一隐含层相连的输入矢量称为输入层，若以此来分，图 12-7 可称为四层神经网络，但网络中只有 3 组权矩阵。

为了便于简单明了地抓住神经网络各层的重点，我们将图 12-7 简化为图 12-8，并加上 q 组输入矢量。

在多层网络中，每一隐含层的输出都是下层的输入，所以可以将隐含层 2 看作一层具有 $s_1 \times q$ 维输入矢量 A_1、$s_2 \times s_1$ 维权矩阵 W_2，以及 $s_2 \times q$ 维输出矢量 A_2 的神经网络。既然已经分清了隐含层 2 的所有矢量矩阵，则可以把它作为一个单层神经网络来处理，按照前节求法来计算输入/输出之间的函数关系，并利用此法可以写出任何一层网络输入/输出之间的对应关系式。

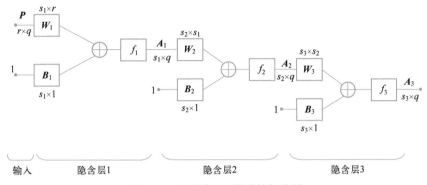

图 12-8　三层神经网络结构简化图

以此方式，图 12-8 所示神经网络的输出可以用下列数学式表示为

$$A_1 = f_1(W_1 \cdot P + B_1)$$
$$A_2 = f_2(W_2 \cdot A_1 + B_2) \tag{12-7}$$
$$A_3 = f_3(W_3 \cdot A_2 + B_3)$$
$$= f_2\{W_3 \cdot f_2[W_2 \cdot f_1(W_1 \cdot P + B_1) + B_2] + B_3\}$$

对于这种标准全连接的多层神经网络，更一般的简便作图是仅画出输入节点和一组隐含层节点外加输出节点及其连线来示意表示，如图 12-8 所示。图中只标出输入、输出和权矢量，完全省去激活函数的符号。完整的网络结构则是通过具体的文字描述来实现的，如：网络具有一个隐含层，隐含层中具有 5 个神经元并采用 S 形激活函数，输出层采用线性函数，或者更简明地可采用"网络采用 2-5-1 结构"来描述，其中，2 表示输入节点数；5 表示隐含层节点数；1 为输出节点数。如果不对激活函数做进一步的说明，则意味着隐含层采用 S 形激活函数，而输出层采用线性激活函数。

特别值得强调的是，在设计多层网络时，隐含层的激活网络应采用非线性的，否则多层网络的计算能力并不比单层网络更强。因为在采用线性激活函数的情况下，如果将偏差作为一组权值归为 W 中统一处理，两层网络的输出 A_2 则可以写为

$$A_2 = f_2(W_2 \cdot A_1)$$
$$= W_2 \cdot f_1(W_1 \cdot P) \tag{12-8}$$
$$= W_2 \cdot W_1 \cdot P$$
$$= W \cdot P$$

式中，$f_1=f_2=f$ 为线性激活函数。式（12-8）表明两层线性网络的输出计算等效于具有权矢量为 $W=W_2 \cdot W_1$ 的单层线性网络的输出。

5. 反馈网络

人工神经网络按照网络拓扑结构可分为前向网络和反馈网络（Recurrent Network）两大类。前几节所见到的网络结构均为前向网络，其特点是：信号的流向是从输入通向输出。而反馈网络的主要不同点表现在它的输出信号通过与输入连接而返回到输入端，从而形成一个回路。一个具有 s 个神经元的典型的反馈网络如图 12-9 所示。

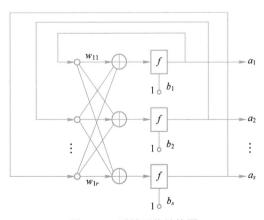

图 12-9　反馈网络结构图

前向网络的输出只是与当前输入及其连接权值有关，而在反馈网络中，由于将输出循环返回到输入，所以每一时刻的网络输出不仅取决于当前的输入，而且还取决于上一时刻的输出。其输出的初始状态由输入矢量设定后，随着网络的不断运行，从输出反馈到输入的信号不断改变，也使得输出不断变化，从而使网络表现出暂态特性，这使得反馈网络表现出前向网络所不具有的振荡或收敛特性。

12.2.4　人工神经网络的特点

前面已经说过，表征一个神经网络特性的关键是网络的激活函数，对于多层网络可以将前一层的输出作为后一层的输入，而一层一层地计算直至网络的输出。在 MATLAB 环境下的神经网络工具箱中对于单层网络输出的计算，对于给出输入矩阵 $\boldsymbol{P}$、权矩阵 $\boldsymbol{W}$ 和偏差矩阵 $\boldsymbol{B}$ 的单层网络，只要简单地选用相应的激活函数，即可求出网络输出矩阵 $\boldsymbol{A}$，所有运算直接以矩阵形式进行。根据前几节所介绍的激活函数的种类，常用的单层神经元激活函数有以下几个。

（1）输出为{0，1}的硬函数：hardlim.m

网络输出的计算公式为

$$A = \text{hardlim}(W * P, B);$$

（2）输出为{-1，1}的二值函数：hardlims.m

网络输出的计算公式为

$$A = \text{hardlims}(W * P, B);$$

（3）线性函数：purelin.m

网络输出的计算公式为

$$A = \text{purelin}(W * P, B);$$

（4）对数 S 形函数：logsig.m

网络输出的计算公式为

$$A = \text{logsig}(W * P, B);$$

（5）双曲正切 S 形函数：tansig.m

网络输出的计算公式为

$$A = \text{tansig}(W * P, B);$$

下面以例 12-1 来看如何运用 MATLAB 工具箱解决问题。

【例 12-1】　用 MATLAB 写出计算由图 12-8 所示三层神经网络的每层输出表达式。

已知：$\boldsymbol{P} = \begin{bmatrix} 0.1 & 0.5 \\ 0.3 & -0.2 \end{bmatrix}$

$$S1=2; \quad S2=3; \quad S3=5;$$

F1 为{-1，1}二值型函数；F2 为对数 S 形函数；F3 为线性函数。

代码如下：

```
P=[0.1 0.5; 0.3 -0.2];          %已知输入矢量数据
S1 =2; S2 =3;S3= 5;             %已知各层节点数
[R, Q]= size(P);               %求出输入矢量的行和列
[ W1，B1 ] = rands (S1，R);     %给第一隐含层权值赋(-1，1)之间的随机值
[ W2，B2 ] = rands (S2，S1);    %给第二隐含层权值赋(-1，1)之间的随机值
[ W3，B3 ] = rands (S3，S2);    %给输出层权值赋(-1，1)之间的随机值
```

```
A1 = hardlims (W1*P，B1)        %计算第一层输出表达式
A2 = logsig (W2*A1，B2)         %计算第二层输出表达式
A3 = purelin (W3*A2，B3)        %计算输出层输出表达式
end
```

本例题中的实质就是 3 个输出表达式，其他内容均为赋值与参数初始化。由此可见应用 MATLAB 工具箱的简便。当计算复杂时，更能显示出它的优越性来。

12.2.5　人工神经网络应用领域

随着人工神经网络技术的发展，其用途日益广泛，应用领域也在不断拓展，已在各工程领域中得到广泛的应用。总而言之，人工神经网络技术可用于如下信息处理工作：函数逼近、感知觉模拟、多目标跟踪、联想记忆及数据恢复等。具体而言，其主要用于（或比较适宜于用来）解算下述几类问题：

1. 模式信息处理和模式识别

所谓模式，从广义上说，就是事物的某种特性类属，如：图像、文字、语言、符号等感知形象信息；雷达、地球物探、卫星云图等时空信息；动植物种类形态、产品等级、化学结构等类别差异信息等。模式信息处理就是对模式信息进行特征提取、聚类分析、边缘检测、信号增强、噪声抑制、数据压缩以及各种变换等。模式识别就是将所研究客体的特性类属映射成"类别号"，以实现对客体特定类别的识别。人工神经网络特别适宜解算这类问题，形成了新的模式信息处理技术。它在各领域中的广泛应用是神经网络技术发展的重要侧面。这方面的主要应用有：图形、符号、手写体及语音识别，雷达等目标识别，药物构效关系等化学模式信息辨识，机器人视觉、听觉，各种最近相邻模式聚类及识别分类等。

2. 最优化问题计算

人工神经网络的大部分模型是非线性动态系统，若将所计算问题的目标函数与网络某种能量函数对应起来，网络动态向能量函数极小值方向移动的过程则可视作优化问题的解算过程。网络的动态过程就是优化问题计算过程，稳态点则是优化问题的局部或全局最优动态过程解。这方面的应用包括组合优化、条件约束优化等一类求解问题，如任务分配、货物调度、路径选择、组合编码、排序、系统规划、交通管理以及图论中各类问题的解算等。

3. 信息的智能化处理

神经网络适宜于处理具有残缺结构和含有错误成分的模式，能够在信源信息含糊、不确定、不完整、存在矛盾及假象等复杂环境中处理模式。网络所具有的自学习能力使得传统专家系统技术应用最为困难的知识获取工作转换为网络的变结构调节过程，从而大大方便了知识库中知识的记忆和抽提。在许多复杂问题中（如医学诊断），存在大量特例和反例，信息来源既不完整，又含有假象，且经常遇到不确定性信息，决策规则往往相互矛盾，有时无条理可循，这给传统专家系统应用造成极大困难，甚至在某些领域无法应用，而神经网络技术则能突破这一障碍，且能对不完整信息进行补全，根据已学会的知识和处理问题的经验对复杂问题做出合理的判断决策，给出较满意的解答，或对未来过程做出有效的预测和估计。这方面的主要应用是：自然语言处理、市场分析、预测估值、系统诊断、事故检查、密码破译、语言翻译、逻辑推理、知识表达、智能机器人、模糊评判等。

4. 复杂控制

神经网络在诸如机器人运动控制等复杂控制问题方面有独到之处。较之传统数字计算机

的离散控制方式，更适宜于组成快速实时自适应控制系统。这方面的主要应用是：多变量自适应控制、变结构优化控制、并行分布控制、智能及鲁棒控制等。

5. 信号处理

神经网络的自学习和自适应能力使其成为对各类信号进行多用途加工处理的一种天然工具，尤其在处理连续时序模拟信号方面有很自然的适应性。这方面的主要应用有：自适应滤波、时序预测、谱估计和快速傅里叶变换、通信编码和解码、信号增强降噪、噪声相消、信号特征检测等。神经网络在做弱信号检测、通信、自适应滤波等方面的应用尤其引人注目，已在许多行业得到运用。

12.3　BP 神经网络

反向传播网络（Back-Propagation Network，简称 BP 网络）是将 W-H 学习规则[⊖]一般化，对非线性可微分函数进行权值训练的多层网络。

BP 网络主要用于以下场合：

1）函数逼近：用输入矢量和相应的输出矢量训练一个网络逼近一个函数。

2）模式识别：用一个特定的输出矢量将它与输入矢量联系起来。

3）分类：把输入矢量以所定义的合适方式进行分类。

4）数据压缩：减少输出矢量维数以便于传输或存储。

在人工神经网络的实际应用中，80%～90%的人工神经网络模型采用 BP 网络或它的变化形式，它也是前向网络的核心部分，体现了人工神经网络最精华的部分。在人们掌握反向传播网络的设计之前，感知器和自适应线性元件都只能适用于对单层网络模型的训练，只是后来才得到了进一步拓展。

12.3.1　BP 网络的算法结构

一个具有 r 个输入和一个隐含层的神经网络模型结构如图 12-10 所示。

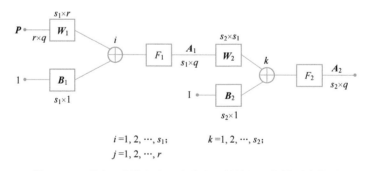

$$i = 1, 2, \cdots, s_1; \qquad k = 1, 2, \cdots, s_2;$$
$$j = 1, 2, \cdots, r$$

图 12-10　具有 r 个输入和一个隐含层的神经网络模型结构图

感知器和自适应线性元件的主要差别在激活函数上：前者是二值型的，后者是线性的。

⊖ W-H 学习规则是由威德罗（Widrow）和霍夫（Hoff）提出的用来修正权矢量的学习规则，所以用他们两人的姓氏首字母命名。

BP 网络具有一层或多层隐含层，除了在多层网络上与前面已介绍过的模型有不同外，其主要差别也表现在激活函数上。BP 网络的激活函数必须是处处可微的，所以它就不能采用二值型的阈值函数{0，1}或符号函数{-1，1}，BP 网络经常使用的是对数或正切 S 形激活函数和线性函数。

　　图 12-11 所示的是 S 形激活函数的图形。可以看到 $f(\ )$ 是一个连续可微的函数，其一阶导数存在。对于多层网络，这种激活函数所划分的区域不再是线性划分，而是由一个非线性的超平面组成的区域。它是比较柔和、光滑的任意界面，因而它的分类比线性划分精确、合理，这种网络的容错性较好。另外一个重要的特点是由于激活函数是连续可微的，它可以严格利用梯度法进行推算，它的权值修正的解析式十分明确，其算法被称为误差反向传播法，也简称 B 算法，这种网络也称为 BP 网络。

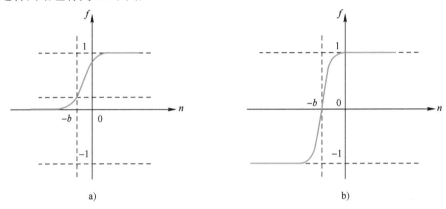

图 12-11　S 形激活函数

a) 带有偏差的对数 S 形激活函数　b) 带有偏差的双曲正切 S 形激活函数

　　因为 S 形激活函数具有非线性放大系数功能，它可以把输入从-∞～+∞的信号，变换成-1～1 之间的输出，对较大的输入信号，放大系数较小；而对较小的输入信号，放大系数则较大，所以采用 S 形激活函数可以去处理和逼近非线性的输入/输出关系。不过，如果在输出层采用 S 形激活函数，输出则被限制到一个很小的范围了，若采用线性激活函数，则可使网络输出任何值。所以只有当希望对网络的输出进行限制，如限制在 0～1 之间，那么在输出层应当包含 S 形激活函数，在一般情况下，均是在隐含层采用 S 形激活函数，而输出层采用线性激活函数。

12.3.2　BP 网络算法流程

　　BP 网络的产生归功于 BP 算法。BP 算法属于 δ 算法，是一种监督式的学习算法。其主要思想为：对于 q 个输入学习样本：P^1，P^2，…，P^q，已知与其对应的输出样本为：T^1，T^2，…，T^q。学习的目的是用网络的实际输出 A^1，A^2，…，A^q 与目标矢量 T^1，T^2，…，T^q 之间的误差来修改其权值，使 A^l（l=1，2，…，q）与期望的 T 尽可能地接近；即使网络输出层的误差平方和达到最小。它是通过连续不断地在相对于误差函数斜率下降的方向上计算网络权值和偏差的变化而逐渐逼近目标的。每一次权值和偏差的变化都与网络误差的影响成正比，并以反向传播的方式传递到每一层的。

　　BP 算法是由两部分组成：信息的正向传播与误差的反向传播。在正向传播过程中，输入信息从输入经隐含层逐层计算传向输出层，每一层神经元的状态只影响下一层神经元的状态。如果在输出层没有得到期望的输出，则计算输出层的误差变化值，然后转向反向传播，通过网络将误差信号沿原来的连接通路反传回来修改各层神经元的权值直至达到期望目标。

　　如图 12-12 所示，设输入为 $\boldsymbol{P}$，输入神经元有 r 个，隐含层内有 s_1 个神经元，激活函数为 f_1，输出层内有 s_2 个神经元，对应的激活函数为 f_2，输出为 $\boldsymbol{A}$，目标矢量为 $\boldsymbol{T}$。

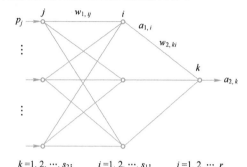

图 12-12　具有一个隐含层的简化网络图

（1）信息的正向传递

1）隐含层中第 i 个神经元的输出为

$$a_{1,i} = f_1\left(\sum_{j=1}^{r} w_{1,ij} p_j + b_{1,i}\right), i = 1, 2, \cdots, s_1$$

2）输出层第 k 个神经元的输出为

$$a_{2,k} = f_2\left(\sum_{i=1}^{s_1} w_{2,ki} a_{1,i} + b_{2,k}\right), k = 1, 2, \cdots, s_2$$

3）定义误差函数为

$$E(W,B) = \frac{1}{2}\sum_{k=1}^{s_2}(t_k - a_{2,k})^2 \tag{12-9}$$

（2）利用梯度下降法求权值变化及误差的反向传播

1）输出层的权值变化。对从第 i 个输入到第 k 个输出的权值有

$$\Delta w_{2,ki} = -\eta\frac{\partial E}{\partial w_{2,ki}} = -\eta\frac{\partial E}{\partial a_{2,k}}\frac{\partial a_{2,k}}{\partial w_{2,ki}}$$
$$= \eta(t_k - a_{2,k})f_2' a_{1,i} = \eta\delta_{ki}a_{1,i}$$

其中

$$\delta_{ki} = (t_k - a_{2,k})f_2' = e_k f_2'$$
$$e_k = t_k - a_{2,k}$$

同理可得

$$\Delta b_{2,ki} = -\eta\frac{\partial E}{\partial b_{2,ki}} = -\eta\frac{\partial E}{\partial a_{2,k}}\frac{\partial a_{2,k}}{\partial b_{2,ki}} \tag{12-10}$$
$$= \eta(t_k - a_{2,k})f_2' = \eta\delta_{ki}$$

2）隐含层权值变化。对从第 j 个输入到第 i 个输出的权值，有

$$\Delta w_{1,ij} = -\eta\frac{\partial E}{\partial w_{1,ij}} = -\eta\frac{\partial E}{\partial a_{2,k}}\frac{\partial a_{2,k}}{\partial a_{1,i}}\frac{\partial a_{1,i}}{\partial w_{1,ij}} = \eta\sum_{k=1}^{s_2}(t_k - a_{2,k})f_2';$$
$$w_{2,ki}f_1' p_j = \eta\delta_{ij}p_j$$

其中

$$\delta_{ij} = e_i f_1', e_i = \sum_{k=1}^{s_2}\delta_{ki}w_{2,ki}$$

同理可得

$$\Delta b_{1,i} = \eta \delta_{ij} \tag{12-11}$$

12.3.3　误差反向传播的流程图与图形解释

误差反向传播过程实际上是通过计算输出层的误差 e_k，然后将其与输出层激活函数的一阶导数 f_2' 相乘来求得 δ_{ki}。由于隐含层中没有直接给出目标矢量，所以利用输出层的 δ_{ki} 进行误差反向传递来求出隐含层权值的变化量 $\Delta w_{2,ki}$。然后计算 $e_i = \sum_{k=1}^{s_2} \delta_{ki} w_{2,ki}$，并同样通过将 e_i 与该层激活函数的一阶导数 f_1' 相乘，而求得 δ_{ij}，以此求出前层权值的变化量 $\Delta w_{1,ij}$。如果前面还有隐含层，沿用上述同样方法依次类推，一直将输出误差 e_k 一层一层地反推算到第一层为止。图 12-13 给出了形象的解释。

BP 算法要用到各层激活函数的一阶导数，所以要求其激活函数处处可微。对于对数 S 形激活函数 $f(n) = \dfrac{1}{1+e^{-n}}$，其导数为

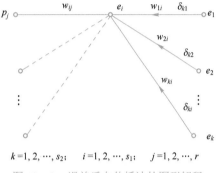

$$f(n) = \frac{0 - e^{-n}(-1)}{(1+e^{-n})^2} = \frac{1}{(1+e^{-n})^2}(1+e^{-n}-1)$$

$$= \frac{1}{1+e^{-n}}\left(1 - \frac{1}{1+e^{-n}}\right) = f(n)[1 - f(n)]$$

对于线性函数的导数有

$$f'(n) = n' = 1$$

所以对于具有一个 S 形激活函数的隐含层，输出层为线性函数的网络，有

$$f_2' = 1, \ f_1' = a(1-a)$$

图 12-13　误差反向传播法的图形解释

12.3.4　BP 网络训练过程

为了训练一个 BP 网络，需要计算网络加权输入矢量以及网络输出和误差矢量，然后求得误差平方和。当所训练矢量的误差平方和小于误差目标时，训练停止，否则在输出层计算误差变化，且采用反向传播学习规则来调整权值，并重复此过程。当网络完成训练后，对网络输入一个不是训练集合中的矢量，网络将以泛化方式给出输出结果。

在动手编写网络的程序设计之前，必须首先根据具体问题给出的输入矢量 P 与目标矢量 T，选定所要设计的神经网络的结构，其中包括以下内容：①网络的层数；②每层的神经元数；③每层的激活函数。

由于 BP 网络的层数较多且每层神经元也较多，加上输入矢量的组数庞大，往往使得采用一般的程序设计出现循环套循环的复杂嵌套程序，从而使得程序编得既费时，又不易调通，浪费了大量的时间在编程中而无暇顾及设计出具有更好性能的网络来。在这点上，MATLAB 工具箱充分展示出其优势。它的全部运算均采用矩阵形式，使其训练既简单，又明了快速。为了能够较好地掌握 BP 网络的训练过程，下面我们仍用两层网络为例来叙述 BP 网络的训练步骤。

1）用小的随机数对每一层的权值 W 和偏差 B 初始化，以保证网络不被大的加权输入饱

和；并进行以下参数的设定或初始化：

① 期望误差最小值 err_goal；

② 最大循环次数 max_epoch；

③ 修正权值的学习速率 r，一般情况下 lr =0.01～0.7；

④ 从 1 开始的循环训练：for epoch=1：max_epoch；

2）计算网络各层输出矢量 A1 和 A2 以及网络误差 E：

A1 = tansig (W1*P，B1)；
A2 = purelin (W2*A1，B2)；
E=T-A；

3）计算各层反传的误差变化 D2 和 D1，并计算各层权值的修正值以及新权值：

D2 = deltalin (A2，E)；
D1 = deltalin (A1，D2，W2)；
[dW1，dB1]= learnbp (P，D1，Ir)；
[dW2，dB2]= learnbp (A1，D2，ir)；
W1 = W1+dW1；B1 = B1 + dB1；
W2 = W2+ dW2；B2 = B2+ dB2；

4）再次计算权值修正后误差平方和：

SSE = sumsqr(T - purelin(W2*tansig(W1*P，B1)，B2))；

5）检查 SSE 是否小于 err_goal；若是，训练结束，否则继续。

以上就是 BP 网络在 MATLAB 中的训练过程。可以看出其程序是相当简单明了的。即使如此，以上所有的学习规则与训练的全过程，仍然可以用函数 trainbp.m 来完成。它的使用同样只需要定义有关参数：显示间隔次数、最大循环次数、目标误差，以及学习速率，而调用后返回训练后权值、循环总数和最终误差：

TP = [disp_fqre max_epocherr_goal lr]；
[W，B，epochs，errors] = trainbp (W，B，'F'，P，T，TP)；

函数右端的 F 为网络的激活函数名称。

当网络为两层时，可从第一层开始，顺序写出每一层的权值初始值，激活函数名，最后加上输入、目标输出以及 TP，即

[W1，B1，W2，B2，W3，B3，epochs，errors]= trainbp(W1，B1，'F1'，W2，B2，'F2'，W3，B3，'F3'，P，T，TP)；

神经网络工具箱中提供了两层和三层的 BP 训练程序，其函数名是相同的，都是 trainbp.m，用户可以根据层数来选取不同的参数。

12.4 BP 网络算法实例——利用 BP 神经网络对非线性系统建模

12.4.1 背景

在工程应用中经常会遇到一些复杂的非线性系统，这些系统状态方程复杂，难以用数学

方法准确建模。在这种情况下,可以建立 BP 神经网络表达这些非线性系统。该方法把未知系统看成是一个黑箱,首先用系统输入输出数据训练 BP 神经网络,使网络能够表达该未知函数,然后就可以用训练好的 BP 神经网络预测系统输出。

本节拟合的非线性函数为

$$y = x_1^2 + x_2^2$$

该函数的图形如图 12-14 所示。

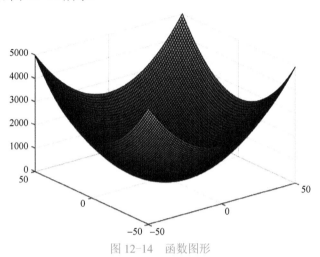

图 12-14　函数图形

12.4.2　BP 神经网络构建

基于 BP 神经网络的非线性函数拟合算法流程可以分为 BP 神经网络构建、BP 神经网络训练和 BP 神经网络预测三步,如图 12-15 所示。

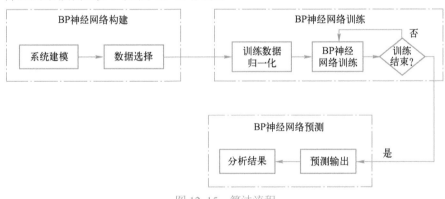

图 12-15　算法流程

首先根据拟合非线性函数特点确定 BP 神经网络结构,该非线性函数有 2 个输入参数、1 个输出参数。其中,输入向量维数=输入层节点数,输出向量维数=输出层节点数。

隐含层的节点个数可以用以下 3 个式子进行估算取值:

$$\begin{cases} m = \sqrt{n+1} + \alpha \\ m = \log_2 n \\ m = \sqrt{nl} \end{cases} \tag{12-12}$$

式中，m 为隐含层节点数；n 为输入层节点数；l 为输出层节点数；α 为 1~10 之间的常数。

隐含层节点数的值不确定，一般情况下可以多试几个值，然后选择效果比较好的来使用。

我们采用 BP 神经网络的结构为 2-5-1，即输入层有 2 个节点，隐含层有 5 个节点，输出层有 1 个节点。

MATLAB 软件中包含 MATLAB 神经网络工具箱。它是以人工神经网络理论为基础，用 MATLAB 语言构造出了该理论所涉及的公式运算、矩阵操作和方程求解等大部分子程序以用于神经网络的设计和训练。用户只需根据自己的需要调用相关的子程序，即可以完成包括网络结构设计、权值初始化、网络训练及结果输出等在内的一系列工作，免除编写复杂庞大程序的困扰。目前，MATLAB 神经网络工具箱包括的网络有感知器、线性网络、BP 神经网络、径向基网络、自组织网络和回归网络等。BP 神经网络主要用到 newff、sim 和 train 3 个神经网络函数，各函数解释如下。

1. newff:BP 神经网络参数设置函数

函数功能：构建一个 BP 神经网络。

函数形式：net = newff(P,T,S,TF,BTF,BLF,PF,IPF,OPF,DDF)

P：输入数据矩阵。

T：输出数据矩阵。

S：隐含层节点数。

TF：节点传递函数，包括硬限幅传递函数 hardlim、对称硬限幅传递函数 hardlims、线性传递函数 purelin、正切 S 形传递函数 tansig、对数 S 形传递函数 logsig。

BTF：训练函数，包括梯度下降 BP 算法训练函数 traingd、动量反传的梯度下降 BP 算法训练函数 traingdm、动态自适应学习率的梯度下降 BP 算法训练函数 traingda、动量反传和动态自适应学习率的梯度下降 BP 算法训练函数 traingdx、Levenberg_Marquardt 的 BP 算法训练函数 trainlm。

BLF：网络学习函数，包括 BP 学习规则 learngd、带动量项的 BP 学习规则 learngdm。

PF：性能分析函数，包括均值绝对误差性能分析函数 mae、均方差性能分析函数 mse。

IPF：输入处理函数。

OPF：输出处理函数。

DDF：验证数据划分函数。

一般在使用过程中设置前面 6 个参数，后面 4 个参数采用系统默认参数。

2. train:BP 神经网络训练函数

函数功能：用训练数据训练 BP 神经网络。

函数形式：[net,tr] = train(NET,X,T,Pi,Ai)

NET：待训练网络。

X：输入数据矩阵。

T：输出数据矩阵。

Pi：初始化输入层条件。

Ai：初始化输出层条件。

net：训练好的网络。

tr：训练过程记录。

一般在使用过程中只设置前面 3 个参数，后面 2 个参数采用系统默认参数。

3．sim:BP 神经网络预测函数

函数功能：用训练好的 BP 神经网络预测函数输出。

函数形式：y=sim(net,x,y)

net：训练好的网络。

x：输入数据。

y：网络预测数据。

12.4.3　数据选择和归一化

根据非线性函数方程随机得到该函数的 2000 组输入输出数据，将数据存储在 data.Mat 文件中，input 是函数输入数据，output 是函数输出数据。从输入输出数据中随机选取 1900 组数据作为网络训练数据，100 组数据作为网络测试数据，并对训练数据进行归一化处理。代码如下：

```
%%% 清空环境变量
clear

%%% 训练数据预测数据提取及归一化
%下载输入输出数据
load data input output

%1～2000 间随机排序
k=rand(1,2000);
[m,n]=sort(k);

%找出训练数据和预测数据
input_train=input(n(1:1900),:)';
output_train=output(n(1:1900));
input_test=input(n(1901:2000),:)';
output_test=output(n(1901:2000));

%训练样本输入输出数据归一化
[inputn,inputps]=mapminmax(input_train);
[outputn,outputps]=mapminmax(output_train);
```

12.4.4　BP 神经网络训练

用训练数据训练 BP 神经网络，使网络对非线性函数输出具有预测能力。代码如下：

```
%%初始化网络结构
net=newff(inputn,outputn,5);

net.trainParam.epochs=100;
net.trainParam.lr=0.1;
net.trainParam.goal=0.00004;
```

```
%网络训练
net=train(net,inputn,outputn);
```

12.4.5 BP 神经网络预测

用训练好的 BP 神经网络预测非线性函数输出，并通过 BP 神经网络预测输出和期望输出分析 BP 神经网络的拟合能力。代码如下：

```
%预测数据归一化
inputn_test=mapminmax('apply',input_test,inputps);

%BP 网络预测输出
an=sim(net,inputn_test);

%网络输出反归一化
BPoutput=mapminmax('reverse',an,outputps);

%% 结果分析

figure(1)
plot(BPoutput,':og')
hold on
plot(output_test,'-*');
legend('预测输出','期望输出')
title('BP 网络预测输出','fontsize',12)
ylabel('函数输出','fontsize',12)
xlabel('样本','fontsize',12)
%预测误差
error=BPoutput-output_test;


figure(2)
plot(error,'-*')
title('BP 网络预测误差','fontsize',12)
ylabel('误差','fontsize',12)
xlabel('样本','fontsize',12)

%其中 data 数据的采集可以用
for i=1:2000
    input(i,:)=100*rand(1,2)-5;
    output(i)=input(i,1)^2+input(i,2)^2;
end
```

12.4.6 结果分析

从图 12-16 可以看出，虽然 BP 神经网络具有较高的拟合能力，但是网络预测结果仍有一定误差，某些样本点的预测误差较大。

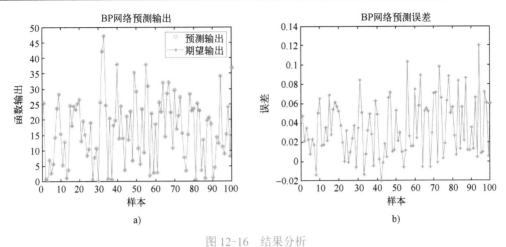

图 12-16　结果分析

a) BP 神经网络预测　b) BP 神经网络预测误差

12.5　卷积神经网络（CNN）

12.5.1　CNN 概述

卷积神经网络是一种特殊的深层的神经网络模型，它的特殊性体现在两个方面，一方面它的神经元间的连接是非全连接的，另一方面同一层中某些神经元之间的连接的权重是共享的（即相同的）。它的非全连接和权值共享的网络结构使之更类似于生物神经网络，降低了网络模型的复杂度（对于很难学习的深层结构来说，这是非常重要的），减少了权值的数量。

回想一下 BP 神经网络。BP 网络每一层节点是一个线性的一维排列状态，层与层的网络节点之间是全连接的。这样设想一下，如果 BP 网络中层与层之间的节点连接不再是全连接，而是局部连接的。这样，就产生了一种最简单的一维卷积网络。

12.5.2　CNN 的层级结构

1. 输入层

输入层用于数据的输入。该层要做的主要是对原始图像数据进行预处理，其中包括：去均值、归一化、主成分分析（PCA）、白化，如图 12-17 所示。

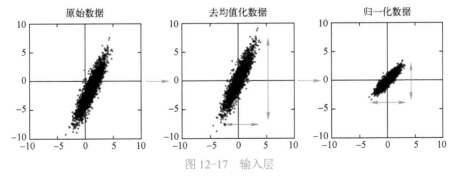

图 12-17　输入层

PCA 是指通过抛弃携带信息量较少的维度，保留主要的特征信息来对数据进行降维处理，思路上是使用少数几个有代表性、互不相关的特征来代替原先的大量的、存在一定相关性的特征，从而加速机器学习进程。PCA 可用于特征提取、数据压缩、去噪声、降维等操作。

白化的目的是去掉数据之间的相关联度和令方差均一化，由于图像中相邻像素之间具有很强的相关性，所以用于训练时很多输入是冗余的。这时候去相关的操作就可以采用白化操作，从而使得：

1）降低特征之间的相关性。

2）使特征具有相同的方差。

2. 卷积层

卷积层使用卷积核进行特征提取和特征映射。在卷积层中定义一个权值矩阵，用于提取来自输入层图像中的特征。

下面了解输出尺寸的问题。有 3 个参数可以控制输出的大小。

1）过滤器数量：激活图的深度等于过滤器的数量。

2）步幅（Stride）：如果步幅是 1，那么用户处理图片的精细度就进入单像素级别了。更高的步幅意味着同时处理更多的像素，从而产生较小的输出量。

3）零填充（Zero Padding）：这有助于用户保留输入图像的尺寸。如果添加了单零填充，则单步幅过滤器的运动会保持在原图尺寸。

我们可以用一个公式来计算输出尺寸。输出图像的空间尺寸可以计算为（[W-F+2P]/S）+1。在这里，W 是输入尺寸，F 是过滤器的尺寸，P 是填充数量，S 是步幅数字。假如我们有一张 32×32×3 的输入图像，我们使用 10 个尺寸为 3×3×3 的过滤器，单步幅和零填充，那么 W=32，F=3，P=0，S=1。输出深度等于应用的滤波器的数量，即 10，输出尺寸大小为（[32-3+0]/1）+1=30。因此输出尺寸是 30×30×10。

3. 池化层

池化层也叫下采样层，主要工作是进行下采样，对特征图稀疏处理，减少数据运算量。该层的功能是对输入的特征图进行压缩，简化网络计算复杂度，结构如图 12-18 所示。

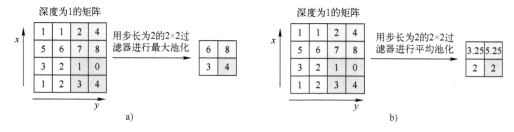

图 12-18　池化层

a) 最大池化　b) 平均池化

一般有两种计算方式：①最大池化（Max pooling）：取"池化视野"矩阵中的最大值；②平均池化（Average pooling）：取"池化视野"矩阵中的平均值。

4. 激励层

由于卷积也是一种线性运算，因此需要增加非线性映射。激励层主要对卷积层的输出进行一个非线性映射，结构如图 12-19 所示。因为卷积层的计算还是一种线性计算。使用的激励

函数一般为 ReLU 函数，数学表达式为

$$f(x)=\max(x,0)$$

5. 全连接层

通常在 CNN 的尾部进行重新拟合，减少特征信息的损失。全连接层的参数很多。前向计算过程是一个线性的加权求和的过程，全连接层的每一个输出都可以看成上一层的每一个节点乘以一个权重系数，最后加上一个偏置值得到，结构如图 12-20 所示。

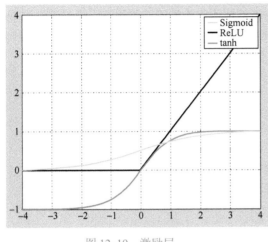
图 12-19　激励层

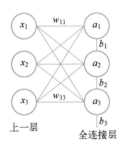
图 12-20　全连接层

由图 12-20 可知

$$
\begin{cases}
a_1 = w_{11}x_1 + w_{12}x_2 + w_{13}x_3 + b_1 \\
a_2 = w_{21}x_1 + w_{22}x_2 + w_{23}x_3 + b_2 \\
a_3 = w_{31}x_1 + w_{32}x_2 + w_{33}x_3 + b_3
\end{cases}
$$

式中，x_1、x_2、x_3 为全连接层的输入；a_1、a_2、a_3 为输出；w_{ij} 为权重系数（i,j=1,2,3）；b_1、b_2、b_3 为偏置。

12.5.3　卷积神经网络工作流程

图 12-21 表示了一般卷积神经网络的工作流程，包括了输入层、卷积层、池化层、激励层、全连接层。

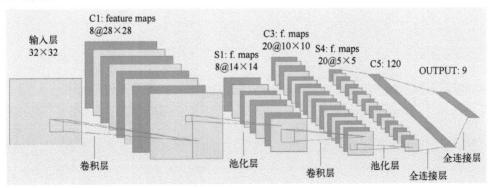
图 12-21　卷积神经网络工作流程

另外，卷积神经网络包括一维卷积神经网络、二维卷积神经网络以及三维卷积神经网络：一维卷积神经网络常应用于序列类的数据处理；二维卷积神经网络常应用于图像类文本的识别；三维卷积神经网络主要应用于医学图像以及视频类数据识别。

本章小结

本章介绍了人工神经网络与卷积神经网络的工作原理工作过程，介绍了人工神经院的结构和工作过程，然后给出了一个较为典型案例，便于读者理解人工神经网络。卷积神经网络在本章中给出了层级结构和工作流程，具体应用详见第 14 章的案例 6。

习题

12.1　人工神经元有哪些优点？

12.2　简述人工神经网络的工作过程。

12.3　用 MATLAB 写出计算由图 12-8 所示三层神经网络的每层输出表达式。

已知：
$$P = \begin{bmatrix} 0.5 & 0.2 \\ 0.1 & -0.3 \end{bmatrix}$$

$$S1=2; \quad S2=3; \quad S3=5;$$

S1 为{-1，1}二值型函数；S2 为对数 S 形函数；S3 为线性函数。

12.4　利用所学的 BP 神经网络对一个感兴趣的非线性函数进行建模。

12.5　卷积网络的层级结构包括哪些？每层的作用有哪些？

第13章 支持向量机的机器视觉应用

13.1 引言

支持向量机（Support Vector Machine，SVM）是在统计学习理论的基础上发展起来的新一代学习算法，它在文本分类、手写识别、图像分类、生物信息学等领域中获得较好的应用。相比于容易过渡拟合训练样本的人工神经网络，支持向量机对于未见过的测试样本具有更好的推广能力。

人脸识别技术是当今比较前沿的技术，我国的相关企业在该领域中取得了较大的成就，并且已经在民生领域中得到应用。2022 年 3 月 8 日，北京国贸至廊坊北三县"定制快巴"已完成开通前各项准备工作，将择时开通，服务跨区域通勤族。其"定制快巴"包含智慧元素，智慧安检就是亮点之一。按照"远端检查、快速进京"的原则，"京津冀定制快巴"平台与公安机关进京安检系统实现连通，乘客在"定制快巴"平台上的购票信息、乘车时人脸识别信息可实时传输到公安进京安检系统进行远端核验，到达检查站时不再需要乘客逐个下车核验身份，大大降低了传染风险。

相对的是，保证人脸识别技术的信息不被不法分子盗用也是刻不容缓的，有专家表示应结合指纹、口令等方式来进行综合识别。

13.2 支持向量机的分类思想

传统模式识别技术只考虑分类器对训练样本的拟合情况，以最小化训练集上的分类错误为目标，通过为训练过程提供充足的训练样本来试图提高分类器在未见过的测试集上的识别率。然而，对于少量的训练样本集合来说，我们不能保证分类器也能够很好地分类测试样本。在缺乏代表性的小训练集情况下，一味地降低训练集上的分类错误就会导致过渡拟合。

支持向量机以结构化风险最小化为原则，即兼顾训练误差（经验风险）与测试误差（期望风险）的最小化，具体体现在分类模型的选择和模型参数的选择上。

13.2.1 基于阈值的图像分割

要分类如图 13-1a 中所示的两类样本，我们看到图中的曲线可以将图 13-1a 中的训练样本全部分类正确，而直线则会错分两个训练样本；然而，对于图 13-1b 中的大量测试样本，简单的直线模型却取得了更好的识别结果。应该选择什么样的分类模型呢？

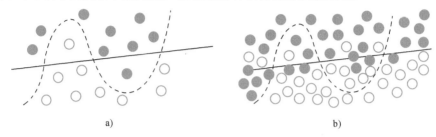

图 13-1　分类模型的选择

a) 训练样本上的两种分类模型　b) 大量测试样本上的两种分类模型

图 13-1 中复杂的曲线模型过渡拟合了训练样本，因而在分类测试样本时效果并不理想。一般情况下，SVM 更偏爱解释数据的简单模型——二维空间中的直线、三维空间中的平面和更高维空间中的超平面。

13.2.2　模型参数的选择

如图 13-2 所示，二维空间中的两类样本，可以采用图 13-2a 中的任意直线将它们分开。但哪条直线才是最优的选择？

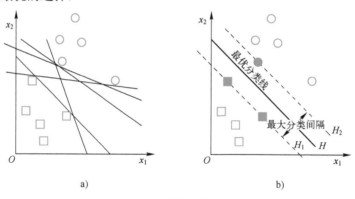

图 13-2　分割二维空间

a) 任意分割　b) 最优分类线

直观上，距离训练样本太近的分类线对噪声比较敏感，且对训练样本之外的数据不太可能归纳得很好；而远离所有训练样本的分类线将可能具有较好的归纳能力。设 H 为分类线，H_1、H_2 分别为各类中离分类线最近的样本且平行于分类线的直线，则 H_1 与 H_2 之间的距离称为分类间隔（又称为余地）。所谓最优分类线就是要求分类线不但能将两类正确分开（训练错误率为 0），而且使分类间隔最大，如图 13-2b 所示。分类线的方程为 $w'x+b=0$。

图 13-2b 只是在二维情况下的特例——最优分类线，在三维空间中则是具有最大间隔的平面，更为一般的情况是最优分类超平面。实际上，SVM 正是从线性可分情况下的最优分类超平面发展而来的，其主要思想就是寻找能够成功分开两类样本并且具有最大分类间隔的最优分类超平面。

寻找最优分类超平面的算法最终将转化成为一个二次型寻优问题，从理论上说，得到的将是全局最优点，解决了在神经网络方法中无法避免的局部极值问题。

13.3　支持向量机的理论基础

本节主要介绍 SVM 的理论基础和实现原理，将分别阐述线性可分、非线性可分以及需要核函数映射这 3 种情况下的 SVM。最后还将学习如何将 SVM 推广至多类问题。

13.3.1　线性可分情况下的 SVM

如果用一个线性函数（如二维空间中的直线、三维空间中的平面以及更高维数空间中的超平面）可以将两类样本完全分开，就称这些样本是线性可分（Linearly Separable）的。反之，如果找不到一个线性函数能够将两类样本分开，则称这些样本是非线性可分的。

一个简单的线性可分与非线性可分的例子如图 13-3 所示。

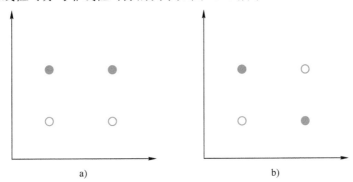

图 13-3　线性可分与非线性可分

a) 线性可分的两类样本　b) 非线性可分的两类样本

已知一个线性可分的数据集 $\{(x_1,y_1),(x_2,y_2),\cdots,(x_N,y_N)\}$，样本特征向量 $x \in \mathbf{R}^D$，即 x 是 D 维实数空间中的向量；类标签 $y \in \{-1,+1\}$，即只有两类样本，此时通常称类标签为+1 的样本为正例，称类标签为-1 的样本为反例。

现在要对这两类样本进行分类。我们的目标就是寻找最优分类超平面，即根据训练样本确定最大分类间隔的分割超平面，设最优超平面方程为 $w^T x + b = 0$，根据点到平面的距离公式：样本 x 与最优分类超平面(w,b)之间的距离为 $\dfrac{|w^T x + b|}{\|w\|}$，通过等比例地缩放权矢量 w 和偏差项 b，最优分类超平面存在着许多解，因此我们对超平面进行规范化，选择距超平面最近的样本 x_k 满足 $|w^T x + b| = 1$ 的 w 和 b，即得到规范化超平面。

此时从最近样本到边缘的距离为

$$\frac{|w^T x + b|}{\|w\|} = \frac{1}{\|w\|} \tag{13-1}$$

且分类间隔（余地）变为

$$m = \frac{2}{\|w\|} \tag{13-2}$$

最佳分类超平面的分类间隔如图 13-4 所示。

至此，问题逐渐明朗化，我们的目标是寻找使得式（13-2）最大化的法向量 w，之后将 w 代入关系式 $|w^T x + b| = 1$，即可得到 b。

最大化式（13-2）等价于最小化

$$J(w) = \frac{1}{2} \| w \|^2 \qquad (13\text{-}3)$$

除此之外，还有以下的约束条件：

$$y_2^1(w^T x_i + b) \geqslant 1, \forall i \in \{1, 2, \cdots, N\} \qquad (13\text{-}4)$$

这是因为距离超平面最近的样本点满足 $|w^T x + b| = 1$，而其他样本点 x_i 距离超平面的距离 $d(x_i)$ 要大于或等于 $d(x_k)$，因此有

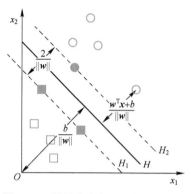

图 13-4　最佳分类超平面的分类间隔

$$|w^T x_i + b| \geqslant 1 \qquad (13\text{-}5)$$

具体地说，我们设定正例所在的一侧超平面的正方向，则对于正例（对应类标签 y_i=+1 的样本 x_i）有

$$(w^T x_i + b) \geqslant 1 \qquad (13\text{-}6)$$

而对于反例（对应类标签 y_i=-1 的样本 x_i）有

$$(w^T x_i + b) \leqslant 1 \qquad (13\text{-}7)$$

在式（13-6）和式（13-7）的两端分别乘以对应 x_i 的类标签 y_i，由于它们的 y_i 分别为+1 和 -1，因此得到式（13-4）中统一形式的表达式。

注意到式（13-3）中的目标函数 $J(w)$ 是二次函数，意味着只存在一个全局最小值，因此我们不必再像在神经网络的优化过程中那样担心搜索陷入局部极小值。现在要做的就是在式（13-4）的约束条件下找到能够最小化式（13-3）的超平面方向量 w。这是一个典型的条件极值问题，可以使用在高等数学中学习过的拉格朗日乘数法求解。

通过对式（13-4）中的每一个约束条件乘上一个拉格朗日乘数 α_i，然后代入式（13-3）中，可将此条件极值问题转化为下面的不受约束的优化问题，即关于 w, b 和 $\alpha_i (i = 1, 2, \cdots, N)$ 来最小化 L。

$$L(w, b, d) = \frac{1}{2} \| w \|^2 = \sum_{i=1}^{N} \alpha_i [y_i (w^T x_i + b) - 1], \alpha_i \geqslant 0 \qquad (13\text{-}8)$$

求 L 对 w 和 b 的偏导数，并令其等于零，有

$$\frac{\partial L(w, b, d)}{\partial w} = 0 \Rightarrow \sum_{i=1}^{N} \alpha_i y_i x_i \qquad (13\text{-}9)$$

$$\frac{\partial L(w, b, d)}{\partial b} = 0 \Rightarrow \sum_{i=1}^{N} \alpha_i y_i = 0 \qquad (13\text{-}10)$$

展开式（13-8），得

$$L(w, b, d) = \frac{1}{2} w^T w = \sum_{i=1}^{N} \alpha_i y_i w^T x_i - b \sum_{i=1}^{N} \alpha_i y_i + \sum_{i=1}^{N} \alpha_i \qquad (13\text{-}11)$$

再将式（13-9）和式（13-10）代入式（13-11），得

$$L(\boldsymbol{w}, b, d) = \frac{1}{2}\boldsymbol{w}^{\mathrm{T}}\boldsymbol{w} = \left(\sum_{i=1}^{N}\alpha_i y_i \boldsymbol{x}_i\right) - \boldsymbol{w}^{\mathrm{T}}\sum_{i=1}^{N}\alpha_i y_i \boldsymbol{x}_i - 0 + \sum_{i=1}^{N}\alpha_i$$

$$= -\frac{1}{2}\left(\sum_{i=1}^{N}\alpha_i y_i \boldsymbol{w}^{\mathrm{T}}\boldsymbol{x}_i\right) + \sum_{i=1}^{N}\alpha_i$$

$$= \frac{1}{2}\sum_{i=1}^{N}\alpha_i y_i \left(\sum_{i=1}^{N}\alpha_i y_i \boldsymbol{x}_i\right)^{\mathrm{T}}\boldsymbol{x}_i + \sum_{i=1}^{N}\alpha_i$$

$$= \frac{1}{2}\sum_{i=1}^{N}\sum_{j=1}^{N}\alpha_i \alpha_j y_i y_j \boldsymbol{x}_i^{\mathrm{T}}\boldsymbol{x}_j + \sum_{i=1}^{N}\alpha_i \tag{13-12}$$

式（13-12）与 $\boldsymbol{w}$、b 无关，仅为 α_i 的函数，记为

$$L(\alpha) = -\frac{1}{2}\sum_{i=1}^{N}\sum_{j=1}^{N}\alpha_i \alpha_j y_i y_j \boldsymbol{x}_i^{\mathrm{T}}\boldsymbol{x}_j + \sum_{i=1}^{N}\alpha_i \tag{13-13}$$

此时的约束条件为

$$\alpha_i \geqslant 0 \ \text{并且} \ \sum_{j=1}^{N}\alpha_i y_i = 0 \tag{13-14}$$

这是一个拉格朗日对偶问题，而该对偶问题是关于 α 的凸二次规划问题，可借助一些标准的优化技术求解。

在解得 α 之后，最大余地分割超平面的参数 $\boldsymbol{w}$ 和 b 便可由对偶问题的解 α 来确定：

$$\boldsymbol{w} = \sum_{j=1}^{N}\alpha_i y_i \boldsymbol{x}_i \tag{13-15}$$

在样本线性可分的情况下，由于有关式 $|\boldsymbol{w}^{\mathrm{T}}\boldsymbol{x}_i + b| = 1$，其中 $\boldsymbol{x}_i$ 是任意一个距离最有分类超平面最近的向量，即可使 $|\boldsymbol{w}^{\mathrm{T}}\boldsymbol{x}_i + b|$ 取到最小值的 $\boldsymbol{x}_i$ 之一，故可由 $|\boldsymbol{w}^{\mathrm{T}}\boldsymbol{x}_i + b| = 1$ 求出

$$b = 1 - \min_{y_i = +1}(\boldsymbol{w} \cdot \boldsymbol{x}_i) \ \text{或} \ b = -1 - \max_{y_i = -1}(\boldsymbol{w} \cdot \boldsymbol{x}_i)$$

更一般的情况下，由于两类样本中与分割超平面（$\boldsymbol{w}$，b）的最近距离不再一定是 1 且可能不同，因而 b 为

$$b = -\frac{1}{2}\left(\min_{y_i = +1}(\boldsymbol{w} \cdot \boldsymbol{x}_i) + \max_{y_i = -1}(\boldsymbol{w} \cdot \boldsymbol{x}_i)\right) \tag{13-16}$$

式（13-16）包含了线性可分时的情况。

根据优化解的性质，解 α 必须满足

$$\alpha_i[y_i(\boldsymbol{w}^{\mathrm{T}}\boldsymbol{x}_i + b) - 1] = 0, \forall i = 1, 2, \cdots, N \tag{13-17}$$

因此对于每个样本，必满足 $\alpha_i = 0$ 或 $y_i(\boldsymbol{w}^{\mathrm{T}}\boldsymbol{x}_i + b) - 1 = 0$，从而对那些满足 $y_i(\boldsymbol{w}^{\mathrm{T}}\boldsymbol{x}_i + b) - 1 \neq 0$ 的样本 $\boldsymbol{x}_i$ 对应的 α_i，必有 $\alpha_i = 0$；而只有那些满足 $y_i(\boldsymbol{w}^{\mathrm{T}}\boldsymbol{x}_i + b) - 1 = 0$ 的样本 $\boldsymbol{x}_i$ 对应的 α_i，才能有 $\alpha_i > 0$。这样，$\alpha_i > 0$ 只对应那些最接近超平面（$y_i(\boldsymbol{w}^{\mathrm{T}}\boldsymbol{x}_i + b) - 1 = 0$）的点 $\boldsymbol{x}_i$，这些点被称为支持向量，如图 13-5 所示。

求出上述各个系数 α、$\boldsymbol{w}$、b 对应的最优解 α^*、$\boldsymbol{w}^*$、b^* 后，得到如下的最优分类函数：

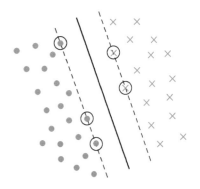

图 13-5　支持向量

注：两类样本的支持向量分别用"○"圈出。

$$h(x) = \text{sgn}((\boldsymbol{w}^* \cdot \boldsymbol{x}) + b^*) = \text{sgn}\left(\sum_{j=1}^{N} \alpha_i^* y_i (\boldsymbol{x}_i \cdot \boldsymbol{x}) + b^*\right) \tag{13-18}$$

这里向量 $\boldsymbol{x}$ 是待分类的测试样本，向量 $\boldsymbol{x}_i$ ($i=1,2,\cdots,N$) 是全部 N 个训练样本。注意在式（13-18）中测试样本 $\boldsymbol{x}$ 与训练样本 $\boldsymbol{x}_i$ 也是以点积的形式出现。

13.3.2 非线性可分情况下的 C-SVM

1. 约束条件

为处理样本非线性可分的情况，我们放宽约束，引入松弛变量 $\varepsilon_i > 0$，此时约束条件为

$$y_i(\boldsymbol{w} \cdot \boldsymbol{x}_i + b) \geqslant 1 - \varepsilon_i, \varepsilon_i \geqslant 0, i = 1, 2, \cdots, N \tag{13-19}$$

即

$$\begin{cases} \boldsymbol{w} \cdot \boldsymbol{x}_i + b \geqslant 1 - \varepsilon_i, y_i = +1(\boldsymbol{x}_i \text{为正例}) \\ \boldsymbol{w} \cdot \boldsymbol{x}_i + b \leqslant -1 + \varepsilon_i, y_i = -1(\boldsymbol{x}_i \text{为反例}) \end{cases}$$

图 13-6 可帮助我们理解 ε_i 的意义，具体可分为以下 3 种情况来考虑。

1）$\varepsilon_i = 0$。约束条件退化为线性可分时的情况——$y_i(\boldsymbol{x}_i^{\text{T}} \boldsymbol{x} + b) \geqslant 1$，这对应于分类间隔（余地）以外且被正确分类的那些样本，即图中左侧虚线以左（包括在左侧虚线上）的所有"•"形样本点以及位于右侧虚线以右的（包括在右侧虚线上）的所有"×"形样本点。

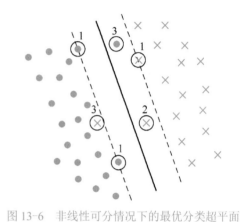

图 13-6 非线性可分情况下的最优分类超平面

1—分类间隔支持向量，对应于 ε_i=0
2—非分类间隔支持向量（分类间隔中），对应于 0<ε_i<1；
3—非分类间隔支持向量，对应于 ε_i>1
注：两类样本的支持向量分别用"○"圈出。

2）$0 < \varepsilon_i < 1$。$y_i(\boldsymbol{x}_i^{\text{T}} \boldsymbol{x} + b)$ 是一个 0~1 之间的数，小于 1 意味着我们对于约束条件放宽到允许样本落在分类间隔之内，大于 0 则说明样本仍可被分类超平面正确分类，对应于图中标号为 2 的样本。

3）$\varepsilon_i > 1$。$y_i(\boldsymbol{x}_i^{\text{T}} \boldsymbol{x} + b) < 0$，此时约束条件已放宽到可以允许有分类错误的样本，如图中的第 3 类样本。具体地说，图中标号为 3 的"•"形样本满足 $1 < \varepsilon_i \leqslant 2$，而标号为 3 的"×"形样本满足 $\varepsilon_i > 2$。

图 13-6 中，标号为"1、2、3"的均为在线性不可分情况下的支持向量。由于在这种情况下允许样本落入分类间隔之内，我们常把这个分类间隔称为软间隔。

2. 目标函数

利用一个附加错误代价系数 C 后，目标函数变为

$$f(\boldsymbol{w}, b, \varepsilon) = \frac{1}{2} \| \boldsymbol{w}^2 \| + C \sum_{i=1}^{N} \varepsilon_i \tag{13-20}$$

我们的目标是在式（13-19）的约束下，最小化目标函数式（13-20）。最小化目标函数的第 1 项也就等同于最大化分类间隔，这在介绍线性可分情况时已经阐述过了，而目标函数的第 2 项是分类造成的错误代价，只有对应于 $\varepsilon_i > 0$ 的那些"错误"样本才会产生代价（这里所说的"错误"并不仅仅指被错误分类的标号为 3 的样本，也包括那些空白间隔之内的标号为 2 的样本）。事实上，最小化此目标函数体现了最大分类间隔（最小化式（13-20）中的第 1 项）

与最小化训练错误（最小化式（13-20）中的第 2 项）之间的权衡。

直观上，我们自然希望"错误"样本越少越好，然而不要忘记这里的错误是训练错误。如果一味追求最小化训练错误，则代价可能是导致得到一个小余地的超平面，这无疑会影响分类器的推广能力，在对测试样本分类时就很难得到满意的结果，这也属于一种过渡拟合。通过调整错误代价系数 C 的值可以实现两者之间的平衡，找到一个最佳的 C 值使得分类超平面兼顾训练错误和推广能力。

不同的 C 值对于分类的影响如图 13-7 所示。图 13-7a 中的情况对应一个相对较大的 C 值，此时每错分一个样本 $i(\varepsilon_i > 0)$ 都会使式（13-20）中的第 2 项增大很多，第 2 项成为影响式（13-20）的主要因素，因此最小化式（13-20）的结果是尽可能少地错分训练样本以使得第 2 项尽可能小，为此可以适当牺牲第 1 项（使第 1 项大一些，即使分类间隔小一些），于是导致了图 13-7a 中一个较小间隔但没有错分训练样本的分类超平面；图 13-7b 展示了将图 13-7a 中得到的分类超平面应用于测试样本的效果，可以看出，由于分类超平面间隔较小，分类器的推广能力不强，对于测试样本的分类不够理想。

如果在训练过程中选择一个适当小一些的 C 值，此时最小化式（13-20）将兼顾训练错误与分类间隔。如图 13-7c 所示，虽然有一个训练样本被错分，但得到了一个较大分类间隔的超平面；图 13-7d 展示了将图 13-7c 中得到的分类超平面应用于测试数据时的情形，我们看到由于分类间隔较大，分类器具有良好的推广能力，从而很好地分类了测试样本。

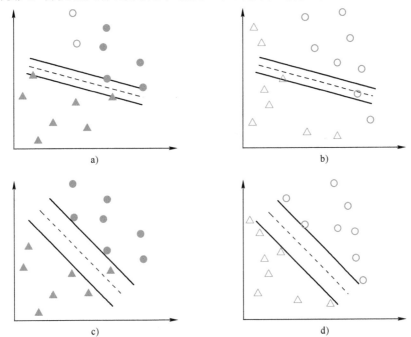

图 13-7 错误代价系数 C 的不同取值对于分类器性能的影响

a) C 的取值过大导致过渡拟合训练样本的小余地分类超平面 b) 将 a)中过渡拟合的分类器应用于测试样本
c) 取值合适的 C，允许适当地错分训练样本从而得到较大余地的分类超平面 d) 将 c)的较大余地分类器应用于测试样本

由此可知，选择合适的错误代价系数 C 的重要性，在 13.4.3 节关于 SVM 综合案例的讨论中将提供一种切实可行的方法来选择 C 的取值。而正因为在这种处理非线性可分问题的方法中引入了错误代价系数 C，这种支持向量机常被称为 C-SVM。

3. 优化求解

类似于线性可分情况下的推导，最终得到下面的对偶问题。

在如下的约束条件下：

$$\sum_{i=1}^{N} \alpha_i y_i = 0, 0 \leqslant \alpha_i \leqslant C, i = 1, 2, \cdots, N \qquad (13\text{-}21)$$

最大化目标函数

$$L(\alpha) = \sum_{i=1}^{N} \alpha_i - \frac{1}{2} \sum_{i=1}^{N} \sum_{j=1}^{N} \alpha_i \alpha_j y_i y_j (\boldsymbol{x}_i \cdot \boldsymbol{x}_j) \qquad (13\text{-}22)$$

同样，在利用二次规划技术解得最优的 α 值 α^* 之后，可以计算出 $\boldsymbol{w}^*$ 和 b^* 的值，最终的决策函数与式（13-18）相同。

13.3.3　需要核函数映射情况下的 SVM

线性分类器的分类性能毕竟有限，而对于非线性问题一味放宽约束条件只能导致大量样本的错分，这时可以通过非线性变换将其转化为某个高维空间中的线性问题，在变换空间求得最佳分类超平面。

1. 非线性映射

如图 13-8 所示，图 13-8a 中给出了在 n 维空间中非线性可分的两类样本（限于图的表现能力，只画出了二维），通过一个非线性映射 $\psi: \mathbf{R}^n \to \mathbf{R}^D$ 将样本映射到更高维的特征空间 $\mathbf{R}^D$（限于图的表现能力，只画出了二维），映射后的样本 $\psi(\boldsymbol{x}_i)(i = 1, 2, \cdots, N)$ 在新的特征空间 $\mathbf{R}^D$ 中线性可分，经训练可得到一个图 13-8b 中所示的 D 维分类超平面。而再将此 D 维分类超平面映射回 $\mathbf{R}^n$，该超平面可能就对应于原 n 维中的一条能够完全分开两类样本的超抛物面，如图 13-8c 所示。

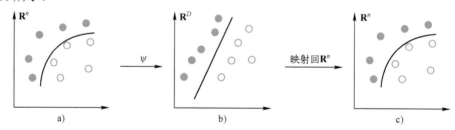

图 13-8　使用非线性映射将已知样本映射到（高维）特征空间 $\mathbf{R}^D$

图 13-8 展示的只是一种比较理想的情况，实际中样本可能在映射到高维空间 $\mathbf{R}^D$ 后仍非线性可分，这时只需在 $\mathbf{R}^D$ 中采用 13.3.2 节介绍的非线性可分情况下的方法训练 SVM。还有一点要说明的是，在分类时我们永远不需要将 $\mathbf{R}^D$ 中的分类超平面再映射回 $\mathbf{R}^n$ 当中，而是应让分类样本 $\boldsymbol{x}$ 呈也经非线性变换 ψ 映射到空间 $\mathbf{R}^D$ 中，然后将 $\psi(\boldsymbol{x})$ 送入 $\mathbf{R}^D$ 中的 SVM 分类器即可。

2. 优化求解

类似于 13.3.1 节中的推导，最终得到了下面的对偶问题。

在如下的约束条件下：

$$\sum_{i=1}^{N} \alpha_i y_i = 0, 0 \leqslant \alpha_i \leqslant C, i = 1, 2, \cdots, N \qquad (13\text{-}23)$$

最大化目标函数

$$L(\alpha) = \sum_{i=1}^{N} \alpha_i - \frac{1}{2} \sum_{i=1}^{N} \sum_{j=1}^{N} \alpha_i \alpha_j y_i y_j (\psi(\boldsymbol{x}_i) \cdot \psi(\boldsymbol{x}_j)) \tag{13-24}$$

此时，因为有 $\boldsymbol{w} = \sum_{i=1}^{N} \alpha_i y_i \psi(\boldsymbol{x}_i)$，故最终的决策（分类）函数为

$$\begin{aligned} h(x) &= \mathrm{sgn}(\boldsymbol{w} \cdot \psi(\boldsymbol{x}) + b) \\ &= \mathrm{sgn}\left(\sum_{i=1}^{N} \alpha_i y_i (\psi(\boldsymbol{x}_i) \cdot \psi(\boldsymbol{x})) + b \right), \boldsymbol{w} \in \mathbf{R}^D, b \in \mathbf{R} \end{aligned} \tag{13-25}$$

同样，由于对非支持向量而言，其 $\alpha_i = 0$，所以式（13-25）可以写成

$$h(x) = \mathrm{sgn}\left(\sum_{i \in SV} \alpha_i^* y_i (\psi(\boldsymbol{x}_i) \cdot \psi(\boldsymbol{x})) + b^* \right) \tag{13-26}$$

式中，SV 表示支持向量（Support Vector）的集合。

3. 核函数

前文成功地利用了非线性映射 ψ 解决了在原二维空间中非线性可分的异或问题，然而这只是一个简单的例子，计算所有样本的非线性映射并在高维空间中计算其点积常常是困难的。幸运的是，在一般情况下我们都不必如此，甚至不需要去关心映射 ψ 的具体形式。注意到在上面的对偶问题中，不论是式（13-24）的寻优目标函数式还是式（13-25）的决策（分类）函数都只涉及样本特征向量之间的点积运算 $\psi(\boldsymbol{x}_i) \cdot \psi(\boldsymbol{x}_j)$。因此，在高维空间实际上只需进行点积运算，而高维数的向量的点积结果也是一个常数，那么能否抛开映射 $\psi(\boldsymbol{x}_i)$ 和 $\psi(\boldsymbol{x}_j)$ 的具体形式而直接根据 $\boldsymbol{x}_i$ 和 $\boldsymbol{x}_j$，在原特征空间中得到 $\psi(\boldsymbol{x}_i) \cdot \psi(\boldsymbol{x}_j)$ 的常数结果呢？答案是肯定的，因为这种点积运算是可以用原特征空间中的核函数实现的。

根据泛函的有关理论，只要一种核函数 $K(\boldsymbol{x}_i, \boldsymbol{x}_j)$ 满足 Mercer 条件，它就对应某一变换空间（$\mathbf{R}^D$）中的内积。

核函数是一个对称函数 K：$\mathbf{R}^n \times \mathbf{R}^D \to \mathbf{R}$，它将两个 $\mathbf{R}^n$ 空间中的 n 维向量映射为一个实数。Mercer 核函数计算高维空间中的点积：

$$K(\boldsymbol{x}_i, \boldsymbol{x}_j) = \psi(\boldsymbol{x}_i) \cdot \psi(\boldsymbol{x}_j)，\quad 其中 \psi: \mathbf{R}^n \to \mathbf{R}^D$$

如果能够在特征空间中发现计算点积的 Mercer 核函数，就可以使用该核函数代替支持向量机中的点积运算，而根本不用去关心非线性映射 ψ 的具体形式，因为在 SVM 训练和分类中的所有相关公式中，ψ 都没有单独出现过，总是以 $\psi(\boldsymbol{x}_i) \cdot \psi(\boldsymbol{x}_j)$ 的形式出现。

因此采用适当的内积核函数 $K(\boldsymbol{x}_i, \boldsymbol{x}_j)$ 就可以实现从低维空间向高维空间的映射，从而实现某一非线性分类变换后的线性分类，而计算复杂度却没有增加。此时，式（13-24）的优化目标函数变为

$$L(\alpha) = \sum_{i=1}^{N} \alpha_i - \frac{1}{2} \sum_{i=1}^{N} \sum_{j=1}^{N} \alpha_i \alpha_j y_i y_j K(\boldsymbol{x}_i \cdot \boldsymbol{x}_j) \tag{13-27}$$

而式（13-26）的决策（分类）函数也变为

$$h(x) = \mathrm{sgn}\left(\sum_{i \in SV} \alpha_i^* y_i K(\boldsymbol{x}_i, \boldsymbol{x}) + b^* \right) \tag{13-28}$$

常用的核函数有如下几种。

线性核函数：

$$K(\boldsymbol{x}, \boldsymbol{y}) = \boldsymbol{x} \cdot \boldsymbol{y} \tag{13-29}$$

多项式核函数：

$$K(\boldsymbol{x}, \boldsymbol{y}) = (\boldsymbol{x} \cdot \boldsymbol{y} + 1)^d, d = 1, 2, \cdots \tag{13-30}$$

径向基核函数：

$$K(\boldsymbol{x}, \boldsymbol{y}) = \exp(-\gamma \parallel \boldsymbol{x} - \boldsymbol{y} \parallel^2) \tag{13-31}$$

Sigmoid 核函数：

$$K(\boldsymbol{x}, \boldsymbol{y}) = \tanh(b(\boldsymbol{x} \cdot \boldsymbol{y}) - c) \tag{13-32}$$

13.3.4 推广到多类问题

在之前的问题描述中读者可能也已经注意到，SVM 是一个二分器，只能用于两类样本的分类。当然如果仅仅如此，SVM 是不可能得到如此广泛的应用。下面就来研究如何将二分SVM 进行推广，使其能够处理多类问题。

有 3 种常用的策略可用于推广 SVM 解决多类问题，下面以一个 4 类问题为例进行说明。

1. 一对多的最大相应策略

假设有 A、B、C、D 4 类样本需要划分。在抽取训练集的时候，分别按照如下 4 种方式划分。

1）A 所对应的样本特征向量作为正集（类标签为+1），B、C、D 所对应的样本特征向量作为负集（类标签为-1）。

2）B 所对应的样本特征向量作为正集，A、C、D 所对应的样本特征向量作为负集。

3）C 所对应的样本特征向量作为正集，A、B、D 所对应的样本特征向量作为负集。

4）D 所对应的样本特征向量作为正集，A、B、C 所对应的样本特征向量作为负集。

对上述 4 个训练集分别进行训练，得到 4 个 SVM 分类器。在测试的时候，把未知类别的测试样本 $\boldsymbol{x}$ 分别送入这 4 个分类器进行判决，最后每个分类器都有 1 个响应，分别为 $f_1(\boldsymbol{x})$、$f_2(\boldsymbol{x})$、$f_3(\boldsymbol{x})$、$f_4(\boldsymbol{x})$，最终的决策结果为 $\max(f_1(\boldsymbol{x})$、$f_2(\boldsymbol{x})$、$f_3(\boldsymbol{x})$、$f_4(\boldsymbol{x}))$，即 4 个响应中的最大者。

注意这里所说的响应是指决策函数 $h(x) = \mathrm{sgn}(\boldsymbol{w} \cdot \psi(\boldsymbol{x}) + b)$ 在符号化之前的输出 $f(\boldsymbol{x}) = \boldsymbol{w} \cdot \psi(\boldsymbol{x}) + n$，$h(x)$ 表示 $\boldsymbol{x}$ 位于分类超平面的哪一侧，只反映了 $\boldsymbol{x}$ 的类别，而 $f(\boldsymbol{x})$ 还能体现出 $\boldsymbol{x}$ 与分类超平面的距离远近（绝对值越大越远），因此它能够反映出样本 $\boldsymbol{x}$ 属于某一类别的置信度。例如，同样位于分类超平面正侧的两个样本，显然更加远离超平面的样本是正例的可信度较大，而紧贴着超平面的样本则很有可能是跨过分割超平面的一个反例。

2. 一对一的投票策略

将 A、B、C、D 4 类样本分两类组成训练集，即(A,B)、(A,C)、(A,D)、(B,C)、(B,D)、(C,D)，得到 6 个（对于 n 类问题，为 $n(n-1)/2$ 个）SVM 二分器。在测试的时候，把测试样本依次送入这 6 个二分器，采取投票形式，最后得到一组结果。投票是以如下方式进行的。

初始化：vote(A)=vote(B)=vote(C)=vote(D)=0。

投票过程：如果使用(A,B)训练的分类器将 $\boldsymbol{x}$ 判定为 A 类，则 vote(A)=vote(A)+1，否则 vote(B)=vote(B)+1；如果使用(A,C)训练的分类器将 $\boldsymbol{x}$ 判定为 A 类，则 vote(A)=vote(A)+1，否

则 vote(C)=vote(C)+1；……；如果使用(C,D)训练的分类器将 x 判定为 C 类，则 vote(C)=vote(C)+1，否则 vote(D)=vote(D)+1。

最终判决：Max(vote(A), vote(B), vote(C), vote(D))，如有两个以上的最大值，则一般可简单地取第一个最大值所对应的类别。

3．一对一的淘汰策略

这是一种专门针对 SVM 提出的一种多类推广策略，实际上它也适用于所有可以提供分类器置信度信息的二分器。该方法同样基于一对一判别策略解决多类问题，对于这类问题，需训练 6 个分类器：(A,B)、(A,C)、(A,D)、(B,C)、(B,D)、(C,D)。

显然，对于这 4 类中的任意一类，如第 A 类中的某一样本，就可由(A,B)、(A,C)、(A,D)这 3 个二分器中的任意一个来识别，即判别函数间存在冗余。于是我们将这些二分器根据其置信度从大到小排序，置信度越大，表示此二分器分类的结果越可靠，反之，则越有可能出现误判。对这 6 个分类器按其置信度由大到小排序并分别编号，假设为 1# (A,C)，2# (A,B)，3#(A,D)，4# (B,D)，5#(C,D)，6# (B,C)。

此时，判别过程如下。

1）设被识别对象为 x，首先由 1#判别函数进行识别。若判别函数 $h(x)$=+1，则结果为类型 A，所有关于类型 C 的判别函数均被淘汰；若判别函数 $h(x)$=−1，则结果为类型 C，所有关于类型 A 的判别函数均被淘汰；若判别函数 $h(x)$=0，为"拒绝决策"的情形，则直接选用 2#判别函数进行识别。假设结果为类型 C，则所剩判别函数为 4# (B,D)、5# (C,D)和 6# (B,C)。

2）被识别对象 x 再由 4#判别函数进行识别。若结果为类型+1，淘汰所有关于 D 类的判别函数，则所剩判别函数为 6#(B,C)。

3）被识别对象 x 再由 6#判别函数进行识别。若得到结果为类型+1，则可判定最终的分类结果为 B。

那么，如何来表示置信度呢？对于 SVM 而言，分类超平面的分类间隔越大，就说明两类样本越容易分开，表明了问题本身较好的可分性。因此可以用各个 SVM 二分器的分类间隔大小作为其置信度。

在上述的一对一淘汰策略中，每经一个判别函数就有某一类别被排除，与该类别有关的判别函数也被淘汰。因此，一般经过$(c-1)$次判别就能得到结果。然而，由于判别函数在决策时有可能会遇到"拒绝决策"的情形（$h(x)$=0），此时，若直接令 $h(x)$为+1 或−1，而把它归于某一类，就可能导致误差。所以不妨利用判别函数之间所存在的冗余进行再决策，以减少这种因"拒绝决策"而导致的误判，一般再经过 1～2 次决策即可得到最终结果。

以上 3 种多类问题的推广策略在实际应用中一般都能取得满意的效果，相比之下，第 2 种和第 3 种在很多情况下能取得更好的效果。

13.4　基于 MATLAB 的 SVM 实例

MATLAB 从 7.0 版本开始提供对 SVM 的支持，其 SVM 工具箱主要通过 svmtrain 和 svmclassify 两个函数封装 SVM 训练和分类的相关功能。这两个函数十分简单易用，即使对 SVM 的工作原理不是很了解的人也可以轻松掌握。本节将介绍 SVM 工具箱的用法并给出一个应用实例。

13.4.1　训练

函数 svmtrain 用来训练一个 SVM 分类器，常用的调用语法为

　　　　SVMStruct = svmtrain(Training, Group)

SVMStruct 是训练所得的代表 SVM 分类器的结构体，包含有关最优分类超平面的种种信息，如 α、w、b 等，此外，该结构体的 SupportVector 域中还包含了支持向量的详细信息，可以使用 SVMStruct.SupportVector 获得它们。而这些都是后续分类所需要的，如在基于一对一的淘汰策略的多类决策时为了计算出置信度，需要分类间隔值，可以通过 α 计算出 w 的值，从而得到分类超平面的空白间隔大小 $m = \dfrac{2}{\|w\|}$。

其中，Training 是一个包含训练数据的 m 行 n 列的二维矩阵。每行表示 1 个训练样本（特征向量），m 表示训练样本数目；n 表示样本的维数。Group 是一个代表训练样本类标签的一维向量，其元素值只能为 0 或 1，通常 1 表示正例，0 表示反例。Group 的维数必须和 Training 的行数相等，以保证训练样本同其类别标号的一一对应。

除上述的常用调用形式外，还可通过<属性名，属性值>形式的可选参数设置一些训练相关的高级选项，从而实现某些自定义功能，具体说明如下。

1. 设定核函数

svmtrain 函数允许选择非线性映射时核函数的种类或指定自己编写的核函数，方式如下：

　　　　SVMStruct = svmtrain(..., 'Kernel_Punction', Kerne1_FunctionValue);

其中，参数 Kernel_FunctionValue 的常用合法取值见表 13-1。

表 13-1　参数 **Kernel_FunctionValue** 的常用合法取值

取值	意义
'linear'	线性核函数（默认）
'polynomial'	多项式核函数（默认阶数 d=3）
'rbf'	径向基核函数
Function handle	自定义核函数，须以 "@" 开头编写

举例说明：

1）若我们需要采用多项式核函数训练 SVM，可按照如下方式调用：

　　　　SVMStruct = svmtrain(Training, Group, 'Kernel_Punction', 'polynomial'，5);

其中，"5" 表示利用 5 阶的多项式核函数来训练 SVM。若不设置阶数，则默认阶数为 3。

2）在自定义了一个核函数时，如：

　　　　function H = hfun(X,Y,a,b);

其中，X,Y 分别为行数不同、列数相同的二维矩阵，a,b 为该自定义核函数的参数，在调用时以 '@(X,Y)kfun(X,Y,a,b)' 的形式。

如，根据实际需求自定义一个函数文件 'hfun.m'，其函数如下所示：

```
function H = kfun(X,Y,a,b)
H = a-ln(b*(X*Y'))
```

调用格式应为

```
SVMStruct = svmtrain(Training, Group,'Kernel_Punction',@(X,Y)kfun(X,Y,3,1) );
```

2. 训练结果的可视化

当训练数据是二维时，可利用 ShowPlot 选项来获得训练结果的可视化解释，调用形式如下：

```
svmtrain(..., 'ShowPlot', ShowPlotValue);
```

此时，只需设置 ShowPlotValue 的值为 1(true)即可。

13.4.2　分类

函数 svmclassify 的作用是利用训练得到的 SVMStruct 结构对一组样本进行分类，常用调用形式为

```
Group = svmclassify(SVMStruct,Sample);
```

Group 是一个包含 Sample 中所有样本分类结果的列向量，其维数与 Sample 矩阵的行数相同。其中，SVMStruct 是训练得到的代表 SVM 分类器的结构体，由函数 svmtrain 返回。Sample 是要进行分类的样本矩阵，每行为 1 个样本特征向量，总行数等于样本数目，总列数是样本特征的维数，它必须和训练该 SVM 时使用的样本特征维数相同。

当分类数据是二维时，可利用 ShowPlot 选项来获得分类结果的可视化解释，调用形式如下：

```
svmclassify(..., 'ShowPlot' ,ShowPlotValue)
```

13.4.3　实例

本实例使用 MATLAB 自带的鸢尾属植物数据集来将刚刚学习的 SVM 训练与分类付诸实践。数据集本身共 150 个样本，每个样本为一个 4 维的特征向量，这 4 维特征的意义分别为：花瓣长度、花瓣宽度、萼片长度和萼片宽度。150 个样本分别属于 3 类鸢尾属植物（每类 50 个样本）。本实例使用了第 3、4 维特征数据，既便于训练和分类结果的可视化，又解决了样本是哪一类的多类问题（3 类问题）。

```
load fisheriris              % MATLAB 自带 fisheriris 数据
X = meas(:,3:4);             %提取样本的第 3、4 个特征
Y = species;                 % Y 代表其分类，此数据中分类标签为 3 种
figure                       %将数据画出散点图进行二维展示；图中不同的颜色即为不同的标签
gscatter(X(:,1),X(:,2),Y);   %创建 x 和 y 的散点图
h = gca;
lims = [h.XLim h.YLim];      %提取 x 和 y 轴的极限
title('鸢尾测量散点图');
xlabel('花瓣长度/cm');
ylabel('花瓣宽度/cm');
legend(h,{'丝质鸢尾','鸢尾花','弗吉尼亚鸢尾'}, 'Location','Northwest');
SVMModels = cell(3,1);
classes = unique(Y);
%% 这里有三类，我们的思路是分别训练三个分类器。
for j = 1:numel(classes);
```

```
    indx = strcmp(Y,classes(j));              %为每个分类器创建二进制类
    SVMModels{j} = fitcsvm(X,indx,'ClassNames',[false true],'Standardize',true,...
        'KernelFunction','rbf','BoxConstraint',1);
end
d = 0.02;
%%  生成测试数据
[x1Grid,x2Grid] = meshgrid(min(X(:,1)):d:max(X(:,1)),...
        min(X(:,2)):d:max(X(:,2)));
xGrid = [x1Grid(:),x2Grid(:)];
N = size(xGrid,1);
Scores = zeros(N,numel(classes));
%%  预测测试数据属于每个类的概率
for j = 1:numel(classes);
    [~,score] = predict(SVMModels{j},xGrid);
    Scores(:,j) = score(:,2);                 %  第二列包含正类分数
end
[~,maxScore] = max(Scores,[],2);
figure
h(1:3) = gscatter(xGrid(:,1),xGrid(:,2),maxScore,...
        [0.1 0.5 0.5; 0.5 0.1 0.5; 0.5 0.5 0.1]);  %预测分类结果用不同的颜色展示
hold on
h(4:6) = gscatter(X(:,1),X(:,2),Y);               %画出原始的训练样本
title('鸢尾区域分类');
xlabel('花瓣长度/cm');
ylabel('花瓣宽度/cm');
legend(h,{'丝质鸢尾区域','鸢尾花区域','弗吉尼亚鸢尾区域',...
        '所观察的丝质鸢尾','所观察的鸢尾花','所观察的弗吉尼亚鸢尾'},...
        'Location','Northwest');
axis tight
hold off
```

此案例主要是使用 fitcsvm 函数训练多个分类模型，然后使用 predict 预测测试数据属于每个类的概率，如图 13-9 所示。

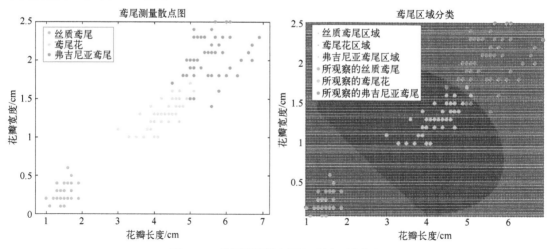

图 13-9　鸢尾测量散点图与鸢尾区域分类

本章小结

本章主要介绍 SVM 的理论基础和实现原理，分别阐述了线性可分、非线性可分以及需要核函数映射这 3 种情况下的 SVM，然后将 SVM 推广至多类问题。最后使用 MATLAB 自带的鸢尾属植物数据集来将刚刚学习的 SVM 训练与分类付诸实践，方便读者操作与理解。

习题

13.1　什么是支持向量机？支持向量机的工作原理是什么？

13.2　支持向量机一般用于哪些领域？

13.3　支持向量机的常见核函数有哪些？

13.4　线性判别分析与线性和支持向量机在何种条件下等价？

13.5　简述 SVM 对噪声敏感的原因。

14.1　案例 1　焊缝提取

14.1.1　案例背景

随着视觉传感器、计算机技术、图像处理算法以及智能控制技术的不断发展，利用机器视觉的焊缝跟踪技术也得到了飞速发展。基于机器视觉的焊缝跟踪技术因其信息直观、与工件无接触、测量精度高等优点得到了国内外焊接研究工作者的关注。而精确快速的图像处理是实现这一跟踪技术的基础与关键，其中焊缝图像边缘提取的精确性直接决定了最终焊缝位置信息提取的结果。

14.1.2　理论基础

焊缝提取采用图像处理与背景分割技术，首先将焊缝图像进行灰度处理，采用 Canny 边缘检测算子提取焊缝的边缘特征，然后将边缘检测后的图像进行腐蚀与膨胀的处理，减少不必要的边缘特征，最终将处理后的边缘进行连接，形成一个封闭区域，将封闭区域填白并与原图像进行点乘，实现焊缝的提取。其技术路线如图 14-1 所示。

14.1.3　边缘检测

在图像中，边缘是指图像中对象的边界，即反映图像中像素值剧烈变化的曲线。MATLAB 图像工具箱使用 edge 函数来检测边界，这个函数寻找像素值剧烈变化的像素点。本案例以 Canny 边缘检测方法为例，对于 Canny 算子，其常见用法为

```
BW=edge(I, 'canny')
BW=edge(I, 'canny', 'thresh')
BW=edge(I, 'canny', 'thresh', sigma)
```

其中，I 是输入的图像，'canny' 指所用的边缘检测方法为 Canny；thresh 指阈值，若为两个元素的向量，则第一个元素是低阈值，第二个元素是高阈值，若为标量，高阈值是 thresh，低阈值是

图 14-1　焊缝提取技术路线图

0.5×thresh；sigma 是指高斯滤波的标准差，默认值是 1，滤波器的大小根据 sigma 的值选择；BW 是返回的边缘，为二值图像，取值为 1 的是边缘。

对于梯度算法，如 Sobel、Prewitt、Roberts 等，阈值根据计算出来的梯度大小来确定。对于 Zeroscross 算法，阈值根据 0 交叉的数目来确定，即超过 0 很多的像素值为边界。对于 Canny 算法，使用了两个梯度的阈值，检测的边缘连续性较好，是这几种方法中效果最好的。图 14-2 所示为不同边缘检测算子提取的效果图，从图 14-2 可以看出，3 种边缘检测算子中，Canny 算子的边缘与内部连续性更好，因此本案例选择 Canny 算子实现焊缝的边缘检测。

焊缝图像　　　　　Canny算子　　　　　Sobel算子　　　　　Prewitt算子

图 14-2　不同边缘检测算子提取的效果图

14.1.4　形态学处理

1. 前景提取

对于原始图像周围区域，有时可以通过减少不必要的区域来提高边缘检测的效果。在不影响原始图像分割的前提下，往往将目标对象以外的区域像素值赋值为 0。图 14-3 所示为前景提取效果图。

2. bwareaopen 函数

bwareaopen 是 MATLAB 函数，BW2=bwareaopen（BW.P.conn），作用是删除二值图像 BW 中面积小于 P 的对象，默认情况下 conn 使用 8 邻域。图 14-4 所示为删除二值图像 BW 中像素面积小于 120 的对象。

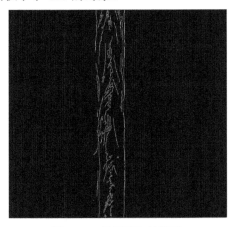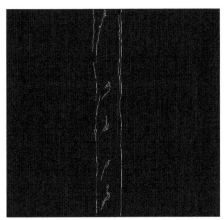

图 14-3　前景提取效果图　　　　　　图 14-4　小面积对象移除后效果图

3. 腐蚀与膨胀

腐蚀和膨胀是数学形态学的基本操作。数学形态学的很多操作都是以腐蚀和膨胀为基础推导的算法。膨胀运算符号为 $\oplus$，图像集合 A 用结构元素 B 来膨胀，记作 $A \oplus B$，其定义为

$$A \oplus B = \{x \,|\, (\hat{B})_x \cap A] \neq \varnothing\} \tag{14-1}$$

式中，$\hat{B}$ 表示 B 的映像，即与 B 关于原点对称的集合。因此，用 B 对 A 进行膨胀的运算过程如下：首先做 B 关于原点的映射得到映像，再将其平移 x，当 A 与 B 映像的交集不为空时，B 的原点就是膨胀集合的像素。

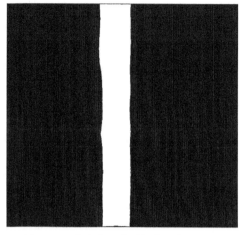

腐蚀运算的符号是 Θ，图像集合 A 用结构元素 B 来腐蚀，记作 $A\Theta B$，其定义为

$$A\Theta B = \{x \,|\, (B)_x \subseteq A\} \tag{14-2}$$

因此，A 用 B 腐蚀的结果是所有满足将 B 平移后 B 仍旧全部包含在 A 中的 x 的集合，也就是结构元素 B 经过平移后全部包含在集合 A 中的原点所组成的集合。图 14-5 所示为先膨胀后腐蚀操作后的结果图。

图 14-5　先膨胀后腐蚀操作后的结果图

14.1.5　程序实现

以下是焊缝提取的完整程序代码，在 MATLAB R2019b 的环境下运行，可以得到如图 14-6 所示的焊缝提取结果图。

```matlab
close all;
clear all;
clc;
%读入图片
I=imread('焊缝 1.jpg');
im1=rgb2gray(I);
%边缘检测
im1=edge(im1,'canny',0.36);
figure,imshow(im1),title('边缘检测');
%前景提取
im1(1:721,1:300)=0;
im1(1:721,421:769)=0;
figure,imshow(im1);
%小对象移除
im2=bwareaopen(im1,120);
figure,imshow(im2);title('从对象中移除小对象');
%腐蚀与膨胀
se =strel('disk',360,0);
im3=imclose(im2,se);
figure,imshow(im3);title('腐蚀与膨胀结果');
%区域填充
im4=bwfill(im3,'holes');
figure,imshow(im4),title('填充空白区域')
%焊缝提取
im5=uint8(im4).*I;
figure,imshow(im5);title('焊缝提取图');
```

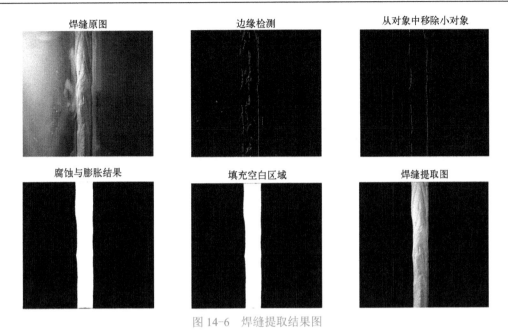

图 14-6　焊缝提取结果图

14.2　案例 2　图像批量读入与处理

14.2.1　案例背景

在对图像进行处理时，通常是对图像进行图像变换、图像压缩和图像分割等操作。图像处理过程中，往往需要同时对多张图像进行处理，此时对图像批量读入与处理可以大大提高工作效率。

14.2.2　理论基础

在图像批量读入与处理过程中，可以按照以下步骤进行：

1）创建指定路径文件夹，存放待处理图像。

```
file_path ='.\data\'; %  图像文件夹路径
img_path_list = dir(strcat(file_path,'*.jpg')); %获取该文件夹中所有 jpg 格式的图像
```

2）获取图像数量，批量读入图像。

```
img_num = length(img_path_list);%获取图像总数量
if img_num > 0 %有满足条件的图像
for j = 1:img_num %逐一读取图像
image_name = img_path_list(j).name%图像名
image = imread(strcat(file_path,image_name))
```

14.2.3　图像批量读入

在批量处理图像时，往往需要先批量读入图像，在 MATLAB 中可以通过循环读入图像实现批量处理。读者可以通过以下语句实现，批量读取图像效果如图 14-7 所示。

```
%批量读取图像的一种简单办法
clear all;
clc;
n=6
I=cell(1,n);
for i=1:n
imageName=strcat(ile_path, num2str(i),'.bmp');
I{i} = imread(imageName);
figure,imshow(I{i});
end
```

1   2   3   4   5   6

图 14-7   批量读取图像

14.2.4   图像处理

在批量处理图像前，往往需要对单一图像进行处理，预览图像处理结果。本案例需要对 6 张红枣图像进行批量处理，读者首先对其中一张进行处理，设置最佳阈值，以实现所有图像的处理。图 14-8 所示为单一图像处理结果，代码如下：

```
clear all;
close all;
clc;
I=imread('C:\Users\Data\TestPic2\1.jpg');
figure,subplot(121),imshow(I),title('原始图像')
I_r=I(:,:,1);
I_g=I(:,:,2);
I_b=I(:,:,3);
I_rb=I_r-I_b;
Obj=im2bw(I_rb,5/255);
subplot(122),imshow(Obj),title('分割后图像')
```

原始图像   分割后图像

图 14-8   单一图像处理结果

14.2.5　批量处理

批量图像往往与单一图像特征非常相似，因此，在对批量图像处理时，读者批量设置好最佳参数，这样可以提高在批量处理时的成功率。图 14-9 所示为图像批量处理结果，代码如下：

```
clear all;
clc;
path=[uigetdir(),'\']; %选取文件的图片
n=6;
I=cell(1,n);    %元胞数组
for i=1:n
imageName=strcat(path,num2str(i),'.jpg');
%imageName=strcat('f:\TestPic2\',num2str(i),'.jpg');
%指定文件路径有时候换计算机运行，由于路径不对会出错
%I= imread(imageName);
I{i} = imread(imageName);
figure,imshow(I{i});
I_r=I{i}(:,:,1);
I_g=I{i}(:,:,2);
I_b=I{i}(:,:,3);
%imtool(I_rb);
I_rb=I_r-I_b;
%imshow(I_rb);
%figure,imhist(I_rb)
Obj=im2bw(I_rb,5/255);
%figure,imshow(Obj)
subplot(1,2,1),imshow(I{i}),title(strcat('原始图像',num2str(i)));
subplot(1,2,2),imshow(Obj),title(strcat('背景分割后的图像',num2str(i)));
%Obj=uint8(Obj);
imwrite(Obj,strcat(num2str(i),'Obj.jpg'));
end
```

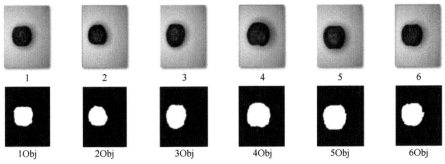

图 14-9　批量处理结果

14.3　案例 3　圆木计数

14.3.1　案例背景

当前，在木材运输过程中，对车辆装载木材的稽查以及查验的方式主要还是以人工方式

为主，由于该方式劳动强度大，工作效率低，易出错。因此，对于木材计数的自动识别也得到了越来越多的研究。

14.3.2 理论基础

基于图像识别的木材（圆木）识别方法，主要是通过对排列比较整齐的木材的图像进行处理来得到木材数量的一种方法。木材计数主要涉及木材图像的采集、木材图像的处理、木材区域分割、木材聚类等步骤。目前对于圆木计数的方法主要有以下几种：

（1）基于霍夫（Hough）变换的圆形检测方法

此方法对于圆形度较好的圆形区域检测效果较好，对原木的形状提出较高的要求，实用性较差。

（2）模板匹配法

模板匹配是一种利用圆木模板，与待测图像进行匹配得到统计结果的方法。模板匹配法的计算量以及存储量要求比较大，而且模板与待处理对象的形状也存在差异问题，适应性不是特别强。

（3）中心聚类的方法

此方法对图像边缘进行中心增强然后对中心进行聚类，此方法对于木材的半径以及圆形度要求较高，同样适应性不是特别的强。

（4）中心发散方法

此方法以棒材为中心，逐层向四周进行检索，并逐步扩散，直到找到所有棒材为止，此方法速度较快，但是对于圆形棒材的直径要求较高，不能偏差太大。

（5）阈值分割方法

此方法通过对圆木图像通过阈值分割，并利用腐蚀等操作，分割出每个圆木区域进行统计，但是此方法对图像拍摄要求较高，干扰因素较大。

本案例对预处理后的图像首先提取背景区域，提取圆木区域二值图像，使用圆形霍夫变换进行圆木计数。该方法对圆木形状要求不高，并有效解决了在室外拍摄光照条件不均等情况，具有较好的实用性以及可靠性。圆木计数流程如图 14-10 所示。

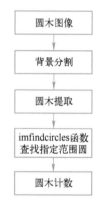

图 14-10 圆木计数流程图

14.3.3 背景分割与提取

在圆木计数前，首先需要对圆木图像进行背景分割，提取圆木区域，消除无关背景带来的影响。圆木背景分割代码见下，提取效果如图 14-11 所示。

```
%圆木背景分割
clear all;
close all;
clc;
I=imread('C:\Users\12504\Desktop\图书编写\圆木计数\圆木 3.jpg');
figure,subplot(1,2,1),imshow(I);title('原始图像')
Ir=I(:,:,1);Ig=I(:,:,2);Ib=I(:,:,3);
```

```
%figure,imshow(Ir);
%figure,
%subplot(1,3,1),imshow(Ir),title('R 通道图');
%subplot(1,3,2),imshow(Ig),title('G 通道图');
%subplot(1,3,3),imshow(Ir),title('B 通道图');
%figure,
%subplot(1,3,1),imhist(Ir),title('R 通道灰度直方图');
%subplot(1,3,2),imhist(Ig),title('G 通道灰度直方图');
%subplot(1,3,3),imhist(Ib),title('B 通道灰度直方图');
%imtool(Ib)
Ib_BW=roicolor(Ib,[20,100]);
%figure,subplot(1,4,1),imshow(Ib_BW),title('颜色范围选取');
I_rb=Ir-Ib;
%subplot(1,4,2),imshow(I_rb),title('R-B 通道');
I_rb_BW=im2bw(I_rb,graythresh(I_rb));
%subplot(1,4,3),imshow(I_rb_BW),title('通道转差二值图像');
I_rb_BWfill=imfill(I_rb_BW,'holes');
%subplot(1,4,4),imshow(I_rb_BWfill),title('空洞填充二值图像');
Obj=uint8(I_rb_BWfill).*I*1.2;
subplot(1,2,2),imshow(Obj);title('圆木提取')
```

原始图像  圆木提取

图 14-11　圆木提取结果

14.3.4　查找圆与计数

imfindcircles 函数的功能是使用圆形霍夫变换查找圆。下面给出了几种 imfindcircles 函数示例说明。

1）centers = imfindcircles（A，radius）在图像 A 中找到半径近似等于 radius 的圆。centers 的输出是一个两列的矩阵，其中包含图像中圆心的（x，y）坐标。

2）[centers，radii] = imfindcircles（A，radiusRange）查找半径在 radiusRange 指定范围内的圆。附加输出参数 radii 包含与 centers 中每个圆心相对应的估计半径。

3）[centers，radii，metric] = imfindcircles（A，radiusRange）返回一个列向量 metric，其中包含每个圆的累加器阵列峰值的大小（降序排列）。centers 行和 radii 行对应于 metric 行。

4）[___] = imfindcircles（___，Name，Value）使用以前的任何语法，使用一个或多个 Name，Value 对参数指定其他选项。

本案例使用[centers，radii] = imfindcircles（A，radiusRange）查找半径在 radiusRange 指定

范围内的圆。代码如下所示，结果如图 14-12 所示。

```
%圆木计数代码
%h = imdistline;%测量圆木直径
[centers,radii] = imfindcircles(Ir,[45 155],'ObjectPolarity','bright','Sensitivity',0.97);
h = viscircles(centers,radii);
num = length(centers)
```

图 14-12　圆木计数

14.3.5　程序实现

以下是圆木计数的完整程序代码。运行结果如图 14-13 所示。

```
%圆木背景分割及计数
clear all;
close all;
clc;
I=imread('C:\Users\12504\Desktop\图书编写\圆木计数\圆木 3.jpg');
imshow(I);
Ir=I(:,:,1);Ig=I(:,:,2);Ib=I(:,:,3);
figure,imshow(Ir);
%figure,
%subplot(1,3,1),imshow(Ir),title('R 通道图');
%subplot(1,3,2),imshow(Ig),title('G 通道图');
%subplot(1,3,3),imshow(Ir),title('B 通道图');
%figure,
%subplot(1,3,1),imhist(Ir),title('R 通道灰度直方图');
%subplot(1,3,2),imhist(Ig),title('G 通道灰度直方图');
%subplot(1,3,3),imhist(Ib),title('B 通道灰度直方图');
%imtool(Ib)
Ib_BW=roicolor(Ib,[20,100]);
%figure,subplot(1,4,1),imshow(Ib_BW),title('颜色范围选取');
I_rb=Ir-Ib;
%subplot(1,4,2),imshow(I_rb),title('R-B 通道');
I_rb_BW=im2bw(I_rb,graythresh(I_rb));
%subplot(1,4,3),imshow(I_rb_BW),title('通道转差二值图像');
I_rb_BWfill=imfill(I_rb_BW,'holes');
```

```
%subplot(1,4,4),imshow(I_rb_BWfill),title('空洞填充二值图像');
Obj=uint8(I_rb_BWfill).*I*1.2;
figure,imshow(Obj);
%h = imdistline;%测量圆木直径
[centers,radii] = imfindcircles(Ir,[40 150],'ObjectPolarity','bright','Sensitivity',0.97);
h = viscircles(centers,radii);
num = length(centers)
```

图 14-13　圆木原始图像、圆木提取、圆木计数结果图

14.4　案例 4　基于 MATLAB GUI 的数字图像处理设计

14.4.1　案例背景

　　MATLAB 提供了多种图像处理函数，涵盖了图像处理的包括近期研究成果在内的几乎所有的技术方法，图像处理工具箱函数有消噪和退化图像的恢复、图形绘制、图形的代数与逻辑运算、图形几何变换、图像增强、图像复原、二值分析、小波分析和分形几何。在工程实际应用中，灰度与二值图像的形态学运算、结构元素创建与处理、基于边缘的处理、色彩映射表操作、色彩空间变换、图像类型与类型转换，以及图形用户界面设计等，应用 MATLAB 的 GUI 文件对图片进行灰度处理，代数运算、图像分割、边缘检测和图像通道处理能够较直观地处理图像。图 14-14 展示了在 MATLAB 环境下进行 GUI 设计的基本流程。

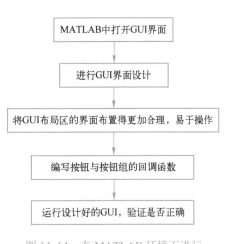

图 14-14　在 MATLAB 环境下进行 GUI 设计的基本流程图

14.4.2　文件获取

　　在 MATLAB 的 GUI 设计中，为了识别目标图像的，需要对图像中的路径和格式读取。本案例以 uigetfile 为例，其能显示一个模态对话框，对话框列出了当前目录下的文件和目录，用于可以选择一个将要打开的文件名。如果文件名是有效的且该文件存在，则当用户单击 Open 按钮时，函数 uigetfile 返回该文件名。若不存在，uigetfile 显示一个控制返回对话框值的错误提示信息，此时用户可以输入另外的文件名或单击 Cancel 按钮。如果用户单击 Cancel 按钮或

关闭对话框，函数 uigetfile 将返回 0。常见用法如下：

[FileName,PathName,FilterIndex]=uigetfile(FilterSpec,DialogTitle,DefaultName)

其中，FileName 为返回的文件名；PathName 为返回的文件的路径名；FilterIndex 为选择的文件类型；FilterSpec 为文件类型设置；DialogTitle 为打开对话框的标题；DefaultName 为默认指向的文件名。

本案例中，采用的命令为

[filename,pathname]=uigetfile({'*.jpg';'*.bmp';'*gif'},'select picture');

14.4.3　GUI 搭建过程分析

1. 打开 GUI 界面

在 MATLAB R2019b 的命令行窗口输入 guide，弹出"GUIDE 快速入门"窗口，选择"Blank GUI（Default）"进入 GUI 设计界面，如图 14-15～图 14-17 所示。

图 14-15　命令行中输入"guide"

图 14-16　选择创建一个空白的 GUI 界面

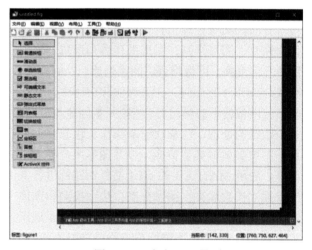

图 14-17　空白 GUI 界面

2. GUI 界面设计

此案例中，需要用到 2 个坐标区、2 个按钮组、3 个按钮和 11 个单选按钮。

首先，单击左侧 GUI 对象选择区的坐标区按钮，并在右侧 GUI 布局区绘制两个坐标区图形，如图 14-18 所示。

单击左侧 GUI 对象选择区的"按钮"，在右侧 GUI 布局区绘制 3 个按钮图形。如图 14-19 所示。

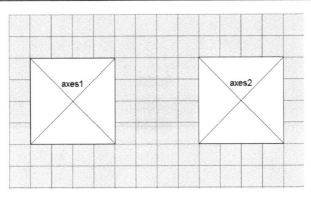

图 14-18　坐标区图形创建

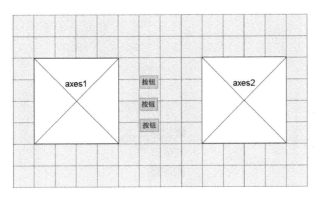

图 14-19　按钮图形创建

鼠标右击 GUI 布局区的按钮图形进入按钮的属性检查器，修改按钮的文本内容、文本颜色和背景颜色，使 GUI 界面中的按钮功能明确并且更加美观，如图 14-20 所示。

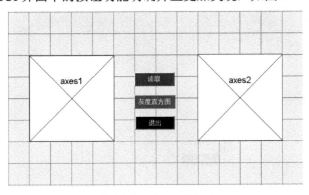

图 14-20　调整按钮后

单击左侧 GUI 对象选择区的按钮组按钮，在右侧 GUI 布局区绘制两个按钮图形，如图 14-21 所示。

右击 GUI 布局区的按钮组图形进入按钮组的属性检查器，修改按钮的文本内容、文本颜色和背景颜色，使 GUI 界面中的按钮功能明确并且更加美观，如图 14-22 所示。

单击左侧 GUI 对象选择区的单选按钮，在右侧 GUI 布局区绘制两个单选按钮图形，如图 14-23 所示。

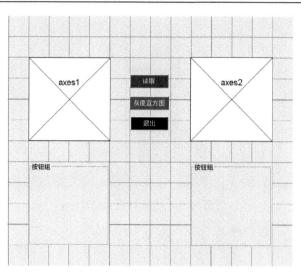

图 14-21　创建按钮组图形

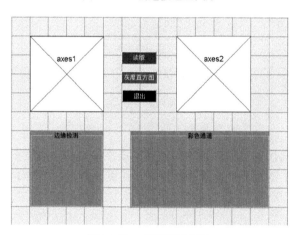

图 14-22　调整按钮组后

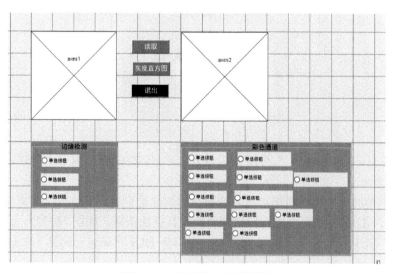

图 14-23　创建单选按钮图形

右击 GUI 布局区的单选按钮图形进入单选按钮的属性检查器，修改单选按钮的文本内容、文本颜色和背景颜色，使 GUI 界面中的按钮功能明确并且更加美观，如图 14-24 所示。

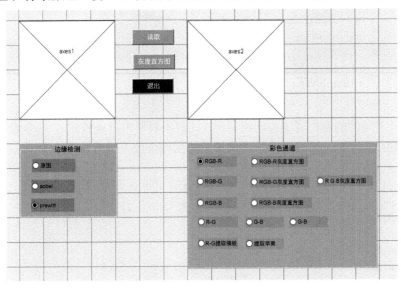

图 14-24　调整单选按钮后（完成后的 GUI 设计界面）

3. 回调函数

右击 GUI 布局区的"文本设置为读取"的普通按钮图形，在查看回调选项的拓展栏上单击 callback 选项。在该按钮的回调函数下编写如下命令。

```
%定义全局变量
global im;
%选择图片路径以及格式
[filename, pathname] = uigetfile({'*.jpg';'*.bmp';'*.gif'},'select picture');%合成路径加文件名
str = [pathname filename];
im = imread(str);
%使用第一个 axes
axes(handles.axes1);
%显示图片
imshow(im);
```

右击 GUI 布局区的"文本设置为灰度直方图"的普通按钮图形，在查看回调选项的拓展栏上单击 callback 选项。在该按钮的回调函数下编写如下命令。

```
im2 = rgb2gray(im);
axes(handles.axes2);%使用第二个 axes
imhist(im2);%显示图片
```

右击 GUI 布局区的边缘检测按钮组图形（注意不要单击单选按钮），在查看回调选项的拓展栏上单击 selectionChangFun 选项。在该按钮的回调函数下编写如下命令。

```
global im;%定义全局变量
str=get(hObject,'string');
axes(handles.axes2);
switch str
```

```
        case '原图'
            imshow(im);
        case 'sobel'
            bw1=edge(rgb2gray(im),'sobel');
            imshow(bw1)
      case 'prewitt'
            bw2=edge(rgb2gray(im),'prewitt');
            imshow(bw2)
    end
```

右击 GUI 布局区的彩色通道按钮组图形（注意不要单击单选按钮），在查看回调选项的拓展栏上单击 selectionChangFun 选项。在该按钮的回调函数下编写如下命令。

```
        global im;
        global j1;
        global j2;
        global j3;
        global j4;
        global hR;
        global hG;
        global hB;
        str=get(hObject,'string');
        axes(handles.axes2);
        j1=im(:,:,1);
        j2=im(:,:,2);
        j3=im(:,:,3);
        hR = imhist(j1);
        hG = imhist(j2);
        hB = imhist(j3);
        switch str
            case 'RGB-R  灰度直方图'
                bar(1:length(hR),hR,'r');
            case 'RGB-G  灰度直方图'
                bar(1:length(hG),hG,'g');
            case 'RGB-B  灰度直方图'
                bar(1:length(hB),hB,'b');
            case 'R G B  灰度直方图'
                plot(1:length(hR),hR,'r');
                hold on
                plot(1:length(hG),hG,'g');
                hold on
                plot(1:length(hB),hB,'b');
                xlim([0 255]);
                hold off
            case 'RGB-R'
                imshow(j1);
            case 'RGB-G'
                imshow(j2);
            case 'RGB-B'
                imshow(j3);
            case 'R-G'
```

```
            j=j1-j2;
            imshow(j);
        case 'G-B'
            j=j1-j3;
            imshow(j);
         case 'R-B'
            j=j2-j3;
            imshow(j);
        case 'R-G 提取模板'
            j4=255-((j1-j2)*10-200)*255;
            imshow(j4)
        case '提取苹果'
            j=cat(3,j1-j4,j2-j4,j3-j4);
            imshow(j)
    end
```

14.4.4　程序实现

　　以下是本节 GUI 设计的完整程序代码（加粗部分为人工编写，非加粗部分为 MATLAB 自动生成），在 MATLAB R2019b 的环境下运行可以得到如图 14-25 的 GUI 运行界面，依次按下 GUI 运行界面的按钮，可以得到图 14-26～图 14-41。

```
function varargout = tiqutuxiang222(varargin)
% TIQUTUXIANG222 MATLABcode for tiqutuxiang222.fig
%       TIQUTUXIANG222, by itself, creates a new TIQUTUXIANG222 or raises the existing
%       singleton*.
%
%       H = TIQUTUXIANG222 returns the handle to a new TIQUTUXIANG222 or the handle to
%       the existing singleton*.
%
%       TIQUTUXIANG222('CALLBACK',hObject,eventData,handles,...) calls the local
%       function named CALLBACK in TIQUTUXIANG222.M with the given input arguments.
%
%       TIQUTUXIANG222('Property','Value',...) creates a new TIQUTUXIANG222 or raises the
%       existing singleton*.   Starting from the left, property value pairs are
%       applied to the GUI before tiqutuxiang222_OpeningFcn gets called.   An
%       unrecognized property name or invalid value makes property application
%       stop.   All inputs are passed to tiqutuxiang222_OpeningFcn via varargin.
%
%       *See GUI Options on GUIDE's Tools menu.   Choose "GUI allows only one
%       instance to run (singleton)".
%
% See also: GUIDE, GUIDATA, GUIHANDLES

% Edit the above text to modify the response to help tiqutuxiang222

% Last Modified by GUIDE v2.5 18-Feb-2022 02:46:45

% Begin initialization code - DO NOT EDIT
```

```
gui_Singleton = 1;
gui_State = struct('gui_Name',          mfilename, ...
                   'gui_Singleton',    gui_Singleton, ...
                   'gui_OpeningFcn', @tiqutuxiang222_OpeningFcn, ...
                   'gui_OutputFcn',   @tiqutuxiang222_OutputFcn, ...
                   'gui_LayoutFcn',   [] , ...
                   'gui_Callback',    []);
if nargin && ischar(varargin{1})
    gui_State.gui_Callback = str2func(varargin{1});
end

if nargout
    [varargout{1:nargout}] = gui_mainfcn(gui_State, varargin{:});
else
    gui_mainfcn(gui_State, varargin{:});
end
% End initialization code - DO NOT EDIT


% --- Executes just before tiqutuxiang222 is made visible.
function tiqutuxiang222_OpeningFcn(hObject, eventdata, handles, varargin)
% This function has no output args, see OutputFcn.
% hObject       handle to figure
% eventdata     reserved - to be defined in a future version of MATLAB
% handles       structure with handles and user data (see GUIDATA)
% varargin      command line arguments to tiqutuxiang222 (see VARARGIN)

% Choose default command line output for tiqutuxiang222
handles.output = hObject;

% Update handles structure
guidata(hObject, handles);

% UIWAIT makes tiqutuxiang222 wait for user response (see UIRESUME)
% uiwait(handles.figure1);


% --- Outputs from this function are returned to the command line.
function varargout = tiqutuxiang222_OutputFcn(hObject, eventdata, handles)
% varargout     cell array for returning output args (see VARARGOUT);
% hObject       handle to figure
% eventdata     reserved - to be defined in a future version of MATLAB
% handles       structure with handles and user data (see GUIDATA)

% Get default command line output from handles structure
varargout{1} = handles.output;


% --- Executes on button press in pushbutton1.
function pushbutton1_Callback(hObject, eventdata, handles)
% hObject       handle to pushbutton1 (see GCBO)
% eventdata     reserved - to be defined in a future version of MATLAB
```

```matlab
% handles        structure with handles and user data (see GUIDATA)
global im;%定义全局变量
[filename, pathname] = uigetfile({'*.jpg';'*.bmp';'*.gif'},'select picture');%选择图片路径以及格式
str = [pathname filename];%合成路径加文件名
im = imread(str);
axes(handles.axes1);%使用第一个 axes
imshow(im);%显示图片
% --- Executes on button press in pushbutton2.
function pushbutton2_Callback(hObject, eventdata, handles)
% hObject        handle to pushbutton1 (see GCBO)
% eventdata      reserved - to be defined in a future version of MATLAB
% handles        structure with handles and user data (see GUIDATA)

% Hint: get(hObject,'Value') returns toggle state of pushbutton2
global im;%定义全局变量
im2 = rgb2gray(im);
axes(handles.axes2);%使用第二个 axes
imhist(im2);

% --- Executes on button press in radiobutton1.
function radiobutton1_Callback(hObject, eventdata, handles)
% hObject        handle to radiobutton1 (see GCBO)
% eventdata      reserved - to be defined in a future version of MATLAB
% handles        structure with handles and user data (see GUIDATA)

% Hint: get(hObject,'Value') returns toggle state of radiobutton1
global im;%定义全局变量
str=get(hObject,'string');
axes(handles.axes2);
switch str
    case '原图'
            imshow(im);
    case 'sobel'
            bw1=edge(rgb2gray(im),'sobel');
            imshow(bw1)
     case 'prewitt'
            bw2=edge(rgb2gray(im),'prewitt');
            imshow(bw2)
end

% --- Executes when selected object is changed in uibuttongroup1.
function uibuttongroup1_SelectionChangedFcn(hObject, eventdata, handles)
% hObject        handle to the selected object in uibuttongroup1
% eventdata      reserved - to be defined in a future version of MATLAB
% handles        structure with handles and user data (see GUIDATA)
global im;%定义全局变量
str=get(hObject,'string');
axes(handles.axes2);
switch str
    case '原图'
```

```
            imshow(im);
        case 'sobel'
            bw1=edge(rgb2gray(im),'sobel');
            imshow(bw1)
          case 'prewitt'
            bw2=edge(rgb2gray(im),'prewitt');
            imshow(bw2)
    end


% --- Executes when selected object is changed in uibuttongroup2.
function uibuttongroup2_SelectionChangedFcn(hObject, eventdata, handles)
% hObject        handle to the selected object in uibuttongroup2
% eventdata      reserved - to be defined in a future version of MATLAB
% handles        structure with handles and user data (see GUIDATA)
global im;
global j1;
global j2;
global j3;
global j
global hR;
global hG;
global hB;
str=get(hObject,'string');
axes(handles.axes2);
j1=im(:,:,1);
j2=im(:,:,2);
j3=im(:,:,3);
hR = imhist(j1);
hG = imhist(j2);
hB = imhist(j3);
switch str
    case 'RGB-R  灰度直方图'
        bar(1:length(hR),hR,'r');
    case 'RGB-G  灰度直方图'
        bar(1:length(hG),hG,'g');
    case 'RGB-B  灰度直方图'
        bar(1:length(hB),hB,'b');
    case 'R G B  灰度直方图'
        plot(1:length(hR),hR,'r');
        hold on
        plot(1:length(hG),hG,'g');
        hold on
        plot(1:length(hB),hB,'b');
        xlim([0 255]);
        hold off
    case 'RGB-R'
        imshow(j1);
    case 'RGB-G'
        imshow(j2);
```

```
    case 'RGB-B'
        imshow(j3);
    case 'R-G'
        j=j1-j2;
        imshow(j);
    case 'G-B'
        j=j1-j3;
        imshow(j);
    case 'R-B'
        j=j2-j3;
        imshow(j);
    case 'R-G 提取模板'
        j4=255-((j1-j2)*10-200)*255;
        imshow(j4)
    case '提取苹果'
        j=cat(3,j1-j4,j2-j4,j3-j4);
        imshow(j)
end
```

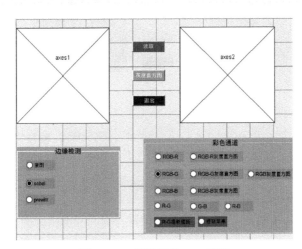

图 14-25　设计好的 GUI 界面

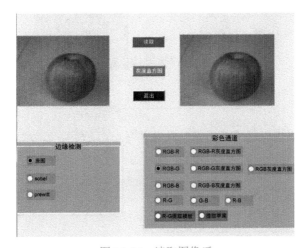

图 14-26　读取图像后

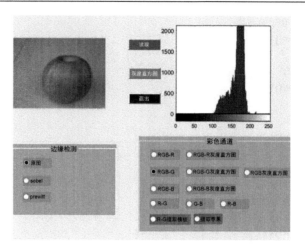

图 14-27　灰度直方图

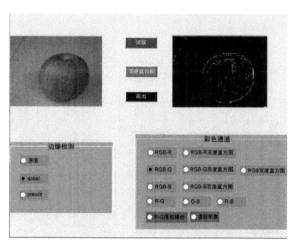

图 14-28　Sobel 算子

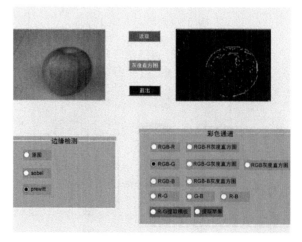

图 14-29　Prewitt 算子

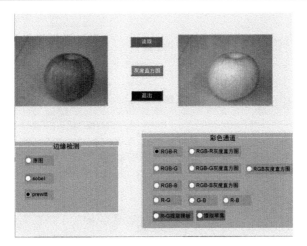

图 14-30　RGB-R

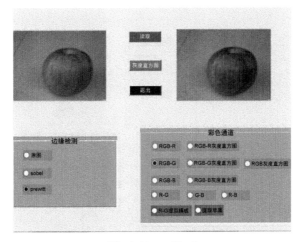

图 14-31　RGB-G

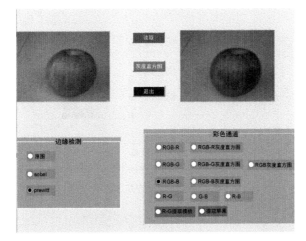

图 14-32　RGB-B

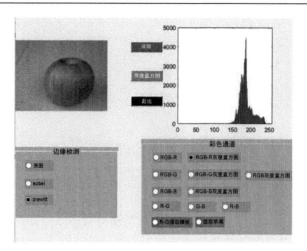

图 14-33 RGB-R 灰度直方图

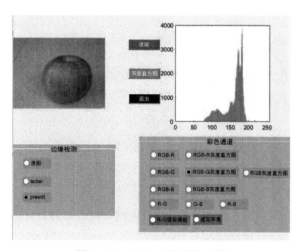

图 14-34 RGB-G 灰度直方图

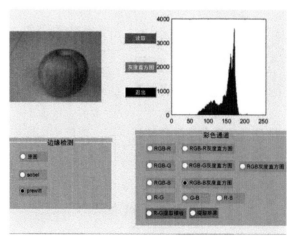

图 14-35 RGB-B 灰度直方图

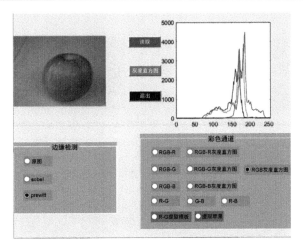

图 14-36　RGB 灰度直方图

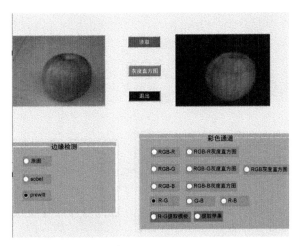

图 14-37　R-G

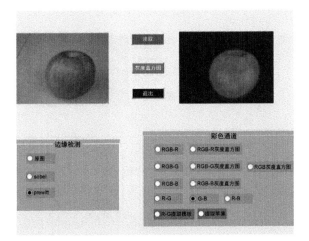

图 14-38　G-B

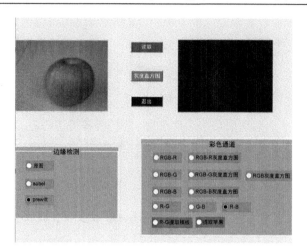

图 14-39　R-B

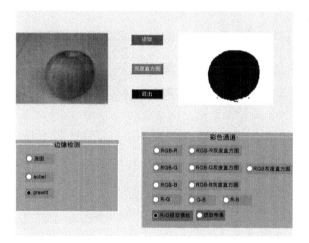

图 14-40　R-G 提取模板

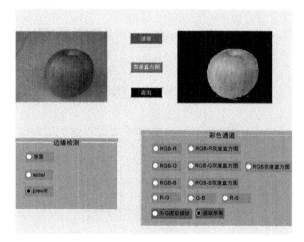

图 14-41　效果完成图

14.5　案例 5　碎纸片图像拼接

14.5.1　案例背景

图像拼接技术就是将数张有重叠部分的图像(可能是不同时间、不同视角或者不同传感器获得的)拼成一幅无缝的全景图或高分辨率图像的技术。

相邻图像的配准及拼接是全景图生成技术的关键,有关图像配准技术的研究至今已有很长的历史,其主要的方法有以下两种:基于两幅图像的亮度差最小的方法和基于特征的方法。其中使用较多的是基于特征模板匹配特征点的拼接方法。该方法允许待拼接的图像有一定的倾斜和变形,克服了获取图像时轴心必须一致的问题,同时允许相邻图像之间有一定色差。全景图的拼接主要包括如图 14-42 的 5 个步骤:①图像获取;②图像的预拼接,即确定两幅相邻图像重合的较精确位置,为特征点的搜索奠定基础;③特征点的提取,即在基本重合位置确定后,找到待匹配的特征点;④图像矩阵变换及拼接,即根据匹配点建立图像的变换矩阵并实现图像的拼接;⑤图像的平滑处理。

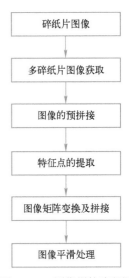

图 14-42　图像拼接流程图

14.5.2　拼接文件获取与合成

在图像拼接的过程中,为了将图片进行后续处理,需要抓取文件夹中的拼接图片后再进行后续处理。MATLAB 图像工具箱使用 dir 函数来获取文件列表,这个函数可以获得指定文件夹下的所有子文件夹和文件,并存放在一个文件结构的数组中。本案例以 dir 函数为例,其常见用法为

```
file_list = dir('.')
file_list = dir( '*.m' )
file_list = dir('*.bmp')
```

拼接过程中,为了把元胞数组中的多个矩阵合并成一个矩阵,需要将多个图片进行拼接处理,本案例中使用的函数为 cell2mat,其常见用法为

```
filename=cell2mat(image_list(ind));
```

14.5.3　拼接过程分析

1. 文件获取

为了获取指定文件夹的文件列表,需要将多个碎纸片从指定文件夹中读取出来。利用 dir 函数能够获取指定文件夹的文件列表,如图 14-43 所示。

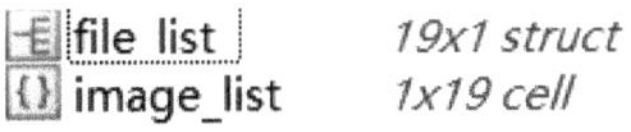

```
file_list        19x1 struct
image_list       1x19 cell
```

图 14-43　文件列表 1

2. 计算碎片特征

为了对每个单列矩阵进行特征值计算,需要将提取所有碎纸片图像矩阵的最左侧一列与

最右侧一列的值并将其输出为一个 MATLAB 矩阵，操作过程如图 14-44～图 14-47 所示。

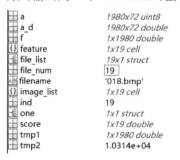

a	1980x72 uint8	
a_d	1980x72 double	
f	1x1980 double	
feature	1x19 cell	
file_list	19x1 struct	
file_num	19	
filename	'018.bmp'	
image_list	1x19 cell	
ind	19	
one	1x1 struct	
score	1x19 double	
tmp1	1x1980 double	
tmp2	1.0314e+04	

图 14-44　文件列表 2

feature ×									
{} 1x19 cell									
	1	2	3	4	5	6	7	8	9	10
1	1x1 struct	1x1 struct	1x1 struct	1x1 struct	1x1 struct	1x1 struct	1x1 struct	1x1 struct	1x1 struct	1x1 struct	1x1

图 14-45　每张图片的最左与最右矩阵以及特征值

feature ×	feature{1, 1} ×
feature{1, 1}	

字段 ▲	值
left	1x1980 double
left_std	0.0087
right	1x1980 double
right_std	0.0087

图 14-46　单张图片的左右矩阵与特征值

feature ×	feature{1, 1} ×	feature{1, 1}.left_std ×
feature{1, 1}.left_std		

	1	2	3	4	5	6	7	8	9	10	1
1	0.0087										

图 14-47　单张图片输出最左列特征值

3. 计算碎块的相似性矩阵

在进行步骤 2 之后,文件列表如图 14-48 所示,将计算出的每个碎片特征进行对比分析,排除掉相同列矩阵后,输入到新建的两个矩阵中（分别以左侧为基准对比右侧矩阵,以右侧为基准对比左侧矩阵）。

遇见相同图片的左右两侧矩阵时, 利用 continue 跳过乘积运算直接输出 0, 避免出现错误。

通过观察图 14-49 的相似性矩阵,读者可以得到, 第 9 张碎纸片最左侧矩阵的为白色,即第 9 张碎纸片为最左侧碎纸片,通过观察图 14-50 的相似性矩阵,读者可以得到, 第 7 张碎纸片最右侧矩阵

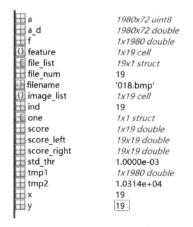

a	1980x72 uint8	
a_d	1980x72 double	
f	1x1980 double	
feature	1x19 cell	
file_list	19x1 struct	
file_num	19	
filename	'018.bmp'	
image_list	1x19 cell	
ind	19	
one	1x1 struct	
score	1x19 double	
score_left	19x19 double	
score_right	19x19 double	
std_thr	1.0000e-03	
tmp1	1x1980 double	
tmp2	1.0314e+04	
x	19	
y	19	

图 14-48　文件列表 3

为白色，即第 7 张碎纸片为最右侧碎纸片。

score_left　19x19 double

	1	2	3	4	5	6	7	8	9	10	11	12	13	14	15	16	17	18	19
1	0	0.8737	0.8627	0.8891	0.8860	0.8753	0.9222	0.8835	0.9040	0.8803	0.8590	0.8995	0.9200	0.9006	0.9035	0.8690	0.8605	0.9813	0.8971
2	0.8581	0	0.8772	0.8611	0.8784	0.8813	0.8997	0.8804	0.8860	0.8712	0.8702	0.8899	0.8810	0.8802	0.8793	0.8602	0.9765	0.8620	0.8741
3	0.8772	0.8693	0	0.8990	0.8964	0.8921	0.9294	0.8858	0.8800	0.8838	0.9837	0.8977	0.9023	0.8878	0.9253	0.8728	0.8580	0.8716	0.8961
4	0.8431	0.8662	0.8879	0	0.8786	0.8668	0.8913	0.8498	0.8706	0.8663	0.8647	0.8707	0.8812	0.8705	0.8701	0.8822	0.8553	0.8501	0.8699
5	0.8954	0.9781	0.8893	0.8790	0	0.8798	0.9184	0.8933	0.8913	0.8724	0.8595	0.8878	0.9043	0.8776	0.9139	0.8661	0.8551	0.8624	0.8724
6	0.8877	0.9072	0.9035	0.8915	0.9849	0	0.9572	0.8887	0.9277	0.8952	0.8918	0.9132	0.9294	0.9131	0.9236	0.8904	0.8914	0.8931	0.9158
7	0.9827	0.8834	0.8673	0.8810	0.8754	0.8712	0	0.8867	0.8642	0.8711	0.8831	0.8960	0.8731	0.8944	0.9027	0.8410	0.8389	0.8566	0.8810
8	0.8936	0.8816	0.9008	0.8953	0.9044	0.9161	0.9443	0	0.9032	0.8963	0.9035	0.9853	0.9251	0.9060	0.9208	0.8748	0.8861	0.8071	0.8992
9	0.9212	0.9194	0.9221	0.9211	0.9466	0.9276	0.9222	0.9032	0	0.9147	0.9192	0.9449	0.9709	0.9415	0.9635	0.8987	0.8935	0.9152	0.9354
10	0.8848	0.8889	0.8940	0.8812	0.8941	0.9832	0.9262	0.8827	0.8881	0	0.8957	0.9064	0.9221	0.8910	0.9009	0.8660	0.8752	0.8716	0.8931
11	0.9008	0.8995	0.8928	0.9768	0.9011	0.8891	0.9296	0.8928	0.9017	0.8693	0	0.8941	0.9063	0.8903	0.9327	0.8591	0.8769	0.8991	0.9831
12	0.8777	0.8756	0.8953	0.8839	0.9188	0.8839	0.9449	0.8804	0.9091	0.9063	0.8889	0	0.9327	0.9096	0.9099	0.8872	0.8735	0.8991	0.9831
13	0.9118	0.9108	0.8962	0.9192	0.9058	0.9091	0.9553	0.9109	0.9044	0.8937	0.9085	0.9147	0	0.8947	0.9877	0.8794	0.8640	0.8935	0.8956
14	0.8710	0.8756	0.8864	0.8795	0.8803	0.8896	0.9220	0.8866	0.8778	0.9817	0.8863	0.8967	0.9101	0	0.9063	0.8756	0.8660	0.8938	0.8948
15	0.8944	0.8993	0.8808	0.8990	0.9280	0.8964	0.9514	0.8899	0.9803	0.8721	0.8841	0.9033	0.9274	0.9117	0	0.8742	0.8844	0.8998	0.9042
16	0.9038	0.9053	0.9164	0.8971	0.9213	0.9146	0.9716	0.9099	0.9212	0.9054	0.8963	0.9275	0.9934	0.9299	0.9320	0	0.8793	0.9112	0.9316
17	0.8725	0.8947	0.9908	0.8777	0.8928	0.8973	0.9233	0.8913	0.8851	0.8813	0.8733	0.9055	0.9124	0.8845	0.9006	0.8855	0	0.8611	0.8946
18	0.8912	0.8768	0.8826	0.8927	0.8724	0.8835	0.9183	0.9753	0.8879	0.8787	0.8728	0.9003	0.9117	0.8897	0.9082	0.8494	0.8581	0	0.8738
19	0.9094	0.8879	0.8799	0.8768	0.9107	0.8949	0.9395	0.8891	0.9159	0.8718	0.8821	0.9071	0.9207	0.9854	0.9030	0.8662	0.8765	0.8860	0

图 14-49　左侧矩阵为基准对比右侧矩阵

score_right　19x19 double

	1	2	3	4	5	6	7	8	9	10	11	12	13	14	15	16	17	18	19
1	0	0.8581	0.8772	0.8431	0.8954	0.8877	0.9827	0.8936	0.9212	0.8848	0.9008	0.8777	0.9118	0.8710	0.8944	0.9038	0.8725	0.8912	0.9094
2	0.8737	0	0.8693	0.8662	0.9781	0.9072	0.8834	0.8816	0.9194	0.8889	0.8995	0.8756	0.9108	0.8756	0.8993	0.9053	0.8947	0.8768	0.8879
3	0.8627	0.8772	0	0.8879	0.8893	0.9035	0.8673	0.9008	0.9221	0.8940	0.8928	0.8953	0.8962	0.8864	0.8808	0.9164	0.9908	0.8826	0.8799
4	0.8891	0.8611	0.8990	0	0.8790	0.8915	0.8810	0.8953	0.9211	0.8812	0.9768	0.8839	0.9192	0.8795	0.8990	0.8971	0.8777	0.8927	0.8768
5	0.8860	0.8784	0.8964	0.8786	0	0.9849	0.8754	0.9044	0.9466	0.8941	0.9011	0.9188	0.9058	0.8803	0.9280	0.9213	0.8928	0.8724	0.9107
6	0.8753	0.8813	0.8921	0.8668	0.8798	0	0.8712	0.9161	0.9276	0.9832	0.8891	0.8839	0.9091	0.8896	0.8964	0.9146	0.8973	0.8835	0.8949
7	0.9222	0.8997	0.9294	0.8913	0.9184	0.9572	0	0.9443	0.9222	0.9262	0.9296	0.9449	0.9553	0.9220	0.9514	0.9716	0.9233	0.9183	0.9395
8	0.8835	0.8804	0.8858	0.8498	0.8933	0.8887	0.8867	0	0.9032	0.8827	0.8928	0.8804	0.9109	0.8866	0.8899	0.9099	0.8913	0.9753	0.8891
9	0.9040	0.8860	0.8800	0.8706	0.8913	0.9277	0.8642	0.9032	0	0.8881	0.9017	0.9091	0.9044	0.8778	0.9803	0.9212	0.8851	0.8879	0.9159
10	0.8803	0.8712	0.8838	0.8663	0.8724	0.8952	0.8711	0.8963	0.9147	0	0.8693	0.9063	0.8937	0.9817	0.8721	0.9054	0.8813	0.8787	0.8718
11	0.8590	0.8702	0.9837	0.8647	0.8595	0.8918	0.8831	0.9035	0.9192	0.8957	0	0.8889	0.9085	0.8863	0.8841	0.8963	0.8733	0.8728	0.8821
12	0.8995	0.8899	0.8977	0.8707	0.8878	0.9132	0.8960	0.9853	0.9449	0.9064	0.8941	0	0.9147	0.8967	0.9033	0.9275	0.9055	0.9003	0.9071
13	0.9200	0.8810	0.9023	0.8812	0.9043	0.9294	0.8731	0.9251	0.9709	0.9221	0.9063	0.9327	0	0.9101	0.9274	0.9934	0.9124	0.9117	0.9207
14	0.9006	0.8802	0.8878	0.8705	0.8776	0.9131	0.8944	0.9060	0.9415	0.8910	0.8903	0.9096	0.8947	0	0.9117	0.9299	0.8845	0.8897	0.9854
15	0.9035	0.8793	0.9253	0.8701	0.9139	0.9236	0.9027	0.9208	0.9635	0.9009	0.9327	0.9099	0.9877	0.9063	0	0.9320	0.9006	0.9082	0.9030
16	0.8690	0.8602	0.8728	0.8822	0.8661	0.8904	0.8410	0.8748	0.8987	0.8660	0.8591	0.8872	0.8794	0.8756	0.8742	0	0.8855	0.8494	0.8662
17	0.8605	0.9765	0.8580	0.8553	0.8551	0.8914	0.8389	0.8861	0.8935	0.8752	0.8769	0.8735	0.8640	0.8660	0.8844	0.8793	0	0.8581	0.8765
18	0.9813	0.8620	0.8716	0.8501	0.8624	0.8931	0.8566	0.8971	0.9152	0.8716	0.8991	0.8991	0.8935	0.8938	0.8998	0.9112	0.8611	0	0.8860
19	0.8971	0.8741	0.8961	0.8699	0.8724	0.9158	0.8810	0.8992	0.9354	0.8831	0.9831	0.9831	0.8956	0.8948	0.9042	0.9316	0.8946	0.8738	0

图 14-50　右侧矩阵为基准对比左侧矩阵

4. 计算块间相似性

在进行步骤 3 之后，文件列表如图 14-51 所示。利用步骤 3 中的两个相似性矩阵的最大元素值将各个碎纸片图像进行顺序排列（相似性矩阵元素值大于 0.95 为准），并将该顺序存储到新建的 order 列表之中，储存的列表如图 14-52 所示。

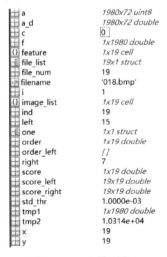

a	1980x72 uint8
a_d	1980x72 double
c	0
f	1x1980 double
feature	1x19 cell
file_list	19x1 struct
file_num	19
filename	'018.bmp'
i	1
image_list	1x19 cell
ind	19
left	15
one	1x1 struct
order	1x19 double
order_left	[]
right	7
score	1x19 double
score_left	19x19 double
score_right	19x19 double
std_thr	1.0000e-03
tmp1	1x1980 double
tmp2	1.0314e+04
x	19
y	19

图 14-51　文件列表 4

图 14-52　碎纸片图像顺序储存列表

注意：分析每张碎纸片图像的最两侧列表时，以左侧和右侧新建两个相似性矩阵是为了保证每个碎纸片都能够找到对象。

5．拼接

在进行步骤 4 之后，文件列表如图 14-53 所示。利用步骤 4 得到的纸片顺序，将每个碎纸片矩阵进行叠加处理并储存在图 14-54 的 b 矩阵中。主要运用了 cell2mat 函数，其作用为把元胞数组中的多个矩阵合并成一个矩阵。最后利用 imshow 输出拼接完成图片，如图 14-55 所示。

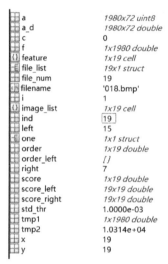

a	1980x72 uint8
a_d	1980x72 double
c	0
f	1x1980 double
feature	1x19 cell
file_list	19x1 struct
file_num	19
filename	'018.bmp'
i	1
image_list	1x19 cell
ind	19
left	15
one	1x1 struct
order	1x19 double
order_left	[]
right	7
score	1x19 double
score_left	19x19 double
score_right	19x19 double
std_thr	1.0000e-03
tmp1	1x1980 double
tmp2	1.0314e+04
x	19
y	19

图 14-53　文件列表 5

图 14-54　b 矩阵

原始图　　　　　　　　　　　　　拼接图

图 14-55　图像拼接效果图

14.5.4　程序实现

以下是碎纸片图像拼接的完整程序代码，在 MATLAB R2019b 的环境下运行可以得到如图 14-55 所示的图像拼接效果图。

```matlab
close all;
clear all;
clc;
% 获取文件列表
file_list= dir('*.bmp');
if size(file_list,1)>0
    image_list = {file_list.name};
else
    error('no image')
end
file_num=size(image_list,2);
score=zeros(1,file_num);
feature=cell(1,file_num);
% 计算碎片特征
for ind=1:file_num
    filename=cell2mat(image_list(ind));
    a=imread(filename);
    [row,col,len]=size(a);

    a_d=double(a);

    f=a_d(:,1)';
    tmp1=f.*f;
    tmp2=sqrt( sum(tmp1) );
    f=f/tmp2;
    one.left=f;
    one.left_std=std(f);

    f=a_d(:,end)';
    tmp1=f.*f;
    tmp2=sqrt( sum(tmp1) );
    f=f/tmp2;
    one.right=f;
    one.right_std=std(f);

    feature{ind}=one;
end
```

```
% 计算碎块的相似性矩阵
score_left=zeros(file_num,file_num);
score_right=zeros(file_num,file_num);
std_thr=0.001;
for y=1:file_num % compare
    for x=1:file_num
        if y==x
            continue;
        end
        score_left(y,x)=feature{y}.left*feature{x}.right';
        score_right(y,x)=feature{y}.right*feature{x}.left';
        if feature{y}.left_std<std_thr
            score_left(y,x)=0;
        end
        if feature{y}.right_std<std_thr
            score_right(y,x)=0;
        end
    end
end
%% 计算块间相似性
order=[1];
order_left=2:file_num; % order%第一个保证前后都有对象
while 1
    order
    if isempty(order_left)
        break;
    end
    left=order(1);right=order(end);
    score=score_left(left,:);
    [c,i]=max(score);
    if c(1)>0.95 && any(order_left==i(1))
        order=[i order];
        order_left(order_left==i(1))=[];
    end
    score=score_right(right,:);
    [c,i]=max(score);
    if c(1)>0.95 && any(order_left==i(1))
        order=[order i];
        order_left(order_left==i(1))=[];
    end
end
%% 拼接
b=[];
for ind=1:file_num % 拼接
    filename=cell2mat(image_list(order(ind)));
    a=imread(filename);
    [row,col,len]=size(a);
    b=[b a];
end
imshow(b)
```

14.6　案例 6　基于卷积神经网络的手写数字识别

14.6.1　案例背景

　　随着深度学习的迅猛发展，其应用也越来越广泛，特别是在视觉识别、语音识别和自然语言处理等很多领域都表现出色。卷积神经网络（Convolutional Neural Network，CNN）作为深度学习中应用最广泛的网络模型之一，也得到了越来越多的关注和研究。手写数字识别是图像识别学科下的一个分支，是图像处理和模式识别研究领域的重要应用之一，并且具有很强的通用性。由于手写体数字的随意性很大，如笔画粗细、字体大小、倾斜角度等因素都有可能直接影响到字符的识别准确率，所以手写数字识别是一个很有挑战性的课题。在过去的数十年中，研究者们提出了许多识别方法，并取得了一定的成果。手写体数字识别的实用性很强，在大规模数据统计如邮件分拣、人口普查、财务、税务等应用领域都有广阔的应用前景。

14.6.2　理论基础

　　本案例讲述了图像中手写阿拉伯数字的识别过程，对基于卷积神经网络的手写数字识别方法进行了简要介绍和分析，通过训练 CNN，获取模型，实现手写数字识别。其流程如图 14-56 所示。

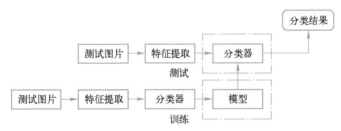

图 14-56　基于卷积神经网络的手写数字识别流程图

14.6.3　加载数据

　　MNIST 是手写数字图片数据集，包含 60000 张训练样本和 10000 张测试样本。MNIST 数据集来自美国国家标准与技术研究所（National Institute of Standards and Technology，NIST），M 是 Modified 的缩写。训练集是由来自 250 个不同人手写的数字构成，其中 50%是高中学生，50%是美国人口普查局的工作人员。测试集也是同样比例的手写数字数据。每张图片由 28×28 个像素点构成，每个像素点用一个灰度值表示，这里是将 28×28 像素展开为一个一维的行向量（每行 784 个值）。图片标签为 one-hot 编码：0～9。下列代码用于 MATLAB 读取 Mnist 数据集获取图像和标签，读取结果如图 14-57 所示。

```
clear all, close all, clc;
%读取 Mnist 数据集图像和标签
```

```matlab
datapath = "./Mnist/";
filenameImagesTrain = strcat(datapath, "train-images-idx3-ubyte");
filenameLabelsTrain = strcat(datapath, "train-labels-idx1-ubyte");
filenameImagesTest = strcat(datapath, "t10k-images-idx3-ubyte");
filenameLabelsTest = strcat(datapath, "t10k-labels-idx1-ubyte");
XTrain = processMNISTimages(filenameImagesTrain);
YTrain = processMNISTlabels(filenameLabelsTrain);
XTest = processMNISTimages(filenameImagesTest);
YTest = processMNISTlabels(filenameLabelsTest);
% 处理 MNIST 数据集图像
function X = processMNISTimages(filename)
    [fileID,errmsg] = fopen(filename,'r','b');
    if fileID < 0
        error(errmsg);
    end
    magicNum = fread(fileID,1,'int32',0,'b');
    if magicNum == 2051
        fprintf('\nRead MNIST image data...\n')
    end
    numImages = fread(fileID,1,'int32',0,'b');
    fprintf('Number of images in the dataset: %6d ...\n',numImages);
    numRows = fread(fileID,1,'int32',0,'b');
    numCols = fread(fileID,1,'int32',0,'b');
    X = fread(fileID,inf,'unsigned char');
    X = reshape(X,numCols,numRows,numImages);
    X = permute(X,[2 1 3]);
    X = X./255;
    X = reshape(X, [28,28,1,size(X,3)]);
    fclose(fileID);
end
% 处理 MNIST 数据集标签
function Y = processMNISTlabels(filename)
    [fileID,errmsg] = fopen(filename,'r','b');
    if fileID < 0
        error(errmsg);
    end
    magicNum = fread(fileID,1,'int32',0,'b');
    if magicNum == 2049
        fprintf('\nRead MNIST label data...\n')
    end
    numItems = fread(fileID,1,'int32',0,'b');
    fprintf('Number of labels in the dataset: %6d ...\n',numItems);
    Y = fread(fileID,inf,'unsigned char');
    Y = categorical(Y);
    fclose(fileID);
end
```

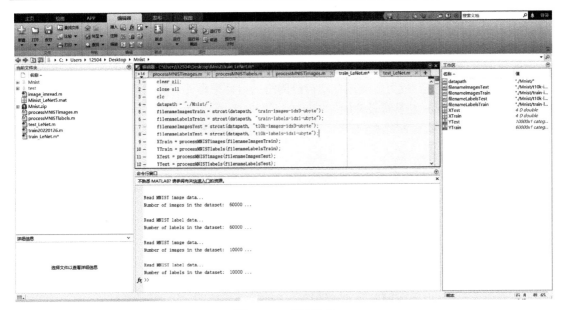

图 14-57　读取结果

14.6.4　LeNet-5 网络模型

LeNet-5 网络模型结构及具体参数如图 14-58 和表 14-1 所示。

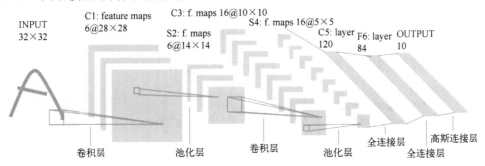

图 14-58　LeNet-5 网络模型结构

表 14-1　LeNet-5 网络模型具体参数

网络层	卷积核尺寸	步长	填充	输出大小
输入层				32×32×1
卷积层 1	5	1	0	28×28×6
最大池化层 1	2	2	0	14×14×6
卷积层 2	5	1	0	10×10×6
最大池化层 2	2	2	0	5×5×16
全连接层 1				1×1×120
全连接层 2				1×1×84
全连接层 3				1×1×10
Softmax 层				1×1×10
分类层				1×1×10

14.6.5　LeNet-5 网络模型设计

在 MATLAB R2019b 中的 App 选项卡中有一个名为 Deep Network Designer（深度网络设计师）的 App，打开它，就可以通过拖动神经网络的组件来设计深度网络了。图 14-59 所示为 Deep Network Designer 工具箱设计的 LeNet-5 网络模型。

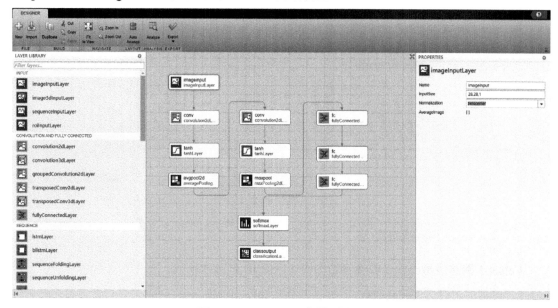

图 14-59　LeNet-5 网络模型设计

设计完成后，分析网络无误后导出 LeNet 5 网络代码：

```
layers = [
    imageInputLayer([28 28 1],"Name","imageinput")
    convolution2dLayer([5 5],6,"Name","conv1","Padding","same")
    tanhLayer("Name","tanh1")
    maxPooling2dLayer([2 2],"Name","maxpool1","Stride",[2 2])
    convolution2dLayer([5 5],16,"Name","conv2")
    tanhLayer("Name","tanh2")
    maxPooling2dLayer([2 2],"Name","maxpool","Stride",[2 2])
    fullyConnectedLayer(120,"Name","fc1")
    fullyConnectedLayer(84,"Name","fc2")
    fullyConnectedLayer(10,"Name","fc")
    softmaxLayer("Name","softmax")
    classificationLayer("Name","classoutput")];
```

14.6.6　模型训练

可以使用以下代码来设置训练，训练结果如图 14-60 所示。

```
options = trainingOptions('sgdm', ...        %优化器
    'LearnRateSchedule','piecewise', ...     %学习率
    'LearnRateDropFactor',0.2, ...
    'LearnRateDropPeriod',5, ...
```

```
        'MaxEpochs',20, ...                    %最大学习整个数据集的次数
        'MiniBatchSize',128, ...               %每次学习样本数
        'Plots','training-progress');          %画出整个训练过程
doTraining = true; %是否训练
if doTraining
        trainNet = trainNetwork(XTrain, YTrain,layers,options);
        % 训练网络，XTrain 训练的图片，YTrain 训练的标签，layers 要训练的网
        % 络，options 训练时的参数
end
save Minist_LeNet5 trainNet             %训练完后保存模型
yTest = classify(trainNet, XTest);     %测试训练后的模型
accuracy = sum(yTest == YTest)/numel(YTest); %模型在测试集的准确率
```

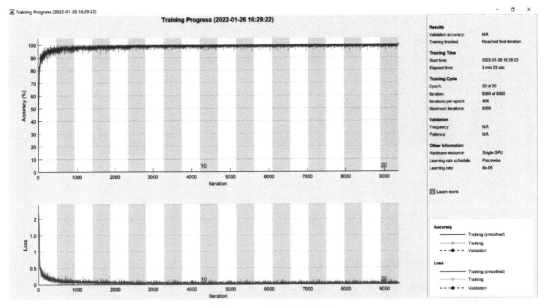

图 14-60　模型训练结果

14.6.7　模型测试

通过调用训练的 LeNet-5 模型权重文件，进行模型测试，下列代码用于模型测试，图 14-61 所示为模型测试结果。

```
test_image = imread('5.jpg');
shape = size(test_image);
dimension=numel(shape);
if dimension > 2
        test_image = rgb2gray(test_image);        %灰度化
end
test_image = imresize(test_image, [28,28]);       %保证输入为 28×28
test_image = imbinarize(test_image,0.5);          %二值化
test_image = imcomplement(test_image);            %反转，使得输入网络时一定要保证图片
% 背景是黑色，数字部分是白色
imshow(test_image);
```

```
load('Minist_LeNet5');
% test_result = Recognition(trainNet, test_image);
result = classify(trainNet, test_image);
disp(test_result);
```

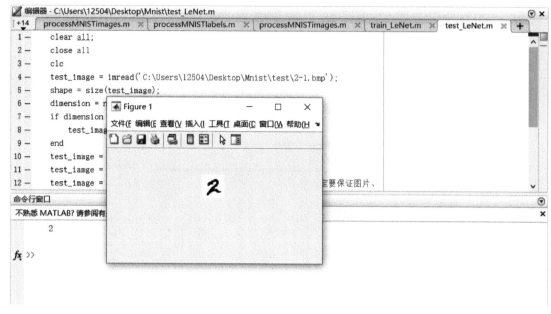

图 14-61　模型测试结果

14.6.8　程序实现

以下是手写数字识别的完整程序代码。

```
%%% 需要数据集 %%%
datapath = "./Mnist/";

filenameImagesTrain = strcat(datapath, "train-images-idx3-ubyte");
filenameLabelsTrain = strcat(datapath, "train-labels-idx1-ubyte");
filenameImagesTest = strcat(datapath, "t10k-images-idx3-ubyte");
filenameLabelsTest = strcat(datapath, "t10k-labels-idx1-ubyte");

XTrain = processMNISTimages(filenameImagesTrain);
YTrain = processMNISTlabels(filenameLabelsTrain);
XTest = processMNISTimages(filenameImagesTest);
YTest = processMNISTlabels(filenameLabelsTest);

%%% LeNet 网络 %%%
LeNet = [
    imageInputLayer([28 28 1],"Name","imageinput")
    convolution2dLayer([5 5],6,"Name","conv1","Padding","same")
    tanhLayer("Name","tanh1")
    maxPooling2dLayer([2 2],"Name","maxpool1","Stride",[2 2])
    convolution2dLayer([5 5],16,"Name","conv2")
    tanhLayer("Name","tanh2")
```

```
    maxPooling2dLayer([2 2],"Name","maxpool","Stride",[2 2])
    fullyConnectedLayer(120,"Name","fc1")
    fullyConnectedLayer(84,"Name","fc2")
    fullyConnectedLayer(10,"Name","fc")
    softmaxLayer("Name","softmax")
    classificationLayer("Name","classoutput")
    ];

%% 训练 LeNet %%
options = trainingOptions('sgdm', ...          %优化器
    'LearnRateSchedule','piecewise', ...       %学习率
    'LearnRateDropFactor',0.2, ...
    'LearnRateDropPeriod',5, ...
    'MaxEpochs',20, ...                        %最大学习整个数据集的次数
    'MiniBatchSize',128, ...                   %每次学习样本数
    'Plots','training-progress');              %画出整个训练过程

doTraining = true; %是否训练
if doTraining
    trainLeNet = trainNetwork(XTrain, YTrain,LeNet,options);
    % 训练网络，XTrain 训练的图片，YTrain 训练的标签，layers 要训练的网
    % 络，options 训练时的参数
end
save Minist_LeNet5 trainLeNet              %训练完后保存模型
yTest = classify(trainLeNet, XTest);       % 测试训练后的模型
accuracy = sum(yTest == YTest)/numel(YTest); %模型在测试集的准确率

%% 函数 %%
%% 处理 Mnist 数据集图像 %%
function X = processMNISTimages(filename)
    [fileID,errmsg] = fopen(filename,'r','b');
    if fileID < 0
        error(errmsg);
    end
    magicNum = fread(fileID,1,'int32',0,'b');
    if magicNum == 2051
        fprintf('\nRead MNIST image data...\n')
    end
    numImages = fread(fileID,1,'int32',0,'b');
    fprintf('Number of images in the dataset: %6d ...\n',numImages);
    numRows = fread(fileID,1,'int32',0,'b');
    numCols = fread(fileID,1,'int32',0,'b');
    X = fread(fileID,inf,'unsigned char');
    X = reshape(X,numCols,numRows,numImages);
    X = permute(X,[2 1 3]);
    X = X./255;
    X = reshape(X, [28,28,1,size(X,3)]);
    X = dlarray(X, 'SSCB');
    fclose(fileID);
end
```

```
%%% 处理 Mnist 数据集标签 %%%
function Y = processMNISTlabels(filename)
    [fileID,errmsg] = fopen(filename,'r','b');
    if fileID < 0
        error(errmsg);
    end
    magicNum = fread(fileID,1,'int32',0,'b');
    if magicNum == 2049
        fprintf('\nRead MNIST label data...\n')
    end
    numItems = fread(fileID,1,'int32',0,'b');
    fprintf('Number of labels in the dataset: %6d ...\n',numItems);
    Y = fread(fileID,inf,'unsigned char');
    Y = categorical(Y);
    fclose(fileID);
end
```

14.7　案例 7　基于 SVM 的红枣果梗/花萼及缺陷识别

14.7.1　案例背景

红枣受到外部自然环境和采收运输的影响，表面会受到一定程度的损伤，产生干条、破头等缺陷，这些缺陷影响着红枣的品质和等级。因而，红枣缺陷识别是红枣深精加工过程中的一个重要环节。随着种植面积和产量的提升，单纯依靠传统的人工分级，工作量大、产能低、成本高，已经不能满足实际生产的需要，而且红枣的果梗/花萼往往容易误识别为缺陷枣。因此，本案例利用支持向量机（SVM）实现红枣果梗/花萼及缺陷识别。

14.7.2　理论基础

本案例讲述了利用支持向量机对图像识别的过程，对特征提取算法和支持向量机方法进行了简要介绍和分析，通过灰度共生矩阵提取图像特征信息，构造 SVM 模型，实现红枣果梗/花萼及缺陷识别，其操作流程图如图 14-62 所示。

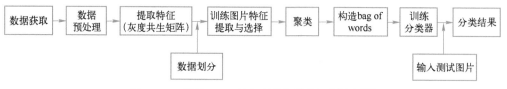

图 14-62　基于 SVM 的红枣外部缺陷识别流程图

14.7.3　特征提取

Haralick 等人于 1973 年提出了灰度共生矩阵算法（Gray-Level Co-occurrence Matrix，GLCM），其理论为在空间位置上，通过研究图像灰度的相关性来描述纹理。灰度共生矩阵是一种最为常用的纹理特征描述方法，它是通过确定图像中出现具有特定值图像对出现的频率来表征图像纹理。

通过以下数学公式计算共现概率：

$$pr(x) = \{p(i,j) \,|\, (d, \phi)\} \tag{14-3}$$

$$p(i,j) = \frac{p_{ij}}{\displaystyle\sum_{i,j=1}^{G} p_{ij}} \tag{14-4}$$

式中，$pr(x)$ 为概率；$p(i,j)$ 为在距离 d 和方向 ϕ（单位为角度（°））处，两个像素灰度级别为 j 和 i 同时发生的概率；p_{ij} 为灰度出现的次数。

在使用 SVM 对图像进行识别时，首先需要对原始图像进行特征提取，将 RGB 图像变为二维数据。图 14-63 所示为样本图像。

正常　　　　　　　　　果梗/花萼　　　　　　　　缺陷

图 14-63　样本图像

经过计算，运用灰度共生矩阵提取出干制哈密大枣 8 个纹理特征（能量、熵、惯性矩、相关性的均值和标准差）。提取代码如下：

```
%灰度共生矩阵提取代码
clear all；close all；clc；
%定义空集合
P1=[]; P2=[];P3=[];P4=[];P5=[];P6=[];P7=[];P8=[];
for i = 1 : 100      %批量读取 100 张图像
str='\\Normal\';
Gray=imread([str,num2str(i),'.jpg']);
[M,N,O] = size(Gray);
M = 64;            %图像尺寸为 64×64
N = 64;
%将各颜色分量转化为灰度
% Gray = double(0.3*Image(:,:,1)+0.59*Image(:,:,2)+0.11*Image(:,:,3));
%为了减少计算量，对原始图像灰度级压缩，将 Gray 量化成 16 级
for i = 1:M
for j = 1:N
for n = 1:256/16
if (n-1)*16<=Gray(i,j)&Gray(i,j)<=(n-1)*16+15
Gray(i,j) = n-1;
end
end
end
end
%计算 4 个共生矩阵 P，取距离为 1，角度分别为 0,45,90,135
P = zeros(16,16,4);
for m = 1:16
```

```
for n = 1:16
for i = 1:M
for j = 1:N
if j<N&Gray(i,j)==m-1&Gray(i,j+1)==n-1
P(m,n,1) = P(m,n,1)+1;
P(n,m,1) = P(m,n,1);
end
if i>1&j<N&Gray(i,j)==m-1&Gray(i-1,j+1)==n-1
P(m,n,2) = P(m,n,2)+1;
P(n,m,2) = P(m,n,2);
end
if i<M&Gray(i,j)==m-1&Gray(i+1,j)==n-1
P(m,n,3) = P(m,n,3)+1;
P(n,m,3) = P(m,n,3);
end
if i<M&j<N&Gray(i,j)==m-1&Gray(i+1,j+1)==n-1
P(m,n,4) = P(m,n,4)+1;
P(n,m,4) = P(m,n,4);
end
end
end
if m==n
P(m,n,:) = P(m,n,:)*2;
end
end
end
% 对共生矩阵归一化
for n = 1:4
P(:,:,n) = P(:,:,n)/sum(sum(P(:,:,n)));
end
%对共生矩阵计算能量、熵、惯性矩、相关 4 个纹理参数
H = zeros(1,4);
I = H;
Ux = H; Uy = H;
deltaX= H; deltaY = H;
C =H;
for n = 1:4
E(n) = sum(sum(P(:,:,n).^2)); %%能量
for i = 1:16
for j = 1:16
if P(i,j,n)~=0
H(n) = -P(i,j,n)*log(P(i,j,n))+H(n); %%熵
end
I(n) = (i-j)^2*P(i,j,n)+I(n); %%惯性矩
Ux(n) = i*P(i,j,n)+Ux(n); %相关性中 μx
Uy(n) = j*P(i,j,n)+Uy(n); %相关性中 μy
end
end
```

```
end
for n = 1:4
for i = 1:16
for j = 1:16
deltaX(n) = (i−Ux(n))^2*P(i,j,n)+deltaX(n); %相关性中 σx
deltaY(n) = (j−Uy(n))^2*P(i,j,n)+deltaY(n); %相关性中 σy
C(n) = i*j*P(i,j,n)+C(n);
end
end
C(n) = (C(n) −Ux(n)*Uy(n))/deltaX(n)/deltaY(n); %相关性
end
%%求能量、熵、惯性矩、相关的均值和标准差作为最终 8 维纹理特征
a1 = mean(E)
b1 = sqrt(cov(E));a2 = mean(H)
b2 = sqrt(cov(H));a3 = mean(I)
b3 = sqrt(cov(I));a4 = mean(C)
b4 = sqrt(cov(C));
%%将提取的单个特征形成集合，便于数据处理
q=[a1];  r=[a2];  s=[a3];  t=[a4];  v=[b2];  u=[b1];  w=[b3];  x=[b4];
P1=[P1,a1];P2=[P2,a2];P3=[P3,a3];P4=[P4,a4];P5=[P5,b1];P6=[P6,b2];P7=[P7,b3];P8=[P8,b4];
end
```

14.7.4　训练

函数 svmtrain 用来训练一个 SVM 分类器，常用的调用语法为

```
SVMStruct = svmtrain(Training, Group)
```

其中，Training 是一个包含训练样本的 m 行 n 列的二维矩阵。每行代表一个训练样本（特征向量），m 表示训练样本数目；n 表示样本维数。

Group 是一个代表训练样本标签的一维向量。其元素值只能为 0 或 1，通常 1 表示正例，0 表示反例。Group 的维数必须和 Training 的行数相等，以保证训练样本同其类别标号的一一对应。

SVMStruct 是训练所得的代表 SVM 分类器的结构体，包含有关最佳分割超平面的种种信息。

设定核函数：Svmtrain 函数允许选择非线性映射时核函数的种类或指定自己编写的核函数，方式如下：

```
SVMStruct = svmtrian(…, 'Kernel_Function',   Kernel_FunctionValue);
```

其中，参数 Kernel_FunctionValue 的常用合法取值见表 14-2。

表 14-2　参数 **Kernel_FunctionValue** 的常用合法取值

合法取值	含义
'linear'	线性核函数（默认选项）
'polynormial'	多项式核函数
'rbf'	径向基核函数
'Function handle'	以符号 "@" 开头编写的核函数的句柄

训练代码如下：

```
%%训练代码
close all；clear all；clc；
x=xlsread('\\xunlian.xlsx');
y=xlsread('\\yuce.xlsx');%%3 类
%%  数据划分（隔三选一）
P_train = [];
T_train = [];
P_test = [];
T_test = [];
for i = 1:3
    temp_input = x((i-1)*100+1:i*100,:);%分 3 类，每类 150 个数据
    temp_output = y((i-1)*100+1:i*100,:);
    n = randperm(100);%样本随机排列
    %  训练集——75 个样本
    P_train = [P_train temp_input(n(1:75),:)'];%每一类的前 75 个为训练集
    T_train = [T_train temp_output(n(1:75),:)'];
    %  测试集——25 个样本
    P_test = [P_test temp_input(n(75:100),:)'];%每一类的后 25 个为测试集
    T_test = [T_test temp_output(n(75:100),:)'];
end
train_values=P_train';    %SVM 需要转置
train_labels=T_train';
test_values=P_test';
test_labels=T_test';
%  数据预处理,将训练集和测试集归一化到[0,1]区间
[train_values,test_values] = scaleForSVM(train_values,test_values,0,1);
%  train_values=train_pca;
%  test_values=test_pca ;
%  train_wine = Ktrain*eigvector;
%  test_wine = Ktest*eigvector;
%  train_wine_labels=train_label;
%  test_wine_labels=test_label;
%%  参数 c 和 g 寻优选择
ga_option.maxgen = 80;        %最大迭代次数
ga_option.sizepop = 50;        %种群中个体数量
ga_option.ggap = 0.8;
ga_option.cbound = [0.1,5];            %c 的取值范围
ga_option.gbound = [0.1,5];            %g 的取值范围
ga_option.v = 5;
[bestacc,bestc,bestg] = gaSVMcgForClass_1(train_labels,train_values,ga_option)
```

14.7.5　分类

函数 svmclassify 的作用是利用训练得到的 SVMStruct 结构对一组样本进行分类，常用调用形式为

```
Group = svmclassify(SVMStruct, Sample);
```

其中，SVMStruct 是训练得到的代表 SVM 分类器的结构体，由函数 svmtrain 返回。

Sample 是要进行分类的样本矩阵，每行为 1 个样本特征向量，总行数等于样本数目，总列数是样本特征的维度，它必须和训练该 SVM 时使用的样本特征维数相同。

Group 是一个包含 Sample 中所有样本分类结果的列向量，其维数与 Sample 矩阵的行数相同。

分类代码如下：

```
%%% 分类预测
cmd = ['-c ',num2str(bestc),' -g ',num2str(bestg)];
model = svmtrain(train_labels, train_values,cmd);
[predict_labels,accuracy] = svmpredict(test_labels,test_values,model);
[predict_labels1,accuracy1] = svmpredict(train_labels,train_values,model);
disp('打印 c 和 g 的结果');
str = sprintf( 'Best Cross Validation Accuracy = %g%% Best c = %g Best g = %g',bestacc,bestc,bestg);
disp(str);
% 打印测试集分类准确率
total = length(test_labels);
right = sum(predict_labels == test_labels);
disp('打印测试集分类准确率');
str = sprintf( 'Accuracy = %g%% (%d/%d)',accuracy);
disp(str);
%%% 结果分析
% 测试集的实际分类和预测分类图
figure;
hold on;
plot(test_labels,'o');
plot(predict_labels,'r*');
legend('True Label','Predict Label');
%title('测试集的实际分类和预测分类图','FontSize',10);
grid on;
```

14.7.6　结果显示

图 14-64 和图 14-65 分别为 SVM 训练结果和可视化结果，从图中可以看出，训练准确率达 85.7778%，测试准确率达 83.3333%，准确率相近，模型没有过拟合，表明 SVM 方法可以实现红枣的果梗/花萼及缺陷识别，该方法也可用于其他图像检测与识别。

```
命令行窗口
  Accuracy = 83.3333% (65/78) (classification)
  Accuracy = 85.7778% (193/225) (classification)
打印c和g的结果
  Best Cross Validation Accuracy = 79.1111% Best c = 3.77874 Best g = 2.15634
打印测试集分类准确率
  Accuracy = 83.3333% (4.358974e-01/4.534798e-01)
```

图 14-64　训练结果显示

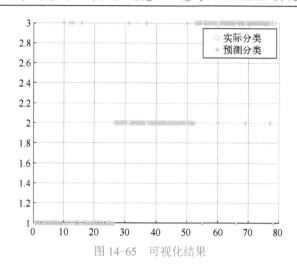

图 14-65　可视化结果

本章小结

　　本章以案例的形式进行编写，介绍了目前图像处理和机器学习中一些经典的案例，通过讲述阈值分割、边缘检测、形态学处理、目标计数和 GUI 界面设计，从而实现图像的批量读入、提取与计数。同时，还介绍了 MATLAB 的 CNN 工具箱和支持向量机图像分类方法，实现手写数字识别和红枣图像分类。

参 考 文 献

[1] 王强. 数字图像处理的应用现状及发展方向[J]. 电子技术与软件工程，2017(10): 85.

[2] 杨欣程. 主成分分析方法在遥感数字图像处理中的应用综述[J]. 中国水运：航道科技，2017(3): 67-71.

[3] 程铁生. 数字图像处理技术在农业上的应用及发展[J]. 广东蚕业，2019,53(9): 68-69.

[4] 王东洋. 基于三维重建的 VR 果园种植系统设计与实现[D]. 银川：宁夏大学，2021.

[5] 木仁，吴建军，李娜. MATLAB 与数学建模[M]. 北京：科学出版社，2018.

[6] 薛定宇. 控制系统计算机辅助设计：MATLAB 语言与应用[M]. 3 版. 北京：清华大学出版社，2012.

[7] 张铮，徐超，任淑霞，等. 数字图像处理与机器视觉：Visual C++与 MATLAB 实现[M]. 2 版. 北京：人民邮电出版社，2014.

[8] 杨杰. 数字图像处理及 MATLAB 实现 [M]. 3 版. 北京：电子工业出版社，2019.

[9] 卡斯尔曼. 数字图像处理[M]. 朱志刚，林学阎，石定机，等译. 北京：电子工业出版社，2011.

[10] 罗华飞，邵斌. MATLAB GUI 设计学习手记[M]. 4 版. 北京：北京航空航天大学出版社，2020.

[11] 王小川，史峰，郁磊，等.MATLAB 神经网络 43 个案例分析[M]. 北京：北京航空航天大学出版社，2013.

[12] 丛爽. 面向 MATLAB 工具箱的神经网络理论与应用[M]. 2 版. 合肥：中国科学技术大学出版社，2003.

[13] 周志华. 机器学习[M]. 北京：清华大学出版社，2016.

[14] 冈萨雷斯.数字图像处理[M]. 3 版. 阮秋琦，阮宇智，等译. 北京：电子工业出版社，2011.

[15] 郑君里，应启珩，杨为理. 信号与系统[M]. 2 版. 北京：高等教育出版社，2000.

[16] 谢凤英. 数字图像处理及应用[M]. 2 版. 北京：电子工业出版社，2016.